ALGÈBRE

SUPÉRIEURE.

ALGÈBRE

SUPÉRIEURE,

PAR

L.-B. FRANCOEUR,

PROFESSEUR A LA FACULTÉ DES SCIENCES DE PARIS; MEMBRE DES SOCIÉTÉS PHILOMATHIQUE, D'ENCOURAGEMENT POUR L'INDUSTRIE, ET DE PLUSIEURS AUTRES ASSOCIATIONS FRANÇAISES ET ÉTRANGÈRES; MEMBRE HONORAIRE DES ACADÉMIES DE PÉTERSBOURG, ÉDIMBOURG, ETC.

> Préférez, dans l'enseignement, les méthodes générales; attachez-vous à les présenter de la manière la plus simple, et vous verrez en même temps qu'elles sont toujours les plus faciles.
>
> LAPLACE, *Écoles norm.*, tome IV, p. 49.

BRUXELLES.

MELINE, CANS ET COMPAGNIE.

LIBRAIRIE, IMPRIMERIE ET FONDERIE.

1838

TABLE DES MATIÈRES.

CHAPITRE PREMIER. *page. 1.*

CHAPITRE II. *page. 36.*

CHAPITRE III. *page. 121.*

CHAPITRE IV. *page. 147.*

CHAPITRE V. *page. 159.*

CHAPITRE VI. *page. 202.*

OBSERVATIONS NÉCESSAIRES.

Les numéros mis au commencement des paragraphes marquent l'ordre des articles dans le COURS COMPLET DE MATHÉMATIQUES PURES.

En général, les numéros placés entre deux parenthèses, dans le corps des alinéas, indiquent le numéro de l'article du COURS COMPLET sur lequel s'appuie le passage où ce numéro est cité.

Les chiffres et les lettres entre parenthèses, placés à la marge droite, à la suite des formules, servent de marques de renvoi aux formules qu'ils précèdent.

ALGÈBRE

SUPÉRIEURE.

CHAPITRE Ier.

DES COMBINAISONS ET DES PUISSANCES.

Permutations et Combinaisons.

475. Lorsque des termes sont composés de lettres semblables ou différentes, placées dans divers ordres, nous nommerons ces assemblages des *Arrangements*, ou des *Permutations*; mais si l'une de ces lettres au moins est différente dans chaque terme, et qu'on n'ait point égard aux rangs des lettres, ces termes seront des *Combinaisons* *. Ainsi *abc, bac, cba, bca,* sont 4 permutations, et *abc, abd, bcd, acd,* 4 combinaisons 3 à 3.

Pour désigner le nombre des permutations qu'on peut faire avec

* Les combinaisons sont aussi appelées *Produits différents*; nous rejetons cette expression défectueuse ; car *ab* et *cd*, qui sont les combinaisons différentes de deux lettres, peuvent cependant former des produits égaux, comme $3 \times 8 = 6 \times 4 = 12 \times 2$. On a distingué aussi les *permutations* des *arrangements*, réservant le 1er nom aux arrangements de p lettres entre elles, ou p à p : mais cette distinction n'a aucun but utile, et nous n'en ferons pas usage, non plus que de plusieurs autres dénominations.

m lettres, en les prenant p à p, nous écrirons $[mPp]$; le nombre des combinaisons sera indiqué par $[mCp]$.

Proposons-nous de *trouver le nombre* y *de toutes les permutations de* m *lettres prises* p *à* p, ou $y = [mPp]$. Considérons d'abord les arrangements qui commencent par une lettre telle que a, mais qui diffèrent, soit par quelque autre lettre à droite de a, soit seulement par l'ordre suivant lequel elles sont rangées. Si l'on supprime cette initiale a, on aura un égal nombre d'assemblages de $p - 1$ lettres; ce seront visiblement tous les arrangements possibles des $m - 1$ autres lettres $b, c, d, \ldots$ prises $p - 1$ ensemble ; désignons-en le nombre par $\varphi = [(m-1)\, P\, (p-1)]$. Donc si l'on prend ces $m - 1$ lettres $b, c, d, \ldots$ qu'on forme avec elles toutes les permutations $p - 1$ à $p - 1$, qu'enfin on place a en tête de chaque terme, on aura toutes celles des permutations p à p qui ont a pour initiale. En effet, pour que l'une de celles-ci fût omise ou répétée plusieurs fois, il faudrait qu'après y avoir supprimé a, qui est en tête, les assemblages restants présentassent la même erreur, et que quelque permutation $p - 1$ à $p - 1$ des lettres $b, c, d, \ldots$ fût elle-même omise ou répétée ; ce qui est contre la supposition.

Il y a donc autant d'arrangements de $m - 1$ lettres prises $p - 1$ à $p - 1$, que d'arrangements de m lettres p à p, où a est initial : soit φ ce nombre. Or, si l'on raisonne pour b comme on a fait pour a, on trouvera de même φ permutations qui commencent par b; il y en a φ qui ont c en tête, etc.... ; et comme chaque lettre doit être initiale à son tour, le nombre cherché y est composé d'autant de fois φ qu'il y a de lettres,

$$y = m\varphi, \quad \text{ou } [mPp] = m \,.\, [(m-1)\, P\, (p-1)].$$

Il suit de là que, 1° pour obtenir le nombre y'' d'arrangements de m lettres 2 à 2, φ est alors le nombre d'arrangements de $m - 1$ lettres prises 1 à 1, ou $\varphi = m - 1$; donc $y'' = m(m-1)$.

2° Si l'on veut le nombre y''' d'arrangements de m lettres 3 à 3, p est 3, et φ désigne la quotité d'arrangements de $m - 1$ lettres 2 à 2, quotité qu'on tire de y'' en changeant m en $m - 1$;

$$\varphi = (m-1)(m-2); \quad \text{d'où } y''' = m(m-1)(m-2).$$

3° On trouve de même pour le nombre des arrangements 4 à 4, $y^{\text{iv}} = m(m-1)(m-2)(m-3)$, et ainsi de suite.

Il est visible que pour passer de l'une de ces équ. à la suivante, il faut y changer m en $m-1$, puis multiplier par m ; ce qui revient à joindre aux facteurs m, $m-1$, ... l'entier qui suit le dernier de ces nombres ; ainsi, pour p lettres, ce dernier multiplicateur sera $m-(p-1)$, d'où

$$y=[mPp]=m(m-1)(m-2)\ldots\times(m-p+1)\,;\ldots \quad (1)$$

le nombre des facteurs est p. C'est ainsi que 9 choses peuvent se permuter 4 à 4 d'autant de façons différentes qu'il est marqué par le produit des 4 facteurs $9.8.7.6=[9P4]=3024$; c'est le nombre de manières dont 9 personnes peuvent occuper 4 places. Les arrangements de m choses 1 à 1 et 2 à 2 réunis, sont en nombre $m+m(m-1)=m^2$.

En faisant $m=p$, on obtient le nombre z d'arrangements de p lettres p à p, toutes les p lettres entrant dans chaque terme,

$$z=[pPp]=p(p-1)\ldots 3.2.1=1.2.3.4\ldots p\ldots \quad (2)$$

Le nombre d'arrangements des 7 notes de la gamme musicale est $1.2.3\ldots 7=5040$: en comptant les demi-tons, on a 479001600.

476. Cherchons *le nombre* x *des combinaisons différentes de* m *lettres prises* p *à* p, ou $x=[mCp]$. Supposons ces x combinaisons effectuées, et écrites successivement sur une ligne horizontale : inscrivons au-dessous de la 1re toutes les permutations des p lettres qui s'y trouvent, et nous aurons une colonne verticale formée de z termes (équ. 2). Le second terme de la ligne horizontale donnera de même une colonne verticale de z termes composant toutes les permutations des p lettres qui y sont comprises, et dont une lettre au moins est différente de celles qui entrent dans la combinaison déjà traitée. La 3e combinaison donnera aussi z termes différents des autres, etc. On formera donc ainsi un tableau composé de x colonnes, ayant chacune z termes ; en tout xz résultats, qui constituent visiblement tous les arrangements possibles de nos m lettres prises p à p, sans qu'aucun soit omis ni répété. Le nombre de ceux-ci étant y (équ. 1), on a $xz=y$, d'où $x=\dfrac{y}{z}=\dfrac{[mPp]}{[pPp]}$, savoir,

$$x=[mCp]=\frac{m}{1}\cdot\frac{m-1}{2}\cdot\frac{m-2}{3}\ldots\times\frac{m-p+1}{p}\ldots \quad (3)$$

Les équ. 1 et 2 étant composées chacune de p facteurs, l'équ. (3) en a aussi p, qui sont des fractions dont les termes sont entiers et suivent l'ordre naturel, décroissants à partir de m pour le numérateur, et croissants jusqu'à p pour le dénominateur. Comme, par sa nature, x doit être un nombre entier, *la formule* (1) *doit être exactement divisible par* (2) : au reste, c'est ce qu'on pourrait prouver directement.

477. On a

$$[mCq] = x' = \frac{m}{1} \cdot \frac{m-1}{2} \cdot \frac{m-2}{3} \cdots \frac{m-q+1}{q}.$$

Soit $p > q$, tous les facteurs de cette équ. entrent dans l'équ. (3), qu'on peut par conséquent écrire

$$x = x' \cdot \frac{m-q}{q+1} \cdot \frac{m-q-1}{q+2} \cdots \frac{m-p+1}{p}.$$

I. Cherchons d'abord s'il se peut que $x = x'$: il est clair qu'il faut que le produit de toutes ces fractions se réduise à 1, ou que les numérateurs forment le même produit que les dénominateurs ; si l'on prend ceux-ci en ordre inverse, on a

$$(m-q)(m-q-1)\ldots = p(p-1)\ldots(q+1).$$

Or, ces deux membres admettent un égal nombre de facteurs continus et décroissants ; si chaque facteur d'une part n'était pas égal à celui qui a même rang de l'autre part, l'égalité serait impossible, puisque, suppression faite des facteurs communs, il resterait des facteurs tous plus grands d'un côté que de l'autre et en pareil nombre. Ainsi, cette équ. exige que $m - q = p$, pour que $x = x'$; de là ce théorème :

$$[mCp] = [mCq] \quad \text{quand } m = p + q.$$

100 lettres prises 88 à 88, et prises 12 à 12, donnent un égal nombre de combinaisons ; et, en effet, [100 C 88] a pour numérateur 100 . 99 . . . . 89 . 88 . . . . 13, et pour dénom. 1 . 2 . 3 . . . . 12 . 13 . . . . 88 ; supprimant les facteurs communs 13 . 14 . 15 . . . . 88, il reste $\frac{100 \cdot 99 \ldots 89}{1 \cdot 2 \cdot 3 \ldots 12} = 100\,C\,12$. Cette remarque sert à rendre plus faciles les calculs de la formule (3), quand $p > \frac{1}{2} m$. On a plutôt trouvé 100 C 4 que 100 C 96 = 3 921 225.

Concluons de là que si l'on écrit successivement les nombres de combinaisons de m lettres 1 à 1, 2 à 2, 3 à 3, . . . , *les mêmes valeurs se reproduiront en ordre rétrograde au delà du terme du milieu.* Par ex., pour 8 lettres, ces nombres sont 8, 28, 56, 70, 56, 28, 8 (*voy.* le tableau ci-après).

II. Supposons $q = p - 1$; x n'a qu'un seul facteur de plus que x', et l'on a

$$x = x' \cdot \frac{m-p+1}{p},$$

ou
$$[mCp] = [mC\,(p-1)] \cdot \frac{m-p+1}{p} \quad \ldots \ (4)$$

1° On en tire cette règle, qui sert à déduire successivement les unes des autres les quotités de combinaisons de m lettres 1 à 1, 2 à 2, 3 à 3.... *Écrivez les fractions* $\frac{m}{1}$, $\frac{m-1}{2}$, $\frac{m-2}{3}$.... *et multipliez chacune par le produit de toutes les précédentes.* Par ex., pour 8 lettres à combiner, on écrit $\frac{8}{1}$, $\frac{7}{2}$, $\frac{6}{3}$, et l'on a 8; $8 \times \frac{7}{2} = 28$; $28 \times \frac{6}{3} = 56$....; c'est ainsi qu'on trouve que 8 numéros de la loterie forment 8 *extraits*, 28 *ambes*, 56 *ternes*, 70 *quaternes* et 56 *quines*. Les 90 numéros donnent 90 extraits, 4005 ambes, 117 480 ternes, 2 555 190 quaternes, 43 949 268 quines.

2° Nos facteurs successifs m, $\frac{m-1}{2}$, $\frac{m-2}{3}$, ... ont des numérateurs décroissants et des dénominateurs croissants : tant que ces fractions sont > 1, le produit augmente; il va en diminuant, dès que le rang i du terme est tel qu'on ait

$$\frac{m-i+1}{i} < 1, \quad \text{d'où } i > \frac{m+1}{2};$$

et nous savons qu'on retrouve les mêmes produits en sens rétrograde.

1er cas, m *pair* $= 2\alpha$: on a $i > \alpha + \frac{1}{2}$; ainsi les termes croissent jusqu'au rang $i = \alpha$, où le dernier facteur est $\frac{\alpha+1}{\alpha}$: ce terme est $[m\,C\,\frac{1}{2}\,m]$, ou

$$M = \frac{2\alpha\,(2\alpha-1)\ldots.(\alpha+1)}{1.2.3\ldots.\alpha} = \frac{(\alpha+1)(\alpha+2)\ldots.2\alpha}{1.2.3\ldots.\alpha}.$$

On écrit au dénominateur la suite naturelle $1.2.3\ldots.\alpha$, et on la continue au numérateur jusqu'à 2α. Complétons le numérateur par les facteurs $1.2.3\ldots.\alpha$,

$$M = \frac{1.2.3.4\ldots.2\alpha}{(1.2.3\ldots.\alpha)^2};$$

or les facteurs pairs qui, en haut, sont en rangs alternatifs sont $2.4.6\ldots.2\alpha = 2^\alpha \times 1.2.3.4\ldots.\alpha$; donc enfin *le plus grand terme, ou celui du milieu, est*

$$M = [m\,C\,\tfrac{1}{2}\,m] = 2^{\frac{1}{2}(m)}\,\frac{1.3.5.7\ldots.(m-1)}{1.2.3.4\ldots.\frac{1}{2}m}.$$

2° cas, m *impair* $= 2\alpha + 1$. La condition indiquée devient $i > \alpha + 1$; ainsi les termes ne décroissent que si le rang i dépasse $\alpha + 1$; et comme, pour ce rang, le dernier facteur se réduit à $\frac{\alpha+1}{\alpha+1} = 1$, ce terme est égal au précédent, en sorte qu'il se répète aux rangs $\alpha + 1$ et α, ou $\frac{1}{2}(m \pm 1)$. Faisons donc $i = \alpha$ et nous aurons pour *les deux termes du milieu, qui sont les plus grands* $[m\,C\,\frac{1}{2}(m \pm 1)]$,

$$M = \frac{(2\alpha+1)\,2\alpha\ldots.\alpha+2}{1.2.3\ldots.\alpha} = \frac{(\alpha+2)(\alpha+3)\ldots.(2\alpha+1)}{1.2.3\ldots.\alpha}.$$

En opérant comme ci-dessus, on trouve

$$M = [m\,C\,\tfrac{1}{2}(m \pm 1] = 2^{\frac{1}{2}(m-1)}\,\frac{1.3.5.7\ldots.m}{1.2.3.4\ldots.\frac{1}{2}(m+1)}.$$

C'est ainsi que les plus grands nombres de combinaisons qu'on puisse faire avec 18 et avec 19 lettres sont

$$M = [18\,C\,9] = 2^9 \times \frac{1.3.5\ldots.17}{1.2.3\ldots.9} = 48620;$$

$$M = [19\,C\,9] = 2^9 \times \frac{1.3.5\ldots.19}{1.2.3\ldots.10} = 92378;$$

du reste chacun des nombres de combinaisons doit toujours être entier.

3° L'équ. (4) donne aussi

$$x + x' = x' \cdot \frac{m+1}{p} = \frac{m+1}{1} \cdot \frac{m}{2} \ldots. \frac{m-p+2}{p},$$

à cause de l'équ. n° 477 et de $q = p - 1$; ce 2e membre, comparé à l'équ. (3), donne

$$[(m+1)\,Cp] = [mCp] + [mC(p-1)].$$

Cette relation apprend à déduire, par une simple addition, les combinaisons de $m+1$ lettres de celles de m lettres ; c'est ainsi que dans le tableau suivant, qu'on nomme *le Triangle arithmétique de Pascal, chaque nombre est la somme des deux termes correspondants de la ligne précédente*. Ainsi on a

7e ligne.... 1, 7, 21, 35, 35, 21, 7, 1.

Pour composer la 8e ligne, on fera $1 + 7 = 8$, $7 + 21 = 28$, $21 + 35 = 56$, $35 + 35 = 70$, etc....

Cette loi explique le retour des mêmes termes en sens inverse, puisqu'il suffit qu'il ait lieu dans une ligne pour qu'il se trouve aussi dans la suivante. Du reste, nous savons déduire les termes d'une même ligne les uns des autres, et de proche en proche (1°), ou à l'aide des termes de la ligne qui précède (3°), ou enfin directement à l'aide de l'équ. (3) qui en est le *terme général*.

COEFFICIENTS DU BINOME,

ou *Quotités de Combinaisons.*

1	1									
1	2	1								
1	3	3	1							
1	4	6	4	1						
1	5	10	10	5	1					
1	6	15	20	15	6	1				
1	7	21	35	35	21	7	1			
1	8	28	56	70	56	28	8	1		
1	9	36	84	126	126	84	36	9	1	
1	10	45	120	210	252	210	120	45	10	1
1	11	55	165	330	462	462	330	165	55	11
1	12	66	220	495	792	924	792	495	220	66
1	13	78	286	715	1287	1716	1716	1287	715	286
1	14	91	364	1001	2002	3003	3432	3003	2002	1001
1	15	105	455	1365	3003	5005	6435	6435	5005	3003
1	16	120	560	1820	4368	8008	11440	12870	11440	8008
1	17	136	680	2380	6188	12376	19448	24310	24310	19448
1	18	153	816	3060	8568	18564	31824	43758	48620	43758
1	19	171	969	3876	11628	27132	50388	75582	92378	92378
1	20	190	1140	4845	15504	38760	77520	125970	167960	184756
0°	1 à 1	2 à 2	3 à 3	4 à 4	5 à 5	6 à 6	7 à 7	8 à 8	9 à 9	10 à 10

III. Soient 1, m, a, b, c.... b, a, m, 1, les nombres d'une ligne; ceux de la suivante (3°) sont 1, $1+m$, $m+a$, $a+b$.... $a+m$, $m+1$, 1 : la somme des termes de rangs pairs est

$$1+m+a+b....+m+1,$$

la même que ceux de rangs impairs, et aussi que la somme des termes de la ligne précédente. En ajoutant tous les termes de la ligne $m+1$, on a donc le double de la somme de la ligne m. Or, la 2e ligne du tableau est $1+2+1=4=2^2$, donc les lignes suivantes ont pour somme 2^3, 2^4.... 2^m. Ainsi, *la somme des combinaisons de* m *lettres est* 2^m *; celle des termes de rangs, soit pairs, soit impairs, est* 2^{m-1}, *somme qu'on trouve pour les combinaisons de* m — 1 *lettres.*

478. Partageons les m lettres a, b, c, d.... en deux ordres, les unes en nombre m', les autres en nombre m'', $(m=m'+m'')$; puis cherchons toutes les combinaisons p à p formées de p' des premières lettres jointes avec p'' des autres $(p=p'+p'')$. Pour cela faisons toutes les combinaisons des 1res p' à p', et celles des dernières p'' à p'' ; le nombre en sera $m'Cp'$ et $m''Cp''$; accouplons chacun des 1ers résultats à chacun des seconds ; p' facteurs d'une part, réunis à p'' de l'autre, formeront p facteurs ; et il est visible que ces systèmes accompliront tous ceux qu'on cherche. Leur nombre est donc

$$X=[m'Cp']\times[m''Cp''] \quad \ldots\ldots\ldots (5)$$

I. Dans combien de combinaisons des m lettres a, b, c.... entre la lettre a? $m'=p'=1$, et $X=(m-1)\,C\,(p-1)$.

II. Combien de combinaisons contiennent a sans b, et b sans a? $m'=2$, $p'=1$; d'où $X=2\times[(m-2)\,C\,(p-1)]$.

III. Combien renferment a et b ensemble? $m'=p'=2$, $X=(m-2)\,C\,(p-2)$.

IV. Combien ne contiennent ni a, ni b? $m=2$, $p'=0$ et $X=(m-2)\,Cp$.

V. Sur les combinaisons de m lettres p à p, combien en est-il qui contiennent deux des 3 lettres a, b, c? $m'=3$, $p'=2$, $X=3\times[(m-3)\,C\,(p-2)]$.

VI. Les combinaisons de 10 lettres 4 à 4 sont en nombre 210 : si l'on distingue trois lettres a, b, c, on peut demander combien il y a de ces combinaisons qui ne contiennent aucune de ces trois lettres, combien en renferment une seule, combien 2, combien toutes les trois ensemble : on trouve

1° Aucune des trois lettres. . .	$3C0 \,.\, 7C4 = 1 \times 35 =$	35
2° Une seule.	$3C1 \,.\, 7C3 = 3 \times 35 =$	105
3° Deux.	$3C2 \,.\, 7C2 = 3 \times 21 =$	63
4° Toutes les trois	$3C3 \,.\, 7C1 = 1 \times 7 =$	7
Nombre total des combinaisons.		210

Quant aux *permutations de* m *lettres* p *à* p, *qui contiennent* p′ *lettres prises parmi* m′ *qu'on a désignées,* leur nombre

$$Y = X \times 1.2.3\ldots.p.$$

En effet, il suffit de prendre chacune des X combinaisons, et de permuter entre elles les p lettres qui y entrent.

479. *Effectuons les permutations* p *à* p *des* m *lettres* a, b, c.... v, de toutes les manières possibles. Otons-en $p-1$, telles que *i, k.... v;* apportons l'une d'elles *i* à côté de chacune des $m-p+1$ autres *a, b, c.... h;* d'où *ia, ib, ic.... ih.* Changeons tour à tour *i* en *a, b, c.... h,* et nous aurons tous les arrangements 2 à 2 des $m-p+2$ lettres, *i, a, b.... h.* En tête de ces résultats, plaçons la 2ᵉ lettre supprimée *k; kia, kib.... kih;* puis changeons successivement *k* en *i, a, b.... h,* et nous aurons toutes les permutations 3 à 3 des $m-p+3$ lettres *k, i, a, b.... h,* et ainsi de suite.

Par ex., pour permuter 3 à 3 les 5 lettres *a, b, c, d, e,* j'ôte *d* et *e,* et portant *d* près de *a, b, c,* j'ai *da, db, dc;* changeant *d* en *a, b* et *c,* il vient tous les arrangements 2 à 2 des 4 lettres, *a, b, c, d.*

da, db, dc, ad, ab, ac, ba, bd, bc, ca, cb, cd.

Il reste à apporter *e* en tête de chaque terme, *eda, edb, edc,....* puis à changer *e* en *a,* en *b,* en *c,* et en *d;* on a alors les 60 arrangements demandés *.

480. Soit proposé de *former les combinaisons* p *à* p. Cherchons-les d'abord 2 à 2; ôtons *a,* et apportons cette lettre près de *b, c,....*

* Cette théorie sert à trouver le *logogriphe* et l'*anagramme* d'un mot. Ces pénibles bagatelles offrent quelquefois des résultats heureux. Dans *Frère Jacques Clément,* l'assassin de Henri III, on trouve, lettre pour lettre : *C'est l'enfer qui m'a créé.* Jablonski fit les anagrammes de *Domus Lescinia,* en honneur de Stanislas, de la maison des Leczinski; il trouva ces mots : *Ades incolumis, Omnis es lucida, Mane sidus loci, Sis columna Dei, I scande solium.* Ce dernier fut prophétique : Stanislas devint roi de Pologne.

savoir ab, ac, ad.... : ce sont les combinaisons 2 à 2 où entre a. Plaçons de même b près de c, d,.... puis c près des lettres d, e.... *qui sont à droite*, etc., nous aurons toutes les combinaisons 2 à 2.

Pour combiner 3 à 3, ôtons a et combinons 2 à 2 les autres lettres b, c, d,.... ainsi qu'on vient de le dire; puis apportons a près de chaque terme, b près de chacun de ceux où b n'est pas déjà, c près de ceux qui n'ont ni b ni c, etc., et nous aurons les combinaisons 3 à 3.

En général, pour combiner p à p, ôtez $p - 2$ lettres i, k.... v, et combinez 2 à 2 les autres lettres a, b, c.... h; portez près de chaque résultat l'une des lettres supprimées i, puis a près des termes sans a, b près de ceux qui n'ont ni a ni b....; vous aurez les combinaisons 3 à 3 des lettres a, b, c.... h, i : portez de nouveau k près de chaque terme, a près de ceux qui n'ont pas a, etc.; et vous aurez les combinaisons 4 à 4 de a, b.... i, k, et ainsi de suite, jusqu'à ce qu'on ait restitué toutes les $(p - 2)$ lettres supprimées.

Développement de la puissance d'un polynome.

481. Lorsqu'on fait $a = b = c$,.... le produit de m facteurs $(x + a)(x + b)(x + c)$.... devient $(x + a)^m$; le développement de la puissance m^e d'un binôme se réduit donc à effectuer ce produit, et à rendre ensuite les 2es termes a, b, c.... égaux; ce procédé permet de reconnaître la loi qu'observent les divers termes du produit, avant d'éprouver la réduction. Or, on a vu (n° 97, V) que ce produit a la forme

$$x^m + Ax^{m-1} + Bx^{m-2} + Cx^{m-3} \dots + Nx^{m-n} \dots abcd,$$

A étant la somme $a + b + c$.... des 2mes termes des facteurs binômes, B la somme $ab + ac + bc$.... de leurs produits 2 à 2, C celle des produits 3 à 3, $abc + abd$,.... etc. En faisant $a = b = c$...., tous les termes de A deviennent $= a$; ceux de B sont $= a^2$; ceux de C, $= a^3$....; ceux de N, $= a^n$.

Donc A devient a répété m fois, ou ma.

Pour B, a^2 doit être répété autant de fois qu'il y avait de produits 2 à 2, ou $B = a^2 \cdot [mC2] = \frac{1}{2} m(m-1) a^2$.

Pour C, a^3 est pris autant de fois que m lettres donnent de combinaisons 3 à 3, $C = \frac{1}{6} m(m-1)(m-2) a^3$; et ainsi de suite.

Pour un terme Na^{m-n} de rang quelconque n, on a $N=[mCn]\,a^n$. Enfin le dernier terme est a^m. De là cette formule, découverte par Newton :

$$(x+a)^m = x^m + max^{m-1} + m\,.\,\frac{m-1}{2}a^2x^{m-2}$$

$$+ m\frac{m-1}{2}\,.\,\frac{m-2}{3}a^3x^{m-3}\ldots\ldots + a^m \quad . \quad . \quad . \quad (6)$$

Le terme général est.... $T=[mCn]\,.\,a^n x^{m-n}$. . . . . . (7)
T *est le terme qui en a* n *avant lui,* et qui reproduit tous ceux du développement de $(x+a)^m$, en prenant $n=1, 2, 3....$

Pour obtenir celui de $(x-a)^m$, il faut changer ici a en $-a$, c'est-à-dire prendre en signe contraire les termes où a porte un exposant impair.

482. La formule (6) est *composée de* (m + 1) *termes, et les coefficients sont tous entiers ;* ceux des puissances jusqu'à la 20e, ont été donnés p. 7. Les exposants de a vont en croissant de terme en terme ; ceux de x en décroissant : la somme de ces deux puissances de a et x, est m, pour chaque terme ; ainsi (p. 5, 1°) *un terme étant multiplié par* $\frac{a}{x}$ *et par l'exposant de* x, *puis divisé par le rang de ce terme dans la série, on a le terme suivant.* Par ex., on trouve

$$(x+a)^9 = x^9 + 9ax^8 + 36a^2x^7 + 84a^3x^6 + 126a^4x^5 + 126a^5x^4 + \ldots.$$

Pour obtenir $(2b^3 - 5c^3)^9$, on fera dans cette équ. $x = 2b^3$, $a = -5c^3$, et il viendra $2^9b^{27} - 9\,.\,5c^3\,.\,2^8b^{24} + 36\,.\,5^2c^6\,.\,2^7b^{21}\ldots.$ ou

$$(2b^3-5c^3)^9 = 512b^{27} - 45\,.\,256c^3b^{24} + 36\,.\,25\,.\,128c^6b^{21} - 84\,.\,125\,.\,64c^9b^{18}\ldots.$$

Du reste, on sait que, dans la formule (6),

1° Après le terme moyen, les coefficients reviennent en ordre rétrograde, et les coefficients à égale distance des extrêmes sont égaux : ces coefficients vont en croissant jusqu'au terme moyen dont on a donné la valeur (p. 5).

2° Chacun des coefficients de la puissance m^e étant ajouté à celui qui le suit, donne le coefficient de la puissance $(m+1)^e$ qui a même rang que ce dernier (*voy.* pag. 7).

3° La somme de tous les coefficients de la puissance m^e est $=2^m$

= la somme de tous ceux de rangs, soit pairs, soit impairs dans la puissance $(m+1)^e$, comme p. 8. Et en effet, faisant $x=a=1$, l'équ. (6) se réduit à 2^m = la somme de tous les coefficients.

4° Quand $x=1$ et $a=z$, l'équ. (6) devient

$$(1+z)^m=1+mz+m.\frac{m-1}{2}z^2+m.\frac{m-1}{2}.\frac{m-2}{3}z^3+\ldots+z^m \ldots (8)$$

Comme cette expression est beaucoup plus simple, on y ramène le développement de toute puissance proposée. Pour $(A+B)^m$, on divisera le binôme par A pour réduire le 1er terme à être 1, et l'on multipliera par A^m, pour rendre à la quantité sa valeur $= A^m\left(1+\frac{B}{A}\right)^m$. En faisant cette fraction $=z$, on retombe sur l'équ. (8). Ainsi, après avoir *formé les produits consécutifs des facteurs* m, $\frac{1}{2}(m-1)$, $\frac{1}{3}(m-2)$, $\frac{1}{4}(m-3)$, ... comme on l'a dit (p. 5), on aura les coefficients du développement qu'il faudra ensuite multiplier par les puissances croissantes de z. Par ex., pour $(2a+3b)^8$, je prends $(2a)^8\left(1+\frac{3b}{2a}\right)^8$, et je fais $z=\frac{3b}{2a}$. Je forme les fractions $\frac{8}{1}, \frac{7}{2}, \frac{6}{3}, \frac{5}{4}$, et, par des multiplications successives, j'ai les coefficients 8, 28, 56, 70; passé ce terme moyen, les suivants sont 56, 28 et 8. Distribuant les puissances croissantes $z, z^2, z^3, \ldots$ multipliant tout par $256a^8$, enfin, mettant pour z la fraction que cette lettre représente, j'ai

$$(2a+3b^8)=256\,.\,a^8+3072\,.\,a^7b+16128\,.\,a^6b^2+48384\,.\,a^5b^3$$
$$+90720\,.\,a^4b^4+108864\,.\,a^3b^5\ldots$$

483. Pour développer $(a+b+c+d\ldots+i)^m$, revenons au binôme en faisant $b+c\ldots+i=z$;

$(a+z)^m$ a pour terme général $[mC\alpha]a^\alpha z^p$,

α et p étant quelconques, pourvu que $\alpha+p=m$.

Mais si l'on pose $c+d\ldots+i=y$, on a $z=b+y$, et le terme général de $z^p=(b+y)^p$ est.... $[pC\beta]\,b^\beta y^q$,

avec la condition $\beta+q=p$, savoir $\alpha+\beta+q=m$.

Faisons de même $d+e\ldots+i=x$, le terme général de

$y^q=(c+x)^q$ est.... $[qC\gamma]\,c^\gamma x^r$,

et $\gamma+r=q$, ou $\alpha+\beta+\gamma+r=m$.

En remontant, par des substitutions successives, il est clair que le terme général du développement cherché est

$$N=[mC\alpha].[pC\beta].[qC\gamma]\ldots.a^{\alpha}b^{\beta}c^{\gamma}\ldots.i^{u},\quad \alpha+\beta+\gamma\ldots.+u=m.$$

Du reste, α, β, γ.... sont des entiers arbitraires qui désignent les rangs de chacun de nos termes généraux particuliers dans leurs séries respectives. Le dénominateur du coefficient de N est

$$1.2.3\ldots.\alpha\times1.2.3\ldots.\beta\times\ldots.,$$

en prenant autant de séries de facteurs qu'il y a d'exposants, le dernier u excepté.

Introduisons-y, pour l'analogie, le produit $1.2.3\ldots.u$, ainsi que dans le numérateur, qui prendra la forme

$$m(m-1)\ldots.(m-\alpha+1)\times p(p-1)\ldots.(p-\beta+1)\times q\ldots.(q-\gamma+1)\ldots.\times u(u-1)\ldots 2.1.$$

Or, $p=m-\alpha$; les facteurs p, $p-1$,.... continuent donc la série $m(m-1)(m-2)\ldots.$ jusqu'à $(p-\beta+1)$; qui est à son tour continuée par $q=p-\beta$; et ainsi de suite, jusqu'à $u(u-1)\ldots.2.1$; le numérateur est donc la suite des facteurs décroissants $m(m-1)\ldots.$ jusqu'à 2.1, qu'on peut écrire ainsi : $1.2.3\ldots.(m-1)\,m$. Le terme général cherché est donc

$$N=\frac{1.2.3\ldots.m\times a^{\alpha}b^{\beta}c^{\gamma}\ldots.i^{u}}{1.2.3\ldots.\alpha\times1.2.3\ldots.\beta\times1.2.3\ldots.\gamma\ldots.\times1.2\ldots.u}\ldots.\quad(9)$$

Les exposants α, β, γ.... sont tous les nombres positifs et entiers possibles, compris 0, avec la condition que leur somme $=m$; et il faudra admettre autant de termes de cette forme, qu'on peut prendre de valeurs qui y satisfont, dans toutes les combinaisons possibles. Le dénominateur est formé d'autant de séries de facteurs $1.2.3\ldots.\alpha$, $1.2.3\ldots.\beta\ldots.$ qu'il y a de ces exposants. Par ex., pour $(a+b+c)^{10}$, l'un des termes est

$$\frac{1.2.3\ldots.10.a^5b^3c^2}{1.2.3.4.5\times1.2.3\times1.2}=2520\,a^5b^3c^2,$$

et le même coefficient 2520 affectera les termes $a^3b^2c^5$, $a^2b^3c^5$....

484. Tout ceci suppose que l'exposant m est *un nombre entier positif;* s'il n'en est pas ainsi, on ignore quel est le développement de $(1+z)^m$, et il s'agit de prouver qu'il a encore la même forme (8) (*voy.* n° 715, IV). C'est à cela que se réduit la proposition pour tout

polynome à développer ; car en multipliant l'équ. (8) par xm, on a la série de $(x+xz)^m$, ou $(x+a)^m$, en faisant $xz=a$; ce calcul reproduit l'équation (6), qui deviendrait alors démontrée pour tout exposant m : et par suite, la doctrine du n° 483 serait applicable.

Ainsi m et n désignant des grandeurs quelconques, posons

$$x = 1 + mz + \tfrac{1}{2}\, m\,(m-1)\, z^2 + \text{etc.},$$
$$y = 1 + nz + \tfrac{1}{2}\, n\,(n-1)\, z^2 + \text{etc.},$$

d'où l'on tire $\quad xy = 1 + pz + \tfrac{1}{2}\, p\,(p-1)\, z^2 + \text{etc.},$

en faisant $\quad p = m + n.$

En effet, sans nous arrêter à faire la multiplication des polynomes x et y, qui donnerait les 1ers termes d'une suite indéfinie, mais n'en ferait pas connaître la loi, observons que si m et n sont entiers et positifs, il est prouvé que $x=(1+z)^m$, $y=(1+z)^n$, d'où $xy=(1+z)^{m+n}=(1+z)^p$: dans ce cas, le produit xy est bien tel que nous l'avons posé. Or, si m ou n n'est pas entier et positif, la même chose doit arriver, puisque les règles de la multiplication des deux polynomes ne dépendent pas des grandeurs qu'on peut attribuer aux lettres des facteurs. Par ex., le terme en z^2, dans xy, doit être le produit de certains termes de x et de y, termes qui seront les mêmes, quelles que soient les valeurs de m et n ; et puisque ce produit est $\frac{1}{2}\,p\,(p-1)z^2$ dans un cas, il sera tel dans tout autre cas.

D'après cela, 1° *si m est entier et négatif*, comme n est arbitraire, faisons $n=-m$, n sera entier et positif, et l'on sait qu'alors $y=(1+z)^n$; $p=0$ réduit la troisième équation à $xy=1$, d'où $x=y^{-1}=(1+z)^{-n}=(1+z)^m$.

$$(\mp z)^{-m} = 1 \pm mz + m\,\frac{m+1}{2}\,z^2 \pm m\,\frac{m+1}{2}\cdot\frac{m+2}{3}\,z^3\ldots.$$

$$\text{T} = \pm m\,.\,\frac{m+1}{2}\,.\,\frac{m+2}{3}\,\ldots\,\frac{m+n-1}{n}\,z^n = z^n[(m+n-1)\,Cn]$$

$$= \pm\,\frac{n+1}{1}\,.\,\frac{n+2}{2}\,\ldots\,\frac{n+m-1}{m-1}\,z^n = z^n[(n+m-1)\,C(m-1)]$$

$(x\pm a)^{-1}$ coeff.	1	∓ 1	+ 1	∓ 1	+ 1 . . . .
$(x\pm a)^{-2}$	1	∓ 2	+ 3	∓ 4	+ 5 . . . .
$(x\pm a)^{-3}$	1	∓ 3	+ 6	∓ 10	+ 15. . . .
$(x\pm a)^{-4}$	1	∓ 4	+ 10	∓ 20	+ 35. . . .

Voyez le tableau p. 7, où l'on trouve la loi de ces nombres.

2° *Quand* m *est fractionnaire* (*positif ou négatif*), faisons $n = m$, d'où $p = 2m$, $xy = x^2$;

ainsi, $$x^2 = 1 + 2mz + 2m\frac{2m-1}{2}z^2 + \text{etc.};$$

multiplions cette équ. par $x = 1 + mz + \text{etc.}$,

il vient $$x^3 = 1 + 3mz + 3m\frac{3m-1}{2}z^2 + \text{etc.};$$

de même, $$x^4 = 1 + 4mz + 4m\frac{4m-1}{2}z^2 + \text{etc.};$$

enfin, $$x^k = 1 + kmz + km\frac{km-1}{2}z^2 + \text{etc.},$$

quel que soit l'entier k. Or, si k est le dénominateur de la fraction, $m = \frac{l}{k}$, $km = l$, et on a

$$x^k = 1 + lz + l\frac{l-1}{2}z^2 + \text{etc.} = (1+z)^l,$$

puisque l est entier, positif ou négatif : donc $x^k = (1+z)^{km}$ et $x = (1+z)^m$.

3° *m étant irrationnel ou transcendant* (*voy.* note, n° 516), soient n et h deux nombres entre lesquels m soit compris : chaque terme de $x = 1 + mz + \ldots.$ est entre ses correspondants dans les séries $(1+z)^n$ et $(1+z)^h$, il est clair que x est entre ces deux expressions, qui diffèrent entre elles aussi peu qu'on veut. Donc $(1+z)^n$ approche indéfiniment de x, à mesure que n approche de m : soit α la diff., ou $(1+z)^n = x + \alpha$.

De même, β étant la différence entre $(1+z)^n$ et $(1+z)^m$, on a $(1+z)^n = (1+z)^m + \beta$, d'où $x + \alpha = (1+z)^m + \beta$, α et β étant aussi petits qu'on veut ; donc (n° 113) $x = (1+z)^m$.

4° Enfin, l'*exposant étant imaginaire*; c'est par convention qu'on traite ces expressions par les mêmes règles que les réelles ; car on ne peut se faire une idée juste d'un calcul dont les éléments seraient des symboles qui ne sont l'image d'aucune grandeur ; il n'y a donc rien à démontrer ici (n° 128).

485. Appliquons la formule (6) à des exemples.

I. Pour développer $\frac{a}{\alpha + \beta x} = \frac{a}{\alpha} \times \frac{1}{1+kx}$, k étant $= \frac{\beta}{\alpha}$, formons la série de $(1+kx)^{-1}$ (n° 482, 4°). Les coefficients ont pour facteurs -1, $\frac{1}{2}(-1-1)$, $\frac{1}{3}(-1-2)$..., qui tous sont $=-1$; les produits sont alternativement $+1$ et -1; d'où résulte cette progression par quotient $1-kx+k^2x^2-k^3x^3\ldots$, dont la raison est $-kx$. Donc

$$\frac{a}{\alpha+\beta x}=\frac{a}{\alpha}\left(1-\frac{\beta x}{\alpha}+\frac{\beta^2x^2}{\alpha^2}-\frac{\beta^3x^3}{\alpha^3}\ldots\pm\frac{\beta^nx^n}{\alpha^n}\ldots\right).$$

II. Pour $\sqrt{(a^2\pm x^2)}$, écrivons $a\sqrt{\left(1\pm\frac{x^2}{a^2}\right)}=a\sqrt{(1\pm y^2)}$, en posant $x=ay$. Pour développer la puissance $\frac{1}{2}$ de $1\pm y^2$, composons les facteurs des coefficients, savoir : $\frac{1}{2}$, $\frac{1}{2}(\frac{1}{2}-1)$, $\frac{1}{3}(\frac{1}{2}-2)$,.... ou $\frac{1}{2}$, $-\frac{1}{4}$, $-\frac{3}{6}$, $-\frac{5}{8}$.... : les coefficients sont des fractions dont les numérateurs sont les facteurs impairs $1.3.5.7$... et les dénominateurs les facteurs pairs $2.4.6.8$.... Donc

$$\sqrt{(1\pm y^2)}=1\pm\frac{y^2}{2}-\frac{1.y^4}{2.4}\pm\frac{1.3.y^6}{2.4.6}-\frac{1.3.5.y^8}{2.4.6.8}\pm\ldots,$$

$$\sqrt{(a^2\pm x^2)}=a\left(1\pm\frac{x^2}{2a^2}-\frac{1.x^4}{2.4a^4}\pm\frac{1.3.x^6}{2.4.6.a^6}-\frac{1.3.5.x^8}{2.4.6.8.a^8}\ldots\right).$$

III. On obtiendra de même

$$(1\pm y^2)^{-\frac{1}{2}}=1\mp\frac{1.y^2}{2}+\frac{1.3.y^4}{2.4}\mp\frac{1.3.5.y^6}{2.4.6}+\frac{1.3.5.7.y^8}{2.4.6.8}\pm\ldots;$$

$$(a^2\mp x^2)^{-\frac{1}{2}}=\frac{1}{a}\left(1\mp\frac{x^2}{2a^2}+\frac{1.3x^4}{2.4a^4}\mp\frac{1.3.5x^6}{2.4.6a^6}+\frac{1.3.5.7x^8}{2.4.6.8a^8}\mp\ldots\right);$$

$$(1\pm x)^{\frac{3}{2}}=1\pm\frac{3}{2}x+\frac{3}{8}x^2\mp\frac{1}{16}x^3+\frac{3}{128}x^4,\ \text{etc.};$$

$$(1\pm x)^{-\frac{3}{2}}=1\mp\frac{3}{2}x+\frac{3.5}{2.4}x^2\mp\frac{3.5.7}{2.4.6}x^3+\frac{3.5.7.9}{2.4.6.8}x^4,\ \text{etc.};$$

$$\sqrt[3]{(a+x)}=\sqrt[3]{a}\left(1+\frac{x}{3a}-\frac{x^2}{9a^2}+\frac{5x^3}{81a^3}-\frac{10x^4}{243a^4}+\frac{22x^5}{729a^5}\ldots\right);$$

$$\sqrt[3]{(1-y^3)}=1-\frac{y^3}{3}-\frac{y^6}{9}-\frac{5y^9}{81}-\frac{10y^{12}}{243}-\frac{22y^{15}}{729}-\ldots;$$

$$(1-a)^{-2}=1+2a+3a^2+4a^3\ldots+(n+1)a^n\ldots$$ (*voy.* p. 14).

486. Tous les coefficients de $(x+a)^m$, quand m est un nombre premier, sont multiples de m, abstraction faite de ceux de x^m et a^m; en effet, l'équ. (3), p. 4, donne

$$1.2.3\ldots p \times [mCp] = m(m-1)(m-2)\ldots(m-p+1);$$

et comme le 2e membre est multiple de m, le 1er doit aussi l'être; on suppose m premier et $> p$; ainsi, m doit diviser $[mCp]$.

On prouve de même que tous les termes de $(a+b+c\ldots)^m$ sont multiples de m, excepté a^m, b^m, c^m. . . .

K désignant un entier, on a donc

$$(a+b+c\ldots)^m = a^m + b^m + c^m \ldots + mK.$$

Si l'on fait $1 = a = b = c\ldots$, h étant le nombre des termes du polynome, on trouve $h^m = h + mK$; d'où $h^m - h =$ multiple de m, ou $\dfrac{h(h^{m-1}-1)}{m} =$ entier. Donc, si le nombre premier m ne divise pas h, il doit diviser $(h^{m-1}-1)$. C'est le *théorème de Fermat*, qu'on énonce ainsi : *Si l'entier* h *n'est pas multiple du nombre premier* m, *le reste de la division de* h^{m-1} *par* m *est l'unité.*

Ce théorème peut encore s'énoncer comme il suit : comme $m-1$ est un nombre pair, tel que $2q$,.... $h^{m-1}-1 = (h^q-1)(h^q+1)$; ainsi m doit diviser l'un de ces deux facteurs; c'est-à-dire que le reste de la division de h^q par m est ± 1, quand m est un nombre premier > 2, et $q = \frac{1}{2}(m-1)$.

Extractions des Racines, 4es, 5es. . . .

487. Le procédé que nous avons donné (nos 62 et 68) pour extraire les racines carrées et cubiques peut maintenant être appliqué à tous les degrés. Par ex., pour avoir la racine 4e de 548464, désignons par A la 4e puissance la plus élevée contenue dans ce nombre, par a les dizaines, et par b les unités de la racine. Comme $A = (a+b)^4 = a^4 + 4a^3b, \ldots$ le premier terme a^4 est la 4e puissance du chiffre des dizaines, à la droite de laquelle on placera quatre zéros. Séparant donc les quatre chiffres 8464, on voit que 54 contient cette 4e puissance du chiffre des dizaines, considérées comme simples unités ; et comme 16 est la 4e puissance la plus

élevée comprise dans 54, on prouve que 2, racine 4e de 16, est le chiffre des dizaines. Otant 16 de 54, et rétablissant les chiffres séparés, le reste, 388464, renferme les quatre autres parties de $(a+b)^4$, ou $4a^3b+6a^2b^2\ldots$ Mais $4a^3b$ est terminé par trois zéros, qui proviennent de a^3; séparant les trois chiffres 464, le reste 388 contient 4 fois le produit des unités b, par le cube du chiffre 2 des dizaines, considérées comme unités simples, ou $4\times 8b=32b$; 388 contient en outre les mille qui proviennent de $6a^2b^2+\ldots$ Le quotient 10, de 388 divisé par 32, sera donc b, ou $>b$: mais il faut réduire b à 7, ou la racine à 27, ainsi qu'on le vérifie comme pour la racine cubique (*Arith.*, p. 80), en formant, comme on le voit ci-après, la quantité $b\,(4a^3+6a^2b+4ab^2+b^3)$. On trouve le reste 17023. Pour pousser l'approximation plus loin, il faut ajouter quatre zéros dont on sépare trois, et diviser 170230 par $4a'^3$, en faisant $a'=27$: et comme $4a'^3=4a^3+12a^2b+12ab^2+4b^3$, on voit que, pour former ce diviseur $4a'^3$, il faut ajouter $6a^2b+8ab^2+3b^3$ à la partie entre parenthèses ci-dessus, etc.

54.8464	27,2			
16	52 1er divis. .	$4a^3$.		53063
388.464	168.	$6a^2b$.		168
371 441	392	$4ab^2$. . .	2 fois. .	784
17 0230	343.	b^3. . .	3 fois. .	1029
	53063 × 7 = 371 441		2e diviseur	$78732=4.27^3$

Il est aisé de voir que cette marche de calcul, si commode pour trouver chaque diviseur partiel, est générale, quel que soit le degré de la racine à extraire.

488. Les tables de logarithmes rendent les extractions bien faciles; mais elles ne suffisent plus lorsqu'on veut approcher des racines au delà des limites que ces tables comportent. On fait alors usage des procédés suivants.

I. Les séries (II, p. 16) servent à extraire les racines carrées avec une grande approximation. Pour avoir $\sqrt{N}$, coupez N en deux parties a^2 et $\pm x^2$, dont la 1re soit un carré exact, et très-grande par rapport à la 2e; $\sqrt{N}=\sqrt{(a^2\pm x^2)}$ sera donnée par une série très-convergente. Soit, par exemple, demandé $\sqrt{2}$. Je cherche $\sqrt{8}=2\sqrt{2}$; comme $8=9-1$, je prends $a=3$, $x^2=1$; d'où $\sqrt{8}=3\,(1-\frac{1}{18}-\frac{1}{648}\ldots)$. Pour rendre la série plus rapidement convergente, prenez les trois premiers termes, qui font 2,829, et comparez à 8 le carré de cette fraction; vous verrez que $8 = 2,829^2 - 0,003241$, d'où

$$\sqrt{8} = 2,829 . \sqrt{\left(1 - \frac{3241}{8003241}\right)} = 2,82842\ 71247\ 462;$$

enfin, prenant la moitié, vous avez $\sqrt{2} = 1,41421\ 35623\ 732$.

Les tables de logarithmes donnent la 1re approximation, qu'on augmente ensuite par le procédé ci-dessus.

On a soin de conserver tous les termes de la série, qui, réduits en décimales, ont des chiffres significatifs dans l'ordre de ceux qu'on veut conserver au résultat; le 1er terme négligé doit commencer par 0,000000...., jusqu'à un rang plus avancé que le degré d'approximation exigé.

II. Supposons qu'on connaisse un nombre a approché de la racine m^e de N; soit b la différence entre N et a^m,

$$N = a^m \pm b, \quad \sqrt[m]{N} = a \pm z,$$

z est la correction que doit recevoir a; b et z sont de petits nombres, et on a $a^m \pm b = (a \pm z)^m$: développant et représentant par m, A', A'', les coefficients de l'équ. 6, p. 11, on a

$$b = z\,(ma^{m-1} \pm A'za^{m-2} + A''z^2a^{m-3} \pm \ldots).$$

Pour une première approximation, ne conservons que le 1er terme de cette série, $b = mza^{m-1}$; on en tire une valeur de z qui substituée dans le terme $\pm Aza^{m-2}$, et négligeant les suivants, donne

$$z = \frac{2ab}{2ma^m \pm (m-1)b} = \pm 2a \times \frac{N - a^m}{(m+1)\,a^m + (m-1)\,N},$$

en éliminant $b = \pm (N - a^m)$. Donc $\sqrt[m]{N} = a \pm z$ devient

$$\sqrt[m]{N} = a \times \frac{(m+1)\,N + (m-1)a^m}{(m-1)\,N + (m+1)\,a^m};$$

d'où $\quad \sqrt{N} = a \times \dfrac{3N + a^2}{N + 3a^2}, \quad \sqrt[3]{N} = a \times \dfrac{2N + a^3}{N + 2a^3},$

$$\sqrt[4]{N} = a \times \frac{5N + 3a^4}{3N + 5a^4}, \quad \sqrt[5]{N} = a \times \frac{3N + 2a^5}{2N + 3a^5}, \text{ etc.}$$

Par ex., pour $\sqrt{65}$, on prend $a = 8$, d'où $\sqrt{65} = 8 \times \dfrac{195 + 64}{65 + 192}$, ou $\frac{2072}{257} = 8,062257$, valeur exacte jusqu'à la 5ᵉ décimale. On pousse rapidement l'approximation, en faisant plusieurs fois successives usage de la formule; ainsi pour $\sqrt{8}$, on fait d'abord $a = 2,8$, et on trouve 2,82842; prenant ensuite $a = 2,82842$, d'où a^2 et b; on a enfin la même valeur de $\sqrt{8}$, que nous avons obtenue précédemment.

Des Nombres figurés.

489. On donne ce nom aux nombres suivants :

1ᵉʳ ordre	1.	1.	1.	1.	1.	1.	1.	1.	1.	1.	. .
2ᵉ. . . .	1.	2.	3.	4.	5.	6.	7.	8.	9.	10.	. .
3ᵉ. . . .	1.	3.	6.	10.	15.	21.	28.	36.	45.	55.	. .
4ᵉ. . . .	1.	4.	10.	20.	35.	56.	84.	120.	165.	220.	. .
5ᵉ. . . .	1.	5.	15.	35.	70.	126.	210.	330.	495.	715.	. .
6ᵉ. . . .	1.	6.	21.	56.	126.	252.	462.	792.	1287.	2002.	. .
7ᵉ. . . .	1.	7.	28.	84.	210.	462.	924.	1716.	3003.	5005.	etc.

Voici la loi que suivent ces nombres : *Chaque terme est la somme de celui qui est à sa gauche, ajouté à celui qui est au-dessus;* $2002 = 1287 + 715$. De cette génération, comparée à celle du tableau, page 7, on conclut que les nombres sont les mêmes, mais rangés dans un ordre différent. Une ligne de ce dernier, telle que 1.7.21.35.... est ici une hypoténuse; on a donc

$$T = [mC(p-1)]$$

pour valeur d'un terme quelconque d'ordre p, ou pris dans la ligne p^e, et sur une hypoténuse m^e.

Prenons deux lignes consécutives :

$$(p-1)^e \text{ ordre}\ldots\ 1 . a \ldots . q . r . s . t . v \ldots ,$$

$$p^e \ldots\ldots\ 1 . A \ldots . Q . R . S . T, \ldots$$

on a $A = 1 + a \ldots R = Q + r, S = R + s, T = S + t \ldots$

1° Sur une hypoténuse, les termes se dépassent d'un rang dans les lignes consécutives; tels sont T et v. Si T est le n^e terme de l'ordre p, ou dans la n^e colonne et la p^e ligne, v est le $(n+1)$ terme de l'ordre $p-1$; le terme de la ligne précédente est le $(n+2)^e$ de l'ordre $p-2$. . . . ; pour remonter jusqu'au 2ᵉ ordre

$1 . 2 . 3 \ldots m$, il faut donc au rang n ajouter $p - 2$, différence des deux ordres ; c'est-à-dire que le terme m, n° de l'hypoténuse, s'y trouve occuper le rang $n + p - 2$,

$$m = n + p - 2;$$

l'équ. $T = mC(p-1)$ revient donc à (p. 3)

$$T = [(n+p-2)\,C\,(p-1), \text{ ou } (n-1)], \quad \ldots \quad (10)$$

ou

$$\mathrm{T} = \frac{n}{1} \cdot \frac{n+1}{2} \cdot \frac{n+2}{3} \cdots \frac{n+p-2}{p-1}$$

$$= \frac{p}{1} \cdot \frac{p+1}{2} \cdot \frac{p+2}{3} \cdots \frac{n+p-2}{n-1}.$$

en développant par l'équ. (3), p. 3, et prenant les facteurs du numérateur en ordre inverse. On emploie de préférence la 1re ou la 2e de ces expressions du *terme général* T, selon que p est $<$ou$>n$. On vérifie même ici que le n^e terme de l'ordre p est le même que le p^e de l'ordre n.

En posant $p = 3, 4, 5 \ldots$ on a

3e ordre, $1 . 3 . 6 . 10 \ldots T = \frac{1}{2} n(n+1) = [(n+1)\,C2]$;

4e . . . . $1 . 4 . 10 . 20 \ldots T = \frac{1}{6} n(n+1)(n+2) = [(n+2)C3]$;

5e . . . . $1 . 5 . 15 . 35 \ldots T = \frac{1}{24} n(n+1)(n+2)(n+3)$.

2° En comparant les termes T, t et S, on a

$$T = mC(p-1),\ t = (m-1)\,C(p-2),\ S = (m-1)\,C(p-1).$$

Développons et réduisons (équ. 3, n° 476), nous trouvons

$$T = \frac{n+p-2}{n-1} \times S = \frac{n+p-2}{p-1} \times t \quad \ldots \quad (11)$$

Ces formules servent à déduire les uns des autres, et de proche en proche, les termes qui composent soit la ligne p^e, soit la n^e colonne. Par ex. $p = 6$ donne $T = \dfrac{n+4}{n-1} . S$. Faisant $n = 2, 3, 4, \ldots$ on trouve $\frac{6}{1}, \frac{7}{2}, \frac{8}{3}, \frac{9}{4}, \ldots$ pour les multiplicateurs de chaque terme S du 6e ordre, donnant au produit le terme suivant T. Pour $n = 7$,

$T = \frac{p+5}{p-1} \cdot t$, donne $\frac{7}{1}, \frac{8}{2}, \frac{9}{3}, \ldots$ facteurs qui servent à passer d'un terme t de la 7ᵉ colonne au suivant T.

3° On trouve qu'en ajoutant les deux termes de rangs $n-1$ et n de 3ᵉ ordre, la somme est n^2 ; donc *la somme de deux nombres du 3ᵉ ordre successifs est un carré parfait, et tout carré est décomposable en deux nombres du 3ᵉ ordre.* C'est ainsi que 121, carré de 11, est la somme de 55 et 66, qui sont le 10ᵉ et 11ᵉ nombres du 3ᵉ ordre.

4° Ajoutant les valeurs de $A \ldots R, S, T, \ldots$ (p. 20), on a $T = 1 + a \ldots + r + s + t$; ainsi un terme quelconque T est la somme de tous ceux de l'ordre précédent, jusqu'à celui t qui a le même rang ; ou bien *le terme général de l'ordre* p *est le terme sommatoire de l'ordre* p — 1 ; donc pour obtenir *le terme sommatoire* Σ, ou la somme des n 1ᵉʳˢ termes de l'ordre p, il faut changer p en $p+1$ dans l'equ. 10,

$$\Sigma = [(n+p-1)\ Cp \text{ ou } (n-1)] ;$$

pour le 7ᵉ ordre, par ex., $\Sigma = [(n+6)\ C7]$; la 7ᵉ série arrêtée au 9ᵉ terme a pour somme $[15\ C7] = 6435$.

5° On verrait de même qu'*un terme quelconque du tableau est la somme des termes de la colonne qui précède, limitée au même ordre ;* c'est d'ailleurs ce qui résulte de ce que *la première colonne est formée des mêmes nombres que l'ordre* p, car ces termes sont, deux à deux, ceux qui se reproduisent dans une même hypoténuse, comme étant à distance égale des extrêmes (*V*. p. 4, I).

490. Nous avons pris pour origine de notre tableau la série 1 . 1 . 1 . . . ., prenons 1 . δ . δ . δ . . ., et suivons la même génération ; le 2ᵉ ordre sera l'équidifférence $1 . 1 + \delta . 1 + 2\delta . 1 + 3\delta \ldots$ et ainsi des ordres suivants, comme on le voit dans ce tableau, dont le précédent n'est qu'un cas particulier:

1ᵉʳ ordre.	1.	δ.	δ.	δ.	δ.	. .
2ᵉ	1.	$1+\delta$.	$1+2\delta$.	$1+3\delta$.	$+\ 4\delta$.	. .
3ᵉ	1.	$2+\delta$.	$3+3\delta$.	$4+6\delta$.	$5+10\delta$.	. .
4ᵉ	1.	$3+\delta$.	$6+4\delta$.	$10+10\delta$.	$15+20\delta$.	. .
5ᵉ	1.	$4+\delta$.	$10+5\delta$.	$20+15\delta$.	$35+35\delta$.	. .
6ᵉ	1.	$5+\delta$.	$15+6\delta$.	$35+21\delta$.	$70+56\delta$.	. .

Il est visible que tous les termes ont la forme $T = A + B\delta$; e rapprochant les nombres de ceux du 1ᵉʳ tableau, on trouve que A est le terme de même rang n dans l'ordre précédent $p-1$, et que le facteur B est le terme de même ordre p dans le rang précédent $n-1$:

$$T = n^{e} \text{ terme de l'ordre } (p-1) + [(n-1)^{e} \text{ terme de l'ordre } p)]\,\delta,$$

$$T = (n-1)\frac{n}{2}\cdot\frac{n+1}{3}\cdots\frac{n+p-3}{p-1}\cdot\left(\frac{p-1}{n-1}+\delta\right).$$

Tel est le *terme général* de ce dernier tableau. *Le terme sommatoire* Σ *de l'ordre* p, *est le terme général de l'ordre* p + 1, comme ci-devant. Par ex., $p = 3$ donne, pour le 3ᵉ ordre,

$$T = n + \tfrac{1}{2}\, n\delta\,(n-1),\ \Sigma = \tfrac{1}{2}\, n\,(n+1)\,[1 + \tfrac{1}{3}\,\delta(n-1)].$$

On fait dans le 1ᵉʳ ex. $\delta = 2$, et les carrés 1 . 4 . 9 . 16 . . . dérivent de la progression impaire 1 . 3 . 5 . 7 . . . ; dans la seconde série $\delta = 3$, etc.

1. 2. 2. 2. 2. . . .	1. 3. 3. 3. 3. . . .	1. 4. 4. 4. . . .
1. 3. 5. 7. 9. . . .	1. 4. 7. 10. 13. . . .	1. 5. 9. 13. . . .
1. 4. 9. 16. 25. . . .	1. 5. 12. 22. 35. . . .	1. 6. 15. 28. . . .
$T = n^2$	$T = n\,.\,\frac{3n-1}{2}$	$T = n\,(2n-1)$
$\Sigma = n\,.\,\frac{n+1}{2}\,.\,\frac{2n+1}{3}$	$\Sigma = n^2\,.\,\frac{n+1}{2}$	$\Sigma = n\,.\,\frac{n+1}{3}\,.\,\frac{4n-1}{3}.$

491. Si l'on coupe le côté *al* (fig. 23) du triangle *alm* en $n-1$ parties égales, aux points *b, d, f*, ... et qu'on mène *bc, de, fg*. . . . . parallèles à la base *lm*, ces longueurs croissent comme les nombres 1 . 2 . 3 . 4 . . . . En plaçant un point en *a*, 2 en *b* et *c*, 3 sur *de*, 4 sur *fg*, ... la somme de ces points, depuis *a*, est successivement 1 . 3 . 6 . 10 . . . . ; et le triangle *alm* contient autant de ces points qu'il est marqué par le n^{e} de ces nombres du 3ᵉ ordre, qu'on a, pour cette raison, nommés *triangulaires*. Ces points sont équidistants, quand le triangle est équilatéral.

De même dans un polygone, de m côtés, on mène des diagonales de l'un des angles *a*, et l'on divise ces lignes et les côtés de l'angle *a* en $n-1$ parties égales : joignant par des droites les points de même numéro, on forme $n-1$ polygones qui ont l'angle *a* commun, et $m-2$ côtés parallèles. Les périmètres de ces côtés croissent comme 1 . 2 . 3 . 4 . . . Qu'on place un point à chaque angle, un au milieu des côtés parallèles du 2ᵉ polygone, 2 points sur chacun des côtés du 3ᵉ, etc., ces côtés contiendront 1 . 2 . 3 . . . . .

points de plus, et le contour des $m-2$ côtés parallèles auront chacun $m-2$ points de plus que dans le précédent. Faisons $\delta=m-2$, l'aire de notre polygone contiendra donc des points (équidistants, si la figure est régulière) en quotité marquée par le n^e terme de la série du 3e ordre, qu'on tire de $1.\delta.2\delta.3\delta\ldots$ C'est ce qui a fait nommer *Carrés, Pentagones, Hexagones...* les nombres de ces séries, dont nous avons donné les termes général et sommatoire, pour $\delta=2, 3, 4, \ldots$ ou $m=4, 5, 6\ldots$ En général, on appelle *nombres polygones*, tous ceux du 3e ordre, parce qu'ils peuvent être équidistants et contenus dans une figure polygonale.

Si l'on raisonne de même pour un angle trièdre, on verra que la série $1.4.10.20\ldots$ représente la quotité de points qu'on peut y placer sur des plans parallèles, ce qui a fait nommer ces nombres *Pyramidaux*. Les nombres *polyèdres* composent les séries du 4e ordre, dont nous savons déterminer les termes général et sommatoire, en faisant $p=4$ et 5. L'analogie a porté à généraliser ces notions, et l'on appelle *nombres figurés* tous ceux qui sont soumis à la loi du n° 489, et compris dans le tableau précédent, quoiqu'on ne puisse réellement représenter tous ces nombres par des figures de Géométrie, au delà du 4e ordre.

Sur les Permutations et les Combinaisons, dans le cas où les lettres ne sont pas toutes inégales.

492. Effectuons le produit du polynome $a+b+c\ldots$, plusieurs fois facteur, en ayant soin d'écrire, dans chaque terme, la lettre multiplicateur au premier rang, et de laisser à sa place chaque lettre du multiplicande.

$$\begin{array}{lr} A\ldots & a+b+c\ldots \\ & a+b+c\ldots \\ \hline B\ldots & aa+ab+ac\ldots \\ & ba+bb+bc\ldots \\ & ca+cb+cc\ldots \\ & \ldots\ldots\ldots \\ \hline & a+b+c\ldots \end{array}$$

$$\begin{array}{l} C\ldots\ aaa+aab+aac\ldots+aba+abb+abc\ldots+aca+acb\ldots \\ \quad baa+bab+bac\ldots+bba+bbb+bbc\ldots+bca+bcb\ldots \\ \quad caa+cab+cac\ldots+cba\ldots \text{ et ainsi de suite.} \end{array}$$

Le produit B est formé des arrangements 2 à 2 des lettres $a, b, c\ldots$; C, des permutations 3 à 3, etc., en admettant qu'une lettre puisse entrer 1, 2, 3. . . . fois dans chaque terme, et ainsi des autres. En effet, pour que deux arrangements 3 à 3 dont a est initial, fussent répétés deux fois dans C, ou qu'un d'eux fût omis, il faudrait que le système des deux lettres à droite de a fût un arrangement de 2 lettres répété lui-même, ou omis dans B.

Le produit B a m termes dans chaque ligne, et m lignes; m étant le nombre des lettres a, b, c . . . . Ainsi, il y a m^2 arrangements 2 à 2; le produit C a m lignes chacune de m^2 termes, ce qui fait m^3 arrangements 3 à 3.... ; enfin m^n *est la quotité des permutations* n *à* n *de* m *lettres, quand chaque lettre peut entrer* 1, 2, 3, . . . *et jusqu'à* n *fois dans les résultats*; n peut d'ailleurs être $> m$. Par ex., 9 chiffres pris 4 à 4 donnent 9^4, ou 6561 nombres différents.

La somme des arrangements de m lettres 1 à 1, 2 à 2, 3 à 3,.... n à n, est $m + m^2 + m^3 \ldots + m^n$, ou $m \cdot \frac{m^n - 1}{m - 1}$. Avec 5 chiffres pris seuls, ou 2, ou 3 ensemble, la quotité des nombres qu'on peut écrire est $\frac{5}{4}(5^3 - 1)$, ou 155.

Soient n dés A, B, C.... à f faces marquées des lettres a, b, c....; un jet de ces dés produira un système tel que $abacc$.... Si l'on prend le 1er dé A, et qu'on lui fasse présenter tour à tour ses diverses faces, sans rien changer aux autres dés, le système ci-dessus en produira f; ainsi nos n dés donnent f fois plus de résultats que les $(n - 1)$ autres dés B, C.... ; donc deux dés donnent f^2 hasards, 3 dés donnent f^3, 4 dés f^4,.... n *dés à* f *faces produisent* f^n *hasards*. Nous regardons ici, comme différents, les résultats identiques, lorsqu'ils sont amenés par des dés différents.

Si le 1er dé a f faces, le 2e f', le 3e f'',... le nombre des hasards est $f \times f' \times f''$....

493. Soient m places vacantes A, B, C.... qu'il s'agit de faire occuper par m lettres, savoir, α places par a, β places par b, etc. Cherchons de combien de façons on peut faire cette distribution. Il est clair que pour placer les α lettres a, il suffit de prendre α des lettres A, B, C,... et de les égaler à a : cela peut se faire d'autant de façons qu'il est possible d'égaler de fois à a, α des lettres A, B, C...; $[mC\alpha]$ marque donc de combien de manières on peut faire occuper α places, sur m qui sont vacantes (*voyez* n° 478).

Il reste, dans chaque terme, $m - \alpha$ places vacantes, dont β peuvent être remplies par la lettre b, d'autant de façons qu'il est marqué par $[m - \alpha\, C\beta]$; le produit $[m\, C\alpha] \times [(m - \alpha)\, C\beta]$, indique de combien de manières on peut distribuer α lettres a, et β lettres b, dans m places vacantes.

Sur les $m - \alpha - \beta$ places qui restent à occuper, on peut placer γ lettres c; et chaque terme en produit un nombre

$$(m - \alpha - \beta)\, C\gamma, \ldots \text{ etc.};$$

ainsi, jusqu'à ce qu'il n'y ait plus de places vacantes, ce qui arrive quand on a $\theta C\theta = 1$. Donc, *si l'on veut distribuer les* m *facteurs* $a^\alpha\ b^\beta\ c^\gamma \ldots$ *de toutes les manières possibles*, ou *former tous les arrangements qu'ils peuvent subir, les résultats seront en nombre marqué par* N, formule (9), page 13, qui est le coefficient du terme général d'un polynome.

Par ex., les 10 facteurs $a^4\ b^3\ c^2\ d$ forment des permutations en nombre $N = \dfrac{1.2.3\ldots10}{2.3.4 \times 2.3 \times 2}$ ou 12600. Les 7 lettres du mot *Étienne* peuvent être arrangées de 420 façons différentes.

Ce coefficient N exprime aussi *combien il y a de hasards qui, avec* m *dés à* f *faces, peuvent amener un résultat donné*. Car si ces dés ont sur leurs faces les f lettres $a, b, c, \ldots$ et si l'on veut que α dés offrent la face a, ce sera comme si α lettres a devaient se placer dans les rangs dont le nombre est m: ce qui donne $[mC\alpha]$ hasards pour produire α lettres a. Pour que β de nos $m - \alpha$ autres dés présentent la face b, il faut de même faire remplir β places sur $m - \alpha$ vacantes; chacun de nos résultats précédents en produit donc $[(m - \alpha)\, C\beta]$, et ainsi de suite.

494. Cherchons *les combinaisons des lettres* a, b, c, ... *en admettant que chaque facteur puisse entrer plusieurs fois dans les divers termes* (comme n° 492, excepté que l'ordre des facteurs est ici indifférent). Multiplions plusieurs fois par lui-même le polynome $a + b + c \ldots$ en ne prenant pour facteur d'un terme $a, b, c, \ldots$ que les termes du multiplicande qui sont dans la même colonne ou à sa gauche. Il est visible qu'on aura pour résultats successifs les combinaisons demandées 2 à 2, 3 à 3....

$$\begin{array}{rrrr}
a + & b + & c + & d\ldots \\
a + & b + & c + & d\ldots \\
\hline
aa + & bb + & cc + & dd\ldots \\
 & + ab + & bc + & cd\ldots \\
 & & + ac + & bd\ldots \\
 & & & + ad\ldots \\
\hline
aaa + & bbb + & ccc + & ddd\ldots \\
 & + abb + & bcc + & cdd\ldots \\
 & + aab + & acc + & bdd\ldots \\
 & & + bbc + & add\ldots \\
 & & + abc + & ccd\ldots \\
 & & + aac + & \text{etc}\ldots
\end{array}$$

Quant aux nombres des combinaisons, chaque colonne d'un produit contient autant de termes qu'il y en a dans la colonne qui est au-dessus, plus dans celles qui sont à gauche. Si 1, α, β, γ,.... sont les nombres des termes des colonnes d'un produit, ceux du produit suivant sont donc $1+\alpha$, $1+\alpha+\beta$, $1+\alpha+\beta+\gamma$. Cette série se tire de $1.\alpha.\beta$.... selon la loi des nombres figurés (n° 489); donc, pour les combinaisons 2 à 2, les colonnes successives contiennent 1.2.3.4.... termes; pour les combinaisons 3 à 3, elles en ont 1.3.6.10....; pour celles p à p, on a la série du p^e ordre. Le nombre total des combinaisons, ou celui des termes d'un produit, est la somme de la série, étendue à 2, 3, 4.... colonnes, selon qu'on a 1, 2, 3.... lettres à combiner. Pour n lettres, il faut ajouter les n 1ers termes de l'ordre p, c'est-à-dire prendre le n^e terme de l'ordre $p+1$. Ainsi, la *quotité de combinaisons de* n *lettres* p *à* p, *en admettant que chacune puisse y entrer* 1, 2, 3.... p *fois, est le* n^e *nombre de l'ordre* $p+1$. Il faut donc changer p en $p+1$ dans l'équ. (10) page 21 :

$$T = n\frac{n+1}{2}\cdot\frac{n+2}{3}\cdots\frac{n+p-1}{p}$$

$$= (p+1)\frac{p+2}{2}\cdots\frac{p+n-1}{n-1}\quad . \quad . \quad . \quad . \quad (12)$$

n peut être $>$, $=$ ou $<p$. Par ex., 10 lettres 4 à 4 donnent 715 résultats; 4 lettres 10 à 10 en donnent 286. On voit d'ailleurs que n lettres, prises p à p, et $p+1$ lettres prises $n-1$ à $n-1$, donnent autant de combinaisons, puisqu'on peut remplacer n par $p+1$, et p par $n-1$, sans changer T.

La même équ. (12) en changeant p en n, et n en p, donne aussi la solution du problème suivant, dont on trouve une application dans la collation des grades universitaires des Facultés. On a des boules de p couleurs différentes, blanches, rouges, noires....; on est convenu d'attribuer à chaque couleur une signification, telle que, *bon, médiocre, mauvais*.... Un nombre n de personnes expriment leur jugement en faisant choix chacun d'une boule de couleur conforme à son opinion. On demande le nombre de combinaisons que le résultat peut présenter?

Il s'agit de prouver que les nombres du tableau p. 20, donnent ces nombres de résultats, en prenant les lignes 1, 2, 3,.... suivant qu'il y a des boules de 1, 2, 3.... couleurs, et prenant dans cette ligne les termes de rangs 2, 3, 4.... selon qu'il y a 1, 2, 3.... juges.

En effet, supposons qu'on ait effectué toutes les combinaisons dans les cas de boules de 1, 2 et 3 couleurs, jusqu'au terme 10 de la 3e ligne, et cherchons le terme 15 qui suit, pour le cas de trois couleurs et de trois juges. On formera d'abord les résultats suivants qui contiennent des boules blanches :

3 blanches; 2 bl., 1 noire; 1 bl., 2 noires; 1 bl., 1 noire, 1 rouge;
2 bl., 1 rouge; 1 bl., 2 rouges;

de plus, on aura les résultats privés de blanches :

2 noires; 2 rouges; 1 rouge; 1 noire.

Or, sur ces 10 combinaisons, les six premières sont, dans notre tableau, le nombre qui est à gauche de 10, puisque si l'on y supprimait 1 blanche partout, on aurait tous les résultats de 3 boules avec 3 couleurs ; et le chiffre 3 est celui qui est au-dessus de 10, le nombre de combinaisons de 3 boules de 2 couleurs. Ainsi tout nombre du tableau que nous voulons former est, ainsi qu'on l'a vu pour le tableau p. 20, la somme de celui qui est à gauche plus celui qui est au-dessus. Ces deux tableaux n'en font donc qu'un seul, et on a

$$T = [(n + p - 1)\, Cn, \text{ ou } (p - 1)].$$

Lorsqu'il s'agit des grades de Facultés, on ne se sert que de boules de 3 couleurs, et le nombre des juges est de 3 à 6 selon les cas; $p = 3$ donne $T = \frac{1}{2}(n + 1)(n + 2)$.

Le développement de $(a + b + c..,)^p$ est formé (n° 483) d'autant de termes de la forme $Na^\alpha b^\beta c^\gamma$.... qu'on peut prendre de nombres différents pour les exposants $\alpha, \beta, \gamma,$... leur somme demeurant $= p$. La quotité totale des termes est donc égale à celle des combinaisons p à p, qu'on peut former avec les n lettres $a, b, c,$... en leur attribuant tous les exposants de zéro à p. Il est clair que T (p. 27) *est le nombre de termes de la puissance* p *du polynome* a+b+c...

Si l'on veut la somme des combinaisons de n lettres 1 à 1, 2 à 2,.... p à p, il faut ajouter le n^e nombre des ordres successifs 1.2.3.... $p + 1$ dans le tableau du n° 489, ou la n^e colonne, qu'on sait avoir pour somme le $(n + 1)^e$ nombre de même ordre $p + 1$. Changeons donc n en $n + 1$ dans l'équ. (12), et nous aurons, pour la somme demandée,

$$S = [(n + p)\, Cp, \text{ ou } n] - 1.$$

Cette unité soustractive répond aux combinaisons zéro à zéro, qu'on doit omettre ici. Par exemple, 5 lettres combinées depuis 1 à 1, jusqu'à 4 à 4, ou 4 lettres de 1 à 1 jusqu'à 5 à 5, donnent ce nombre de résultats $\frac{6 . 7 . 8 . 9}{1 . 2 . 3 . 4} - 1 = 125$.

Si l'on veut les combinaisons depuis p à p, jusqu'à p' à p', on applique deux fois la formule (aux nombres p et p'), et l'on retranche les résultats. 5 lettres prises de 4 à 4 jusqu'à 6 à 6 forment 461 — 125, ou 336 combinaisons.

495. Proposons-nous d'avoir *toutes les combinaisons des lettres du monome* $a^\alpha b^\beta c^\gamma \ldots$ *prises* 1 *à* 1, 2 *à* 2, 3 *à* 3, *jusqu'à la dimension* $\alpha + \beta + \gamma \ldots$ Les exposants 1, 2, 3,... α peuvent affecter a; de même 1, 2, 3,... β pour b, etc.; la question se réduit visiblement à trouver tous les diviseurs de $a^\alpha b^\beta c^\gamma, \ldots$ qui sont les termes du produit (note, page 30 de notre *Arithmétique*),

$$(1 + a + a^2 \ldots a^\alpha)(1 + b + b^2 \ldots b^\beta)(1 + c \ldots c^\gamma) \ldots$$

Le nombre des termes, ou celui des combinaisons demandé, est $(1 + \alpha)(1 + \beta)(1 + \gamma) \ldots$ Par exemple, $a^5 b^4 c^3 d^2$ a 360 diviseurs (6.5.4.3) en y comprenant 1; il y a donc 359 manières de combiner les facteurs 1 à 1, 2 à 2, etc.

Et si l'on ne veut que *ceux de ces diviseurs qui contiennent* a, comme les autres divisent $b^\beta c^\gamma \ldots$ et que ceux-ci sont en nombre $(1 + \beta)(1 + \gamma) \ldots$, en les retranchant, il reste $\alpha (1 + \beta)(1 + \gamma) \ldots$ pour la quotité des diviseurs qui admettent a : comme si l'on eût apporté, près de toutes les combinaisons sans a, les facteurs $a, a^2, a^3, \ldots$

Pour savoir combien, parmi les diviseurs de $a^\alpha b^\beta c^\gamma, \ldots$ il en est qui renferment $a^m b^n$, je prends tous ceux de $c^\gamma d^\delta \ldots$, dont le nombre est $(1 + \gamma)(1 + \delta) \ldots$, et j'apporte $a^m b^n$ près de chacun : les résultats sont donc en nombre égal.

Notions sur les Probabilités.

496. Quand on attend un événement du hasard, la prudence consiste à réunir le plus grand nombre de chances favorables : l'événement devient *probable* à raison de la valeur et de la quotité de ces chances. Des événements sont *également possibles*, quand il

y a autant de motifs d'espérer que chacun arrivera, en sorte qu'il y aït une égale indécision pour présumer celui qui sera réalisé, et que des joueurs qui se partageraient ces chances en même nombre pour chacun, eussent des motifs égaux d'espoir, et un droit égal à le voir vérifié. On juge du degré de *probabilité* d'un événement, en comparant le nombre des chances qui l'amènent, au nombre total de toutes les chances également possibles.

La probabilité se mesure par une fraction dont le dénominateur est la quotité de tous les événements également possibles, et dont le numérateur est le nombre des cas favorables. Je veux amener 5 et 2 avec deux dés dont les faces portent 1, 2, 3, 4, 5 et 6 ; il n'y a que deux cas, sur 36 également possibles, de voir 5 et 2 arriver; donc la probabilité est $\frac{2}{36}$ ou $\frac{1}{18}$. Si j'espère amener 7 pour somme de points, je compte trois cas doubles, qui me sont favorables, 5 et 2, 6 et 1, 4 et 3 ; j'ai donc $\frac{6}{36}$ ou $\frac{1}{6}$, pour probabilité : il y a 1 à parier contre 5 qu'on réussira.

Il faut donc *nombrer toutes les chances possibles et égales, puis celles qui sont heureuses, et former une fraction de ces deux nombres.* Quand la probabilité est $> \frac{1}{2}$, il y a *vraisemblance; incertitude,* si cette fraction est $\frac{1}{2}$, c'est-à-dire qu'*on peut indifféremment parier pour ou contre l'événement.* La probabilité devient certitude quand la fraction est 1, puisque tous les événements possibles sont alors favorables. En réunissant les probabilités pour et contre un événement, on trouve toujours l'unité.

Nous allons faire plusieurs applications de ces principes.

Sur 32 cartes mêlées, 12 sont des figures, 20 des cartes blanches; la probabilité d'amener une figure, en tirant une seule carte, est $\frac{12}{32} = \frac{3}{8}$. Il y a donc 3 à parier contre 5 qu'on amènera une figure, 5 contre 3 qu'on tirera une carte blanche.

Sur m cartes, il y en a p d'une sorte désignée ; quelle est la probabilité d'en tirer m' qui soient toutes de cette espèce? Le nombre des cas possibles est mCm'; celui des cas favorables est pCm'; la probabilité demandée est $\frac{pCm'}{mCm'}$. Sur un jeu de 52 cartes, par ex., il y a 13 cœurs; en tirant 3 cartes au hasard, la probabilité qu'elles sont toutes trois des cœurs est $13C3 : 52C3$ ou $\frac{286}{22100}$, environ $\frac{1}{77}$.

Sur m cartes, il y a a cœurs, a' piques, etc. ; on tire $m' + m''$ cartes ; quelle est la possibilité qu'elles sont m' cœurs et m'' piques? $mC(m' + m'')$ est le nombre de tous les hasards possibles. Les a

cœurs, combinés m' à m', forment aCm' systèmes ; les a' piques, $a'Cm''$: en accouplant ces chances (n° 478), le nombre des favorables est $[aCm']\ .\ [a'Cm'']$; c'est le numérateur cherché. Il serait $[aCm']\ [a'Cm'']\ .\ [a''Cm''']$, s'il y avait en outre a'' carreaux dont on voulût tirer m'', etc.

La roue de loterie contient m numéros dont on tire p ; un joueur en a pris m' ; quelle est la probabilité qu'il en sortira *précisément* p' ? Le nombre total des chances est mCp, dénominateur cherché. On a trouvé (n° 478) le nombre des chances favorables, ainsi le numérateur est

$$X = [(m - m')\ C\ (p - p')]\ [m'Cp'].$$

Dans la Loterie de France, $m = 90$, $p = 5$, le dénominateur est $90\ C5 = 43949268$. Qu'un joueur ait pris 20 numéros, par ex., $m = 20$, s'il veut qu'il en sorte *précisément*

$1 = p'$, numér.	$20\ .\ [70C4]$	probabil.	0,4172
$2 = p'$	$20\ .\ \frac{19}{2}\ .\ [70C3]$	....	0,2367
$3 = p'$	$20\ .\ \frac{19}{2}\ .\ \frac{18}{3}\ .\ [70C2]$	....	0,0626
$4 = p'$	$70[20C4]$	....	0,0077
$5 = p'$	$[20C5]$	....	0,0003

Si l'on veut qu'il sorte au moins 1 numéro, c'est-à-dire qu'il en sorte 1,2,3,4 ou 5, il faut prendre la somme 0,7245. Pour qu'il en sorte au moins 2, ajoutez ces résultats, excepté le 1er ; la probabilité est 0,3073, etc. Si vous voulez qu'il ne sorte aucun numéro, faites p' nul, ou prenez le complément de 0,7245 à 1 ; vous aurez 0,2755.

Ces problèmes peuvent s'énoncer ainsi : sur m cartes, il y en a m' désignées ; on en tire p, et on veut qu'il y en ait, *ou précisément, ou au moins*, p' prises parmi les désignées : trouver la probabilité? Par ex., un joueur de piquet a reçu 12 cartes, d'où il conclut que, parmi les 20 autres, il y a 7 cœurs ; quelle est la probabilité que s'il reçoit encore 5 cartes, il y aura précisément 3 cœurs ? $m = 20$, $m' = 7$, $p = 5$, $p' = 3$; d'où résulte $\frac{[13C2]\ .\ [7C3]}{20C5} = \frac{2730}{15504}$, environ $\frac{3}{17}$. En raisonnant comme ci-dessus, on aurait pour la probabilité qu'il viendra au moins 3 cœurs, $\frac{3206}{15504}$, ou environ $\frac{6}{29}$.

On a dans une bourse 12 jetons, dont 4 blancs, on en tire 7 ; quelle est la probabilité qu'il y en a précisément 3 blancs? $m = 12$,

$m' = 4$, $p = 7$, $p' = 3$; d'où on tire $\frac{280}{791}$, à peu près $\frac{6}{17}$. La probabilité de tirer au moins 3 jetons blancs sur 7 est $\frac{14}{33}$.

497. Deux événements A, A' sont amenés par p, p' causes; il y en a q, q' qui s'y opposent; on admet qu'ils peuvent arriver ensemble ou séparément, et qu'ils sont indépendants l'un de l'autre : on demande quelles sont les probabilités de tous les cas. Imaginons deux dés, l'un à $p+q$ faces colorées, p en blanc, q en noir; l'autre à $p'+q'$ faces colorées, p' en rouge, q' en bleu : il est visible que le jet de chacun de ces dés séparément amène des résultats comparables à nos deux événements. A sera réalisé, si l'on amène l'une des p faces blanches, et il ne le sera pas, si l'on amène l'une des q faces noires, etc. Le nombre total des hasards (p. 25) est $(p+q)\times(p'+q')$ dénominateur commun de toutes nos probabilités.

Si l'on veut qu'une face noire et une rouge arrivent ensemble, les q faces noire et les p' rouges offrent qp' combinaisons, ce sont les cas favorables; donc la probabilité est

$$\frac{qp'}{(p+q)(p'+q')} = \frac{q}{p+q} \times \frac{p'}{p'+q'};$$

c'est celle de voir arriver A' sans que A ait lieu. Il en sera de même des autres cas.

Observez que nous avons ici le produit des probabilités relatives à chacun des événements souhaités; donc *si des événements sont indépendants les uns des autres, la probabilité qu'ils arriveront ensemble est le produit de toutes les probabilités relatives à chacun séparément.* Ce théorème des *probabilités composées* n'est ici démontrée que pour deux événements; mais s'il y en avait un 3e A'', ou un 3e dé à $p''+q''$ faces, le même raisonnement s'appliquerait, et justifierait la conséquence énoncée.

Par un jet de deux dés à 6 faces, on veut amener 4 et as; quelle est la probabilité de succès? En ne considérant qu'un dé, il y a six hasards, dont deux favorables (4 ou as), probabilité simple $\frac{2}{6}$ ou $\frac{1}{3}$; mais ce 1er cas étant arrivé, le 2e dé doit encore amener l'autre point (as ou 4), autre probabilité simple $\frac{1}{6}$; donc probabilité cherchée $\frac{1}{3}\times\frac{1}{6}=\frac{1}{18}$; comme si l'on eût comparé les 2 cas favorables, aux 36 hasards possibles.

On a séparé les couleurs d'un jeu de 32 cartes, en 4 paquets, 8 cœurs, 8 carreaux, etc.; on demande combien on peut parier d'amener l'une des 3 figures de cœurs? comme on ignore quel est le paquet qui contient les cœurs, $\frac{1}{4}$ est la probabilité simple qu'on s'adressera à cet assemblage : mais, dans ce cas même, sur 8 cartes, il faut tirer l'une des 3 figures, autre probabilité simple $\frac{3}{8}$; donc celle qu'on demande est composée des deux précédentes, ou $\frac{3}{32}$.

Quand les probabilités se composent, elles s'affaiblissent, puisqu'elles résultent du produit de plusieurs quantités < 1. Un homme dont la véracité m'est connue m'atteste un fait qu'il a vu; j'évalue à $\frac{9}{10}$ la probabilité qu'il ne veut pas me tromper, et qu'il n'a pas été induit lui-même en erreur par ses sens. Mais s'il ne tient le fait que d'un témoin aussi véridique, la probabilité n'est plus que de $\frac{9}{10} \times \frac{9}{10}$; ou $\frac{81}{100}$, à peu près $\frac{4}{5}$. S'il y avait ainsi 20 intermédiaires, on n'aurait plus que $\left(\frac{9}{10}\right)^{20}$, c'est-à-dire pas même $\frac{1}{8}$: il y aurait 7 à parier contre 1 que le fait transmis est faux, quoique tous les intermédiaires soient également véridiques. On a comparé cette diminution de la probabilité, à l'extinction de clarté des objets, vus par l'interposition de plusieurs morceaux de verres.

498. Quand les probabilités simples sont égales entre elles, le résultat, ou produit, est une puissance de cette quantité. Un événement A est amené par p causes, il y en a q qui s'y opposent; quelle est la probabilité d'amener k fois A en n coups? Il est clair qu'à chaque coup la probabilité simple est $\frac{p}{p+q}$ pour A, et $\frac{q}{p+q}$, contre. Si l'événement se réalise k fois, on a la puissance k de la 1re fraction, et s'il n'a pas lieu, les $n-k$ autres coups, on a la puissance $n-k$ de la 2e. Donc, en multipliant ces deux puissances, il vient la probabilité composée

$$z = \frac{p^k \cdot q^{n-k}}{(p+q)^n},$$

qui exprime qu'en n coups, A sera précisément arrivé k fois, l'ordre de succession des événements étant fixé d'avance. Mais si cet ordre est arbitraire, il faut répéter z autant de fois qu'on peut combiner ces résultats, savoir les n fois que l'événement A arrive, avec les $n-k$ où il n'a pas lieu, facteur $[nCk]$: donc $z \times [nCk]$ est la probabilité que A arrivera k fois en n coups, sans désigner ceux où il devra se réaliser.

Et si l'on veut que A arrive au moins k fois, on changera ici k

en k, $k+1,\ldots$ jusqu'à n, et l'on prendra la somme des résultats.

Donc le dénominateur de la probabilité cherchée est $(p+q)^n$: le numérateur s'obtient en développant ce binôme, et s'arrêtant au terme où entre p^k, qu'on prendra sans ou avec son coefficient, selon qu'on voudra avoir ou n'avoir pas égard aux k rangs où A se réalise en n coups. Et si l'on veut que A arrive au moins k fois, et au plus k' fois, en n coups, on ajoutera tous les termes où p a les exposants k, $k+1,\ldots k'$.

Par ex., un dé à 6 faces en a 2 qui sont favorables à un joueur ; il faut, pour qu'il gagne, qu'en 4 coups il amène 3 fois l'une ou l'autre (ou, en un seul jet de 4 dés, il faut que 3 faces soient favorables) ; on demande la probabilité du gain ? J'ai $p=2$, $q=4$, puis $(p+q)^4 = 6^4 = 1296 =$

p^4	$= 16$	coups qui amènent 4 fois l'une des faces favorabl.
$+\ 4p^3q$	$= 128$	 3
$+\ 6p^2q^2$	$= 384$	 2
$+\ 4pq^3$	$= 512$	 1
$+\ q^4$	$= 256$	 0
Somme	$= 1296 = (p+q)^4$,	dénominateur des probabilités.

Donc la probabilité d'amener *précisément* 3 fois l'un des cas favorables est $\frac{128}{1296}$ ou $\frac{9}{81}$: on divisera par le coefficient 4, si l'on doit désigner l'ordre où ils arrivent, et l'on aura $\frac{2}{81}$; enfin, ajoutant les deux 1ers nombres, on a $\frac{144}{1296}$ ou $\frac{1}{9}$, pour la probabilité que les faces favorables se présenteront au moins 3 fois.

Quel est le *sort* de deux joueurs M et N d'égales forces ; il manque 6 points à M pour gagner la partie, et il en manque 4 à N? La somme de ces points est 10 ; je forme la 9e puissance de $p+q$; je réserve pour M les 4 1ers termes (où l'exposant de p est au moins 6), je prends pour N les 6 autres termes ; enfin je fais $p=q=1$. Je trouve 130 d'une part, 382 de l'autre, et la somme totale 512 : le sort de M, ou la probabilité qu'il gagnera, est $\frac{130}{512}$, celle de N est $\frac{382}{512}$. Si la partie était rompue avant de tenter rien, l'enjeu devrait être partagé entre M et N dans le rapport de 130 à 382, à très-peu près comme 1 à 3 : c'est aussi le prix qu'ils doivent vendre leurs prétentions à l'enjeu, s'ils consentent à céder le droit qu'ils y ont. Quand la force des joueurs est, par ex., comme 3 à 2, c'est-à-dire quand M gagne ordinairement à N 3 parties sur 5, ou que M cède à N 1 point sur 3 pour égaliser les forces, le calcul est le même en posant $p = 3$ et $q = 2$. Dans ce cas, on trouve que le sort de M est à celui de N environ :: 14 : 15.

499. Il arrive souvent que les causes sont si cachées, ou se croisent d'une manière si variée, qu'il est impossible de les démêler et d'en nombrer la multitude : les principes exposés précédemment ne peuvent plus recevoir d'application. On consulte alors l'expérience, pour s'assurer si les événements sont assujettis à un retour périodique, d'où l'on puisse conjecturer avec vraisemblance que la cause inconnue qui les a ramenés souvent sous un ordre régulier, agissant encore, les reproduira dans le même ordre. Le nombre de ces retours est substitué à celui des causes mêmes dans les calculs de probabilité. Un dé jeté 10 fois de suite a présenté 9 fois la face *a*; il y a donc dans l'action qui le pousse, dans sa figure, sa substance, quelque cause cachée qui produit le retour de 9 fois la face *a* : si 100 épreuves ont ramené de même 90 fois cette face *a*, la probabilité $\frac{9}{10}$ favorable à ce retour acquiert une grande force, qui s'accroît encore quand les épreuves multipliées s'accordent avec cette supposition; puisque si l'on pouvait faire un nombre infini d'épreuves, qui toutes présentassent 9 fois sur 10 la face *a* ; on aurait la *certitude* de l'hypothèse.

C'est ainsi que constamment l'expérience a prouvé les faits suivants, dont il est impossible d'assigner les causes.

1° Le nombre des mariages contractés dans un pays, pour une durée quelconque déterminée, est à celui des naissances et à la population, à très-peu près, :: 3 : 14 : 396.

2° Il naît ensemble 15 filles et 16 garçons.

3° La population, le nombre des naissances, celui des morts et celui des mariages sont :: 2037615 : 71896 : 67700 : 15345; à très-peu près, par an, les naissances sont le 28ᵉ, les morts le 30ᵉ, et les mariages le 132ᵉ de la population. La différence $\frac{1}{420}$ des naissances aux morts est l'accroissement annuel de la population.

4° La durée des générations de père en fils est de 33 ans.

5° Le nombre des morts du sexe masculin est à celui du sexe féminin :: 24 : 23 ; et dans un pays quelconque, le nombre des vivants du 1ᵉʳ sexe est à celui du 2ᵉ :: 33 : 29.

6° Les décès mâles sont le 58ᵉ, les féminins le 61ᵉ de la population. A Paris, la totalité des décès n'est que la 32ᵉ du nombre des habitants : ces décès s'élèvent annuellement à 22700, terme moyen, et les naissances à 24800.

7° La moitié de toute population est au-dessous de 25 ans, et tous les 25 ans, une moitié est renouvelée.

8° En France, le 66e de la population se marie chaque année. La durée de la vie moyenne est de 28 ans $\frac{1}{2}$.

9° Les rebuts annuels de la Poste aux lettres de France sont de 19000, etc....

C'est sur ces considérations qu'on établit les Tables de population et de mortalité : on peut consulter à ce sujet l'*Annuaire* du Bureau des Longitudes.

Nous ne dirons rien de plus sur la doctrine des probabilités, qui est si étendue qu'elle fait la matière des Traités spéciaux. *Voy.* ceux de MM. Laplace, Lacroix, Condorcet, Duvillard, etc.

CHAPITRE II.

RÉSOLUTION DES ÉQUATIONS.

Composition des Équations.

500. Après avoir transposé et réduit, *toute équation a la forme*

$$kx^n + px^{n-1} + qx^{n-2} + rx^{n-3} \ldots + tx + u = 0, \ldots (1)$$

que nous représenterons par * $f(x) = 0$; $k, p, q \ldots u$ sont des nombres connus positifs, négatifs ou zéro. On appelle *racine* toute quantité a qui substituée à x réduit $f(x)$ à zéro, savoir $f(a) = 0$, ou $ka^n + pa^{n-1} + \ldots + u = 0$.

Soit pris au hasard un nombre a; divisons le polynome (1) par $x - a$: soit R le reste numérique, $kx^{n-1} + p'x^{n-2}b +' x^{n-3} \ldots + t'$

* Toute expression analytique contenant une grandeur x est dite *fonction de* x. Les *fonctions algébriques* sont celles qui ne comportent que les opérations d'algèbre, jusques et y compris les extractions de racines ; les *fonctions transcendantes* renferment des logarithmes, des exponentielles, des arcs de cercle, sinus, cosinus.... On n'exprime, dans une fonction, que les quantités auxquelles on veut avoir égard, d'après le but qu'on se propose. $F(x)$, $f(x)$, $\varphi(x)$.... désignent des formules où la lettre x est combinée de diverses manières : $f(x)$ et $f(z)$, qui ont le même signe f, indiquent que les lettres x et z y sont engagées de même, en sorte que les fonctions deviennent identiques lorsqu'on change x en z. Par ex., $f(\sqrt{z} + \alpha)$ signifie qu'il existe une fonction $f(x)$ où l'on a remplacé x ar $(\sqrt{z} + a)$. De même, $F(x^2 + y^2)$ indique qu'on a remplacé z par $x^2 + y^2$ dans une fonction $F(z)$.

le quotient de cette division. Ce quotient multiplié par $x - a$, étant augmenté de R, doit reproduire *identiquement* le dividende (1). Ce calcul donne

$$f(x) = kx^n + p' \atop \quad - ak \;\Big|\; x^{n-1} + q' \atop \quad - ap' \;\Big|\; x^{n-2} + r' \atop \quad - aq' \;\Big|\; x^{n-3} \ldots + t' \atop \quad - as' \;\Big|\; x + R \atop \quad - at',$$

et puisque l'on doit retrouver ici tous les termes du polynome $f(x)$, le facteur p de x^{n-1} ne doit être autre chose que $p' - ak$, qui dans le produit affecte aussi x^{n-1} : de même, $q = q' - ap'$, $r = r' - aq' \ldots\, u = R - at'$. Transposant les termes négatifs, il vient

$$p' = p + ak,\ q' = q + ap',\ r' = r + aq' \ldots .\ R = u + at'. \quad (2)$$

Ces équ., toutes de même forme, servent à déduire successivement les uns des autres les coefficients $p', q', r' \ldots$ du quotient, et le reste R : car *chacun se compose du coefficient de même rang dans* $f(x)$, *plus du produit par* a *du coefficient précédent.*

Voici des exemples de ce genre de calculs :

Diviser $4x^5 - 10x^4 + 6x^3 - 7x^2 + 9x - 11$ par $x - 2$.
Quotient $4x^4 - 2x^3 + 2x^2 - 3x + 3 \ldots\ldots$ reste -5.
Après avoir écrit $4x^4$, premier terme du quotient, on forme $4 \times 2 - 10 = -2$ qui est le coefficient de x^3; celui de x^2 est $-2 \times 2 + 6 = +2$; ensuite $2 \times 2 - 7 = -3$, etc.

Si le diviseur est $x + 2$, le facteur numérique est partout -2, et le quotient est

$$4x^4 - 18x^3 + 42x^2 - 91x + 191 \ldots\ldots \text{reste } -393.$$

Mais on peut aussi trouver l'un des coefficients indépendamment de tout autre; car en éliminant successivement $p', q', \ldots$ entre les équ. (2), il vient

$$p' = ka + p, \quad q' = ka^2 + pa + q, \quad r' = ka^3 + pa^2 + qa + r \ldots$$
$$R = ka^m + pa^{m-1} + qa^{m-2} + ra^{m-3} \ldots + ta + u = f(a).$$

Ainsi, pour former un coefficient quelconque de rang i dans le quotient, il faut prendre les i premiers termes de $f(x)$, remplacer x par a, et supprimer les puissances de a communes à tous les termes; et quant au reste R de la division, il est formé du polynome proposé $f(x)$, où l'on a fait $x = a$, savoir $f(a)$.

Et comme ce reste R est ou n'est pas nul, selon que a est ou n'est pas racine de l'équ. $f(x) = 0$, on voit que *le polynome $f(x)$ est ou n'est pas divisible par* x — a, *selon que* a *est ou n'est pas racine de l'équ.* $f(x) = 0$.

Le mode de calcul indiqué ci-dessus est très-commode pour trouver le quotient de $f(x) : (x - a)$, reconnaître si a est racine, et enfin obtenir le résultat numérique de la substitution d'un nombre donné a à la place de x dans un polynome $f(x)$.

501. Nous supposerons qu'*on soit assuré que toute équ. a une racine au moins*, sujet sur lequel nous reviendrons, et nous ferons $k = 1$, ce qui n'ôte rien à la généralité, puisqu'on peut diviser toute l'équation (1) par k. Si a est racine de cette équation on a identiquement $f(x) = (x - a)\,Q$, Q étant un polynome de degré $n - 1$.

Or, si b est racine de l'équ. $Q = 0$, $x - b$ doit diviser Q;

d'où $$Q = (x - b)\,Q',\quad f(x) = (x - a)(x - b)\,Q'.$$

De même, c étant racine de $Q' = 0$, on a

$$Q' = (x - c)\,Q'';\quad f(x) = (x - a)(x - b)(x - c)\,Q''.$$

Les degrés des quotients s'abaissant successivement à chaque facteur binôme mis en évidence, il est clair qu'après $(m - 1)$ divisions, on arrivera à un quotient $x - l$ du 1er degré. Donc, *en admettant que toute équation ait une racine*, f (x) *de degré* n *est formé du produit de* n *facteurs binômes du premier degré*,

$$f(x) = (x - a)(x - b)(x - c)\ldots\ldots(x - l).$$

Cette équ. est identique, et la dissemblance des deux membres disparaîtrait, si l'on effectuait les calculs indiqués. Et puisque $f(x)$ devient nul lorsqu'on prend pour x l'un quelconque des nombres $a, b, c, \ldots$ *toute équ.* $f(x) = 0$ *a* n *racines, qui sont, en signes contraires, les seconds termes de ses* n *facteurs binômes*.

Prouvons qu'*on ne peut en outre décomposer* f (x) *en d'autres facteurs* $(x - a')(x - b')(x - c')\ldots$ *les grandeurs* $a', b', c'\ldots$ *étant, toutes ou plusieurs, différentes de* a, b, c. . . .

Pour cela, montrons que *si le binôme* x — h *divise exactement le produit de deux polynomes* A *et* B *rationnels et entiers par rapport à* x, *l'un au moins de ces polynomes est divisible par* x — h. En effet, supposons qu'en divisant A et B par $x - h$, on ait les quotients A' et B', et les restes numériques α et β, ou

$$A = A'(x - h) + \alpha,\quad B = B'(x - h) + \beta.$$

En faisant le produit AB, on trouve que $x - h$ entre comme facteur de tous les termes, excepté de $\alpha\beta$, qui étant un nombre, ne peut être divisible par $x - h$, à moins que l'un des restes ne soit nul. Donc, etc.

D'après cela, puisque $f(x) = (x - a)\,Q$, et qu'on suppose que $x - a'$ divise $f(x)$, il faut que $(x - a)\,Q$, ou plutôt Q, soit divisible par $x - a'$. De même pour Q', dans $Q = (x - b)\,Q'$, et ainsi de suite jusqu'au dernier facteur $x - l$, qui, n'étant pas divisible par $x - a'$, montre que $x - a'$ ne pouvait diviser $f(x)$.

Donc : 1° *Tout polynome* $f(x)$ *n'est résoluble qu'en un seul système de* m *facteurs binômes du premier degré, et l'équ.* $f(x) = 0$ *n'admet que* m *racines.*

2° Toute fraction $\dfrac{f(x)}{\varphi(x)}$ qui devient $\dfrac{0}{0}$ lorsqu'on fait $x = a$, a $x - a$ pour facteur commun de ses deux termes $f(x)$, $\varphi(x)$; et même $x - a$ peut y entrer à une puissance quelconque. La valeur de la fraction s'obtient en supprimant d'abord les facteurs $x - a$ qui sont communs, et faisant ensuite $x = a$: ainsi *cette valeur est finie, nulle ou infinie*, selon que $x - a$ est à la même puissance dans les deux termes, ou que $x - a$ porte un exposant plus élevé au numérateur ou au dénominateur.

3° Si deux équ. $f(x) = 0$, $\varphi(x) = 0$ ont une même racine a, $x - a$ est facteur commun. C'est ainsi que

$$2x^3 - 3x^2 - 17x + 30 = 0,\quad x^3 - 37x - 84 = 0$$

ont $x + 3$ pour facteur, qu'on obtient par la méthode du commun diviseur. La coexistence de ces deux équ. serait absurde, s'il n'y avait aucun facteur commun entre elles. Et si ce facteur était du 2ᵉ degré, les équ. auraient deux racines qui seules répondraient au problème, etc.

4° On peut, par la division, abaisser le degré n d'une équ. d'autant d'unités qu'on connaît de racines, la recherche des racines étant la même chose que celle des facteurs binômes. Les facteurs du 2ᵉ degré sont en nombre $\frac{1}{2}n(n-1)$, (n° 476) puisqu'ils résultent des combinaisons 2 à 2 de ceux du 1ᵉʳ : ceux du 3ᵉ degré sont en nombre $\frac{1}{6}n(n-1)(m-2)$, etc.

502. Puisque la proposée $x^n + px^{n-1} + qx^{n-2} \ldots + u = 0$ est le produit de $(x - a)(x - b)(x - c) \ldots$, il suit de ce qu'on a vu *Alg.*, n° 97, V, que

1° *Le coefficient* p *du* 2° *terme est la somme de toutes les racines* a, b, c.... *prises en signes contraires;*

2° *Le coefficient* q *du* 3° *terme est la somme des produits deux à deux de ces racines;*

3° *r est la somme des produits* 3 *à* 3 *en signes contraires,* etc.;

Enfin, *le dernier terme* u *est le produit des racines quand le degré* n *de l'équ. est pair, et ce produit en signe contraire quand le degré est impair.*

Transformation des Équations.

503. *Pour que les racines* x *d'une équ.* (1) *deviennent* h *fois plus grandes, faites* $x = \frac{y}{h}$; d'où

$$\frac{ky^n}{h^n} + \frac{py^{n-1}}{h^{n-1}} + \frac{qy^{n-2}}{h^{n-2}} \ldots + \frac{ty}{h} + u = 0,$$

et $$ky^n + phy^{n-1} + qh^2y^{n-2} \ldots + th^{n-1}y + uh^n = 0.$$

Ce calcul revient à multiplier les termes consécutifs de $f(x)$ par $h^0, h^1, h^2 \ldots h^n$.

Observez que si la proposée (1) n'a pas de coefficients fractionnaires, et l'on peut toujours l'en délivrer par la réduction au même dénominateur, en posant $h = k$, c'est-à-dire en faisant $x = \frac{y}{k}$, la transformée est divisible par k, et devient

$$y^n + py^{n-1} + qky^{n-2} \ldots + uk^{n-1} = 0;$$

ainsi, *pour délivrer une équ. des coefficients fractionnaires, on la réduit au même dénominateur, et l'on chasse le coefficient* k *du* 1er *terme, en posant* y = kx, calcul qui revient à multiplier les coefficients, à partir du 2e terme, par $k^0, k^1, k^2 \ldots k^{n-1}$.

Soit, par ex., l'équ. $x^4 - \frac{2}{3}x^3 + \frac{5}{6}x^2 - \frac{3}{4}x - \frac{7}{2} = 0$, multipliant par 12, on a $12x^4 - 8x^3 + 10x^2 - 9x - 42 = 0$; faisant $x = \frac{1}{12}y$, c'est-à-dire multipliant les coefficients 10, 9 et 42 respectivement par 12, 12^2, 12^3, il vient

$$y^4 - 8y^3 + 120y^2 - 1296y - 72576 = 0.$$

Pour que les racines x *d'une équ. deviennent* h *fois plus petites,* on posera $x = hy$, c'est-à-dire qu'on divisera les coefficients successifs par $h^0, h^1, h^2, \ldots h^n$. Le calcul précédent donnait à l'équ. des coefficients plus grands ; celui-ci les diminue, et s'emploie dans ce but. Mais à moins que les divisions ne s'effectuent exactement, on a ainsi des coefficients fractionnaires. Soit l'équ. $x^3 - 144x = 10368$; en posant $x = 12y$, on trouve cette équ. plus simple, $y^3 - y = 6$.

504. Si l'on veut diminuer toutes les racines d'une même quantité i, on pose $x = i + y$. En mettant $i + y$ pour x dans tous les termes de $f(x)$, l'équ. (1) devient

$$k(i+y)^n + p(i+y)^{n-1} + q(i+y)^{n-2} \ldots + t(i+y) + u = 0,$$

sans nous arrêter à développer les puissances de $i + y$, il résulte de la loi connue (n° 482) que suivent les termes de la formule de Newton, que la transformée étant ordonnée selon les puissances croissantes de y, est

$$A + By + Cy^2 + Dy^3 \ldots + ky^n = 0,$$

A étant $= fi$, ou le polynome proposé où l'on a remplacé x par i; B se déduit de A *en multipliant chaque terme par l'exposant de* i, *et diminuant cet exposant de un,* calcul qu'on désigne sous le nom de DÉRIVÉE, et qu'on indique par $f'i$. De même, C se trouve en prenant la dérivée de B, et divisant par 2 ; $C = \frac{1}{2} f''i$; D est le tiers de la dérivée de C, $D = \frac{1}{2.3} f'''i$, et ainsi de suite. On sait donc composer les coefficients de la transformée, en les déduisant successivement les uns des autres, savoir,

$$fi = y \cdot f'i + \frac{y^2}{2} f''i + \frac{y^3}{2 \cdot 3} f'''i + \ldots + ky^n = 0,$$

$$fi = ki^n + pi^{n-1} + qi^{n-2} + \ldots + ti + u,$$

$$f'i = nki^{n-1} + (n-1)\,pi^{n-2} + (n-2)\,qi^{n-3} \ldots + t,$$

$$f''i = n(n-1)\,ki^{n-2} + (n-1)(n-2)\,pi^{n-3} + \ldots \text{etc.}$$

. . . .

Ainsi pour faire $x = 2 + y$ dans $x^3 - 5x^2 + x + 7 = 0$, on a $fx = x^3 - 5x^2 + x + 7$, $f'x = 3x^2 - 10x + 1$, $f''x = 6x - 10$, $f'''x = 6$. Faisant $x = 2$ (*voyez* p. 37), il vient $fi = -3$, $f'i = -7$, $\frac{1}{2} f''i = +1$: d'où

$$-3 - 7y + y^2 + y^3 = 0.$$

Pour augmenter, au contraire de i toutes les racines x, il faut poser $x = y - i$, c'est-à-dire changer ci-dessus i en $-i$, ou prendre en signe contraire les puissances impaires de i.

505. Le procédé donné p. 37 est très-commode pour trouver les nombres fi, $f'i$, $\frac{1}{2}f''i$.... car divisons $f(x)$ par $x - i$, et soient T le quotient et t le reste numérique ; puis divisons T par $x - i$, et soient U le quotient et u le reste ; soient V et v le quotient et le reste de U divisé par $x - i$, et ainsi de suite. Nous avons

$$fx = T(x-i) + t, \quad T = U(x-i) + u, \quad U = V(x-i) + v, \text{ etc.}$$

Éliminant successivement T, U, V.... on trouve

$$fx = t + u(x-i) + v(x-i)^2 + \text{etc.} \ldots + k(x-i)^m;$$

d'où l'on voit que les coefficients de la transformée dont l'inconnue est $y = x - i$, sont les restes $t, u, v \ldots k$ de nos divisions successives. Et comme le procédé donné p. 37 fait facilement connaître ces restes, le calcul se présente comme dans l'ex. suivant, où l'on fait $y = x - 3$.

$$\begin{array}{llllll}
\text{Proposée.} \ldots & 2x^4 - & 7x^3 - & 12x^2 + & 4x + & 129 = 0 \\
\text{Facteur } 3 \ldots \left\{ \begin{array}{l} \\ \\ \\ \\ \end{array} \right. & \begin{array}{l} 2 \\ 2 \\ 2 \\ 2 \end{array} & \begin{array}{l} -1 \\ +5 \\ +11 \\ +17 \end{array} & \begin{array}{l} -15 \\ 0 \\ +33 \\ \ \end{array} & \begin{array}{l} -41 \\ -41 \\ \ \\ \ \end{array} & \begin{array}{l} +6 \\ \ \\ \ \\ \ \end{array} \\
\text{Transformée.} \ldots & 2y^4 + & 17y^3 + & 33y^2 - & 41y + & 6 = 0.
\end{array}$$

La 1re ligne 2, -1, -15, -41, est formée des coefficients du 1er quotient T, la 2e de ceux du second U, la 3e de V, etc. On donne à chaque ligne un terme de moins qu'à la précédente. Le dernier terme de chaque ligne est le reste de la division par $x - 3$; $t = 6$, $u = -41$, $v = 33$,..... ce sont donc les coefficients cherchés en ordre rétrograde *.

* Le calcul, quand i est une fraction $\frac{h}{l}$, est plus simple ainsi qu'il suit ;

Posons $$x = \frac{x'}{l}, \quad x' = x'' + h, \quad x'' = ly;$$

en éliminant x' et x'', on trouve $x = y + \frac{h}{l}$; ainsi pour composer la transformée en y, on fait successivement les trois calculs relatifs à ces trois équ. La 1re consiste à rendre les racines l fois plus grandes (no 503) ; la 2e indique qu'il faut en tirer la transformée en

Souvent $i = 1$, c'est-à-dire qu'on cherche la transformée en $x - 1 = y$; on n'a alors que des additions à faire, selon la loi du tableau p. 20. En voici deux exemples :

$x^3 - 12x^2 + 41x - 29 = 0$	$x^4 - 6x^3 + 7x^2 - 7x + 7 = 0$
$1 \quad -11 \quad +30 \quad +\ 1$	$1 \quad -5 \quad +2 \quad -5 \quad +2$
$1 \quad -10 \quad +20$	$1 \quad -4 \quad -2 \quad -7$
$1 \quad -\ 9$	$1 \quad -3 \quad -5$
$y^3 - 9y^2 + 20y + 1 = 0$	$y^4 - 2y^3 - 5y^2 - 7y + 2 = 0$

506. La même transformée, ordonnée selon les puissances décroissantes de y, permet de *délivrer l'équ. de son 2ᵉ terme*, en faisant $x = y + i$, et disposant convenablement de l'arbitraire i : on a

$$\left.\begin{array}{l|l|l} ky^n + mik & y^{n-1} + \frac{1}{2}m(m-1)i^2k & y^{n-2}\ldots + ki^m \\ \quad\ + p & \qquad\qquad + (m-1)ip & \ldots\ldots + pi^{m-1} \\ & \qquad\qquad\qquad + q & \ldots\ldots + qi^{m-2} \\ & & \qquad\quad \text{etc.} \end{array}\right\} = 0.$$

En effet, posons $mik + p = 0$; d'où

$$i = -\frac{p}{mk}, \quad x = y - \frac{p}{mk}.$$

$x' - h$; enfin la 3ᵉ rend les racines l fois plus petites. On opérera donc comme dans l'exemple suivant, où l'on cherche la transformée en $x - \frac{2}{3}$ pour l'équ.

$$2x^4 - 5x^3 + 7x^2 - 4x + 2 = 0.$$

Coefficients.	2	−	5	+	7	−	4	+	2
Puissances du dénominateur .	1		3		9		27		81
Produits.	2	−	15	+	63	−	108	+	162
Facteur 2.	2	−	11	+	41	−	26	+	110 (α)
	2	−	7	+	27	+	28		
	2	−	3	+	21				
Transformée en $x' - 2$. . . .	2	+	1	+	21	+	28	+	110

Transformée en $x - \frac{2}{3}$. . . $2y^4 + \frac{1}{3}y^3 + \frac{21}{9}y^2 + \frac{28}{27}y + \frac{110}{81} = 0$

Observez que la ligne (α) étant divisée par les diverses puissances de 3, donne le quotient de la proposée divisée par $x - \frac{2}{3}$, qui est $2x^3 - \frac{11}{3}x^2 + \frac{41}{9}x - \frac{26}{27}$, ainsi que le reste $+ \frac{110}{81}$, qui est aussi le résultat de la substitution de $\frac{2}{3}$ pour x dans la proposée.

Ce calcul est surtout employé quand l est 10, ou ses puissances. Ainsi, pour trouver la transformée en $y = x - 0,2$ de l'équ. ci-dessus, on a

Produits des coefficients par les puissances de 10 :	2	−	50	+	700	−	4000	+	20000
Facteur 2.	2	−	46	+	608	−	2784	+	14432
	2	−	42	+	524	−	1736		
	2	−	38	+	448				
Transformée en $x' - 2$.	2	−	34	+	448	−	1736	+	14432

Transformée en $x' - 0,2$ . . . . . . $2y^4 - 3,4y^3 + 4,48y^2 - 1,736y + 1,4432 = 0$

Ainsi, *pour délivrer l'équ. de son* 2e *terme, il faut changer* x *en* y *moins le coefficient* p *du* 2e *terme divisé par le produit du* 1er k *par le degré de l'équ.* Bien entendu que l'on doit conserver ici à p et k leurs signes, et que si ces signes sont différents, le — se trouve changé en + devant la fraction. La somme des racines de y est alors zéro; on a donc augmenté toutes les racines d'une même quantité, telle que la somme de leurs parties négatives est devenue égale à celle des positives.

Le calcul est plus rapide en posant $x + \frac{p}{mk} = y$, développant la puissance n^e, et multipliant par k, car on en tire de suite la valeur des deux 1ers termes $kx^n + px^{n-1}$.

Par ex., soit $x^3 - 6x^2 + 4x - 7 = 0$; on pose $x - 2 = y$, d'après notre théorème : le cube donne $x^3 - 6x^2 = y^3 - 12x + 8$, qui, substitué, conduit à $y^3 - 8x + 1$, ou $y^3 - 8y - 15 = 0$, équ. demandée.

Pour $x^2 + px + q = 0$, on fera $x + \frac{1}{2}p = y$; puis, carrant, $x^2 + px = y^2 - \frac{1}{4}p^2$, et la transformée est $y^2 = \frac{1}{4}p^2 - q$. On tire y, et par suite les racines x de la proposée. C'est un mode de résolution de l'équ. du 2e degré.

On verra aisément qu'on chasse à la fois le 2e terme de fx, et le coefficient k du 1er terme, en faisant $x = \frac{y - p}{mk}$.

Si l'on veut *chasser le* 3e *terme* de l'équ., on doit faire

$$\tfrac{1}{2} m (m - 1) i^2 k + (m - 1) ip + q = 0.$$

Cette relation conduit en général à des valeurs irrationnelles ou imaginaires de i, qui ne peuvent être utilement employées.

Enfin si l'on pose $ki^m + pi^{m-1} + \ldots + u = 0$, on chassera le dernier terme de l'équ. Il faut alors résoudre l'équation proposée elle-même; et en effet la transformée aurait une racine nulle, $y = 0$; d'où $x = i$.

507. Voici encore deux transformations usitées :

1° Si l'on pose $x = -y$, ce qui change les signes alternatifs seulement, les racines positives de x deviennent négatives, et réciproquement.

2° En faisant $x = \frac{1}{y}$, les racines deviennent *réciproques*, les plus grandes de x répondent aux plus petites de y : comme les facteurs x, x^2, x^3. . . . sont remplacés par les diviseurs y, y^2, y^3. . ., en multipliant tout par y^m, ces facteurs se trouvent remplacés par y^{m-1}, y^{m-2}. . . . Ainsi ce calcul revient à distribuer, près des coefficients, les puissances de y en ordre inverse de celles de x :

$$\frac{k}{y^m}+\frac{p}{y^{m-1}}+\frac{q}{y^{m-2}}\cdots+\frac{t}{y}+u=0,$$

d'où $$uy^m+ty^{m-1}+\ldots+qy^2+py+k=0.$$

Et si l'on veut en outre chasser le coefficient u du 1er terme, on posera $y=\frac{y'}{u}$, c'est-à-dire $x=\frac{u}{y'}$, transformation qui remplit d'un seul coup les deux conditions.

En général, *transformer une équ.* f (x) = 0, c'est en composer une autre $F(y)=0$, dont les racines y aient, avec celles de x, une relation donnée par une équ. entre x et y, $\varphi(x, y)=0$: il ne s'agit donc que de savoir éliminer x de cette dernière à l'aide de la proposée, problème que nous traiterons bientôt (n° 522).

Limites des Racines.

508. *Une limite supérieure des racines de l'équ.* fx = 0, *est une quantité quelconque qui les surpasse toutes :* cette limite serait zéro, si aucun terme de fx n'était négatif, puisque l'équ. n'aurait aucune racine positive. *Tout nombre* l *qui, substitué pour* x *dans* fx, *donne un résultat positif* (le 1er terme kx^n ayant le signe +) *est limite supérieure, quand tout nombre* > l *est dans le même cas,* puisque aucune valeur > l ne résout l'équ.

On sait que $$\frac{x^i-1}{x-1}=x^{i-1}+x^{i-2}+x^{i-3}\ldots\ldots x+1;$$

d'où

$$x^i=(x-1)x^{i-1}+(x-1)x^{i-2}+(x-1)x^{i-3}\ldots+(x-1)+1.$$

Appliquons cette formule à chaque terme positif de

$$fx=kx^n+px^{n-1}+qx^{n-2}\ldots+u \text{ : il vient}$$

$$k(x-1)x^{n-1}+\left.\begin{array}{l}k\\+p\end{array}\right|(x-1)x^{n-2}+\left.\begin{array}{l}k\\+p\\+q\end{array}\right|(x-1)x^{n-3}\ldots+\left.\begin{array}{l}k\\+p\\+q\\\text{etc.}\end{array}\right|x-1)+\begin{array}{l}k\\+p\\+q\\\text{etc.}\end{array}$$

Nous laisserons les termes négatifs sous leur forme, et nous les placerons dans les colonnes où x est affecté du même exposant. Un terme $-sx^h$, sera mis dans la colonne $(x-1)x^h$, et le coefficient sera $(k+p+q\ldots)(x-1)-s$; le facteur de $(x-1)$ est *la somme des coefficients positifs qui précèdent* s. Or, pour attribuer à x une valeur capable de rendre ce terme négatif, il faut que $(k+p+q\ldots)(x-1)$ soit $< s$; ce signe $-$ n'y existera donc plus si l'on prend

$$x \begin{smallmatrix}=\\>\end{smallmatrix} 1+\frac{s}{k+p+q\ldots} \ldots\ldots\ldots \text{(M)}$$

Qu'on en dise autant de chacune des colonnes où se trouve un coefficient négatif; et que parmi toutes les expressions (M) ainsi formées, on prenne la plus grande l, il est clair que $x =$ ou $> l$ rendra tout le polynome positif : l est donc limite supérieure des racines de $fx = 0$. Ainsi, *divisez chaque coefficient négatif de* fx *par la somme de tous les positifs qui le précèdent; ajoutez* 1 *à la plus grande des fractions ainsi obtenues; ce nombre sera limite supérieure des racines de l'équ.* fx $= 0$.

Soit $4x^5-8x^4+23x^3+105x^2-80x+11=0$; on divise 8 par 4, puis 80 par $4+23+105$; le 1er de ces quotients 2 est le plus grand; donc, toutes les racines sont $< 2+1$, ou 3.

En effaçant $p, q, \ldots$ du dénominateur de (M), cette formule se réduit à $x =$ ou $> 1+\frac{s}{k}$; comme on a le droit d'augmenter cette fraction (M), on voit que *le plus grand coefficient négatif d'une équ., pris en $+$, et augmenté de* 1, *est une limite supérieure de ses racines,* quand on a divisé l'équ. par le coefficient k de son premier terme. Cette expression est plus simple que la 1re, et se forme à vue, ce qui la rend préférable toutes les fois qu'on n'a pas intérêt à choisir une limite basse. Les théorèmes suivants offrent souvent une limite plus avantageuse.

509. N'ayons égard qu'au 1er terme et aux termes négatifs de fx,

$$x^n - Fx^{n-f} - Gx^{n-g} - Hx^{n-h}\ldots\ldots \quad (1)$$

Soit α un nombre qui mis pour x rende cette expression positive, ou

$$\alpha^n > F\alpha^{n-f} + G\alpha^{n-g} + H\alpha^{n-h}\ldots\ldots \quad (2)$$

$$1 > \frac{F}{\alpha^f}+\frac{G}{\alpha^g}+\frac{H}{\alpha^h}\ldots\ldots$$

en divisant tout par α^n. Il est clair que tout nombre $> \alpha$ satisfera à la même condition ; ainsi, ni α, ni les nombres $> \alpha$ ne pouvant rendre fx nul, puisque la partie positive de fx accroît α^n, on voit que *tout nombre* l *qui rend le* 1er *terme de* fx *plus grand que la somme des termes négatifs est limite supérieure* *.

Tirons de la relation (2) une valeur de α. Parmi les nombres $\sqrt[f]{F}$, $\sqrt[g]{G}$, $\sqrt[h]{H}$.... il en est un qui surpasse les autres ; supposons que c'est le 2e, nous le représenterons par i :

$$\sqrt[g]{G} = i > \sqrt[f]{F} \text{ et } \sqrt[h]{H}, \quad G = i^g, \quad F < i^f, \quad H < i^h.$$

Remplaçons dans (2), G par i^g, F par i^f, H par i^h, le 2e membre sera augmenté, et si l'on rend $\alpha^n >$ que cette somme, *à fortiori* la condition (2) sera remplie. Il s'agit donc de rendre

$$x^n > i^f x^{n-f} + i^g x^{n-g} + i^h x^{n-h} \ldots$$

On peut même ajouter ici les termes qui complètent le polynome, d'où

$$n^n > ix^{n-1} + i^2 x^{n-2} + i^3 x^{n-3} \ldots + i^n,$$

$$\text{savoir, } x^n > i\,\frac{x^n - i^n}{x - i}, \text{ ou } \frac{ix^n}{x-i} - \frac{i^{n+1}}{x-i}.$$

Admettons qu'on prenne $x > i$, ce dernier terme sera négatif, et en le supprimant, le 2e membre sera augmenté. Ainsi, on a

$$x^n \geqq \frac{ix^n}{x-i}, \text{ ou } x - i \geqq i, \quad x \geqq 2i \text{ ou } 2\sqrt[g]{G}.$$

Le double du plus grand nombre qu'on trouve en extrayant de chaque coefficient négatif une racine de degré marqué par le nombre des termes qui le précèdent, est donc une limite supérieure des racines.

Ainsi, pour l'équation $x^4 - 2x^3 - 20x^2 + 3x - 11 = 0$, notre

* Quelques auteurs disent que pour obtenir une limite supérieure des racines d'une équ., il faut trouver pour x un nombre l *qui rende le* 1er *terme plus grand que la somme de tous les autres* ; c'est *plus grand que la somme des termes négatifs* qu'il faut dire. L'exemple suivant montre la vérité de cette assertion. L'équ.

$$x^4 + x^3 - 30x^2 - 2x + 168 = 0$$

a pour rac. 3 et 4, et cependant en faisant $x = 2{,}3$, qui n'est pas une limite supérieure, on reconnaît que $x^4 >$ la somme des autres termes, savoir, $27{,}9841 > 180{,}167 - 163{,}3$.

1er théorème donne 21 pour limite ; mais prenant $\sqrt[3]{2}$, $\sqrt[2]{20}$, $\sqrt[4]{11}$, le 2e de ces nombres est le plus grand, à peu près 5 ; ainsi 10 est une limite supérieure.

510. Faisons $x = l + y$ dans fx, l étant un nombre quelconque ; il vient (n° 504), $fl + yf'l + \frac{1}{2}y^2 f''l \ldots + ky^n = 0$. Or, si l'on choisit pour l un nombre tel que $fl, f'l, f''l \ldots$ soient positifs, tous les coefficients de cette transformée ayant des signes $+$, aucun nombre positif mis pour y ne peut y satisfaire ; les valeurs réelles de x répondent donc à des valeurs négatives de $y = x - l$; partant $l > x$. Donc, *tout nombre qui, mis pour* x *dans* fx *et toutes ses dérivées, donne des résultats positifs, est une limite supérieure de* x.

Dans notre dernier exemple, les dérivées sont

$$4x^3 - 6x^2 - 40x + 3, \quad 12x^2 - 12x - 40, \quad 24x - 12.$$

On voit que $x = 6$ rend tous ces polynomes positifs, et que $x < 6$, limite plus basse que celle qui a été trouvée.

Observez que si l'on change les signes alternatifs de la transformée, les racines de y auront changé de signe ; elles seront donc toutes positives, de négatives qu'elles étaient : ainsi, on *sait transformer une équ.* fx $= 0$ *en une autre* Fy $= 0$ *qui n'ait aucune racine négative, en posant* x $=$ l $-$ y, l *étant une limite supérieure des racines* x.

511. Changez x en $-x$ dans fx, ou les signes alternatifs ; les racines positives seront devenues négatives, et réciproquement, en conservant leurs valeurs numériques : cherchez la nouvelle limite supérieure l' ; les racines négatives de $fx = 0$ seront entre 0 et $-l'$, les positives entre 0 et l. C'est ainsi qu'on reconnaît que dans notre dernier exemple toutes les racines sont comprises entre -4 et $+6$.

512. En faisant $x = \frac{1}{z}$ dans fx, les plus grandes racines de z répondront aux plus petites de x. Si donc on cherche la limite supérieure h des racines de z, ou $z < h$, on aura $x > \frac{1}{h}$. Telle est *la limite inférieure des racines positives de* x.

Soit s le plus grand coefficient de signe contraire au dernier terme de l'équ. $kx^n + px^{n-1} \ldots + u = 0$; comme la transformée est $uz^n + \ldots + pz + k = 0$, en prenant pour limite supérieure $z < 1 + \frac{s}{u}$, on trouve $x > \frac{u}{u+s}$. C'est entre ce nombre et $+l$

que sont comprises toutes les racines positives de x. On peut d'ailleurs trouver deux limites plus rapprochées, ainsi qu'on l'a exposé. On en dira autant pour les racines négatives.

513. N'ayons égard qu'au 1er terme et aux termes négatifs de fx, savoir :

$$kx^n - Fx^{n-f} - Gx^{n-g} - \ldots = kx^n \left(1 - \frac{F}{x^f} - \frac{G}{x^g} \ldots\right).$$ Nous connaissons une valeur l de x qui donne un résultat positif, et tout nombre $> l$ donne aussi le signe $+$ au résultat : comme les termes positifs de fx accroissent la quantité kx^n, on voit que *dans tout polynome rationnel et entier* fx, *ordonné selon les puissances descendantes de* x, *si l'on fait croître graduellement* x, *on atteindra bientôt une valeur qui donnera un résultat positif, et au delà les résultats seront positifs et croissants.*

Quand le 1er terme kx^n est négatif, en le comparant aux termes positifs, on trouve de même des résultats croissants et négatifs.

Enfin si le polynome est ordonné selon les puissances ascendantes de x, $fx = u + tx \ldots + px^{n-1} + kx^n$, en posant $x = \frac{1}{z}$, on a $\frac{1}{z^n}(uz^n + \ldots + k)$: la valeur $z = l$, qui donne au résultat le signe de u, répond à $x = \frac{1}{l}$ qui produit le même effet sur fx.

On sait donc trouver des valeurs de x *qui donnent aux résultats de* fx *le signe du* 1er *terme, que la suite soit ascendante ou descendante.*

514. *On peut toujours prendre pour* x *une suite de nombres croissants* $\alpha, \beta, \gamma \ldots$ *assez rapprochés, pour que les valeurs que reçoit le polynome* fx *soient aussi voisines qu'on veut.* Supposons d'abord que fx n'a que des termes positifs, et faisons $x = \alpha$ et $\alpha + i$. Les résultats sont $f\alpha$ et $f\alpha + i f'\alpha + \frac{1}{2} i^2 f''\alpha + \ldots$ dont la différ. est $i(f'\alpha + \frac{1}{2} i f''\alpha + \ldots)$: il s'agit d'attribuer à i une valeur telle que cette différ. soit moindre que tout nombre donné h. Tout est ici positif, et i est très-petit et < 1 ; faisons $i = 1$ dans la parenthèse, et posons $i(f'\alpha + \frac{1}{2}f''\alpha \ldots) =$ ou $< h$ la condition sera remplie : ainsi il faut prendre $i =$ ou $< \frac{h}{f'\alpha + \frac{1}{2}f''\alpha \ldots}$; prenant ensuite $x = (\alpha + i) + i'$, opérant de même, on aura un 3e résultat qui surpassera le 2e de moins de h ; et ainsi de suite.

Maintenant si fx renferme des termes négatifs, ce qu'on vient de dire s'appliquera à l'ensemble des termes positifs; et comme les termes qu'on en doit soustraire diminuent encore la grandeur des résultats, à plus forte raison ceux-ci différeront-ils de moins de h. Et si la somme des termes négatifs l'emportait sur les positifs, ce serait au contraire aux premiers qu'on appliquerait le raisonnement ci-dessus. Ceci démontre que l'on peut toujours supposer que, quand x croît insensiblement, les résultats de fx sont *continus*.

Racines commensurables.

515. Soit l'équ. $fx = kx^n + px^{n-1} + qx^{n-2} \ldots + tx + u = 0 \ldots (1)$. *Si tous les coefficients sont entiers, et* $k = 1$, *aucune racine ne peut être fractionnaire :* car si l'on pose

$$x = \frac{a}{b}, \quad \text{d'où} \quad \frac{a^n}{b^n} + \frac{pa^{n-1}}{b^{n-1}} + \ldots + \frac{ta}{b} + u = 0,$$

on a
$$a^n + b\,(pa^{n-1} + qba^{n-2} \ldots + ub^{n-1}) = 0;$$

la 2ᵉ partie étant multiple de b, a^n devrait l'être aussi, ce qui est impossible (nº 25).

Ainsi lorsqu'en faisant $y = kx$, on dégage le 1ᵉʳ terme de l'équ. (1) de son coefficient k (nº 506), sans que les autres coefficients cessent d'être entiers, y n'a pas de racines fractionnaires; et celles de x le sont, ou sont entières, selon que les racines entières de y ne sont pas multiples de k, ou le sont. Ainsi la recherche des racines fractionnaires de x, est ramenée à celle des racines entières de la transformée en y.

Après avoir trouvé les racines α, β,.... de l'équ. $fx = 0$, on peut la décomposer en ses facteurs binômes,

$$fx = k\,(x - \alpha)\,(x - \beta) \ldots$$

516. On a vu nº 500, que le quotient de l'équ. (1) divisé par $x - a$, étant désigné par

$$kx^{n-1} + p'x^{n-2} + q'x^{n-3} \ldots + r'x^2 + s'x + t',$$

on a $ka + p = p'$, $ap' + q = q'$, ... $ar' + s = s'$, $as' + t = t'$, et le reste $R = at' + u$; on en tire

$$-k = \frac{p - p'}{a}, \quad -p' = \frac{q - q'}{a} \ldots$$

$$-r' = \frac{s - s'}{a}, \quad -s' = \frac{t - t'}{a}, \quad -t' = \frac{u - R}{a}.$$

Au lieu de faire servir nos équations, comme page 37, à trouver $k', p', q', \ldots t'$ successivement, on peut calculer en ordre rétrograde, $t', s' \ldots p', k$, par ces dernières formules. Mais comme il faudrait connaître le reste R, ce procédé ne convient qu'au cas où a est racine, parce que $R = 0$; et principalement, quand a est entier, ainsi que les coefficients $k, p, q \ldots u$ de la proposée. Il suit de la division même de fx par $x - a$, que $p', q' \ldots t'$, sont aussi des nombres entiers. Donc 1° a *divise* u ; *on ne peut chercher les valeurs entières de* x, *que parmi les diviseurs du dernier terme* u :

2° a *divise* t — t', s — s'... *enfin* p — p', *c'est-à-dire la somme de chacun des coefficients de la proposée, plus le quotient qu'on vient d'obtenir dans la division précédente :*

3° *Ces quotients sont, en signe contraire, les coefficients successifs du quotient de* fx *divisé par* x — a, *et le dernier de ces quotients est* $-k$.

Si ces conditions, que doit remplir toute racine entière de $fx = 0$ sont satisfaites par un nombre quelconque a, ce nombre est racine; en effet, en cherchant le quotient de fx divisé par $x - a$, par le procédé du n° 500, on reproduit les nombres ci-dessus p', $q' \ldots t'$, et on arrive à un reste nul.

517. Voici donc la marche à suivre pour trouver les racines entières de $fx = 0$. On prend, tant en + qu'en —, tous les diviseurs du dernier terme u, et les quotients de ces divisions; on soumet ces quotients aux épreuves prescrites par les équ. ci-dessus : si l'un de ces diviseurs conduit à quelque quotient fractionnaire, on le rejette, il ne peut être racine; et on ne reconnait pour telle que celle qui donne enfin $-k$ pour dernier quotient. *La suite des quotients numériques entiers ainsi obtenus, pris en signes contraires, compose les coefficients* t', s'.... p', k *du quotient algébrique de* fx *divisé par* x — a.

Comme ± 1 pris pour diviseur de u, donne toujours des quotients entiers, ce n'est qu'au dernier terme qu'on reconnait si ± 1 est racine. Il est donc plus court d'essayer directement ± 1, par le procédé de la p. 37.

Soit, par ex., $2x^5 + 3x^4 - 31x^3 + 3x^2 - 43x + 210 = 0$; comme $210 = 2.3.5.7$, on trouve que les diviseurs de 210 sont $\pm (1,2,3,5,6,7,10,14\ldots.)$: on reconnaît d'abord que ± 1 ne peut convenir, non plus que les diviseurs qui sont hors des limites -8 et $+7$ des racines. Le calcul se range sous la forme suivante, où l'on a marqué de » les diviseurs à rejeter, et où l'on s'est dispensé d'écrire les sommes et différences qui donnent les dividendes.

	$a =$	2	3	5	6	−2	−3	−5	−6	−7
	$-t' =$	105	70	42	35	−105	−70	−42	−35	−30
$(-43 - t') : a =$	$-s' =$	31	9	»	»	+74	»	+17	+13	»
$(+3 - s') : a =$	$-q' =$	17	4			»		−4	»	»
$(-31 - q') : a =$	$-p' =$	−7	−9					+7		
$(+3 - p') : a =$	$-k =$	−2	−2					−2		

Ainsi la proposée n'a que trois racines entières, $+2$, $+3$ et -5: le quotient de la division par $x - 2$ a pour coefficients les nombres placés sous le diviseur 2, savoir, $2x^4 + 7x^3 - 17x^2 - 31x - 105$; on divise ensuite par $x - 3$, puis par $x + 5$, et on arrive enfin au quotient $2x^2 + 3x + 7$; tels sont les facteurs de la proposée.

Voici encore deux exemples :

	$x^3 + 3x^2 - 8x + 10 = 0$					$8x^3 - 7x^2 - 63x + 36 = 0$							
$a =$	2	−2	−5	−10.	. . .	9	6	4	3	2	−2	−3	−4
$-t' =$	5	−5	−2	−1	. . . .	4	6	9	12	18	−18	−12	−9
$-s' =$	»	»	2	»	. . . .	»	»	»	−17	»	»	+25	18
$-k =$	. . .		−1		. . . .	. . .	. .	. .	− 8.	. . .	. .	»	»

Pour la 1re équ., le facteur $x + 5$ donne le quotient $x^2 - 2x + 2$.

Pour la 2e, on n'éprouve que les diviseurs de 36 qui sont entre les limites -5 et $+10$; on a le diviseur $x - 3$, et le quotient $8x^2 + 17x - 12$.

Voici des problèmes qu'on résout par cette méthode :

I. Cherchons un nombre N de trois chiffres x, y, z, tels que 1° leur produit soit 54 : 2° le chiffre du milieu soit le 6° de la somme des deux autres; 3° enfin, en soustrayant 594 du nombre N, le reste soit exprimé par les mêmes chiffres en ordre inverse. Comme $N = 100x + 10y + z$, on a

$$xyz = 54, \quad 6y = x + z, \quad 100z + 10y + x = N - 594,$$

la 3ᵉ équation revient à $x - z = 6$; chassant y des deux premières, $x^2z + xz^2 = 324$; enfin mettant $z + 6$ pour x, on a $z^3 + 9z^2 + 18z = 162$. Or x, y, z, sont des nombres entiers, et notre méthode donne $z = 3$, d'où $x = 9$, $y = 2$ et $N = 923$.

II. Quelle est la base x du système de numération dans lequel le nombre 538 est exprimé par les caractères (4123) ?

Il faut trouver la racine entière et positive de l'équ.

$$4x^3 + 1x^2 + 2x + 3 = 538\,;$$

cette racine est $x = 5$. *V.* la note p. 5 de notre *Arithmétique*.

En général, si A est le nombre exprimé par les n chiffres $a, b, c, \ldots\, i$, la base x du système est donnée par l'équ.

$$ax^{n-1} + bx^{n-2} + cx^{n-3} \ldots = A - i,$$

équ. qui n'a qu'une racine positive (nº 534), qui doit être entière et $> a, b, c, \ldots\, i$.

III. Soit proposée l'équation $8\left(\frac{2}{5}\right)^{x^3-5x^2+3x+3} = 125$; le calcul du nº 147, 3º, donne, à cause de $\left(\frac{5}{2}\right)^3 = \frac{125}{8}$,
$(x^3 - 5x^2 + 3x + 3) \log \frac{2}{5} = 3 \log \frac{5}{2}$, $x^3 - 5x^2 + 3x + 3 = -3$, on en tire $x = 2$ et $\frac{1}{2}(3 \pm \sqrt{21})$.

IV. Pour $6x^4 - 19x^3 + 28x^2 - 18x + 4 = 0$, on fait $x = \frac{1}{6}y$ d'où $y^4 - 19y^3 + 168y^2 - 648y + 864 = 0$. Il n'y a pas de racines négatives, et les positives sont < 20 : or $864 = 2^5 \cdot 3^3$, et l'on doit éprouver les diviseurs 2, 3, 4, 6.... 18. On trouve $y = 3$ et 4, et $y^2 - 12y + 72 = 0$; enfin $x = \frac{1}{2}, \frac{2}{3}$ et $1 \pm \sqrt{-1}$.

On voit de même que

$$6x^5 + 15x^4 + 10x^3 - x = x(x+1)(2x+1)(3x^2 + 3x - 1).$$

518. Quand le dernier terme u a beaucoup de diviseurs, entre les limites des racines, ces calculs sont longs : voici un moyen de les abréger. Si a est racine entière de l'équ. $fx = 0$, et n'a que des coefficients entiers, aussi bien que le quotient Q de fx divisé par $x - a$, on a $Q = \dfrac{fx}{x-a} =$ entier quel que soit x. Prenons pour x un entier quelconque α, on voit que $f\alpha$ doit être divisible par $\alpha - a$. Donc pour reconnaître si l'un a des diviseurs du dernier terme u

peut être racine entière, *prenez la différence entre α et ce diviseur; toutes les fois que a sera racine, cette différence divisera* fα, *ou le nombre qui résulte de la substitution de α pour* x *dans* fx. Chaque diviseur de u qui ne remplira pas cette condition sera exclus, et le procédé général ne sera plus appliqué qu'aux autres diviseurs de u, parmi lesquels on pourra faire de nouvelles exclusions, en changeant le nombre α.

Comme la méthode exige qu'on fasse $x = \pm 1$ dans fx, pour s'assurer si ± 1 ne sont pas racines, les valeurs de $f\alpha$ sont connues pour ces nombres $\alpha = \pm 1$, et la règle s'applique immédiatement.

Dans le 1er ex., p. 52, on doit éprouver 9 diviseurs, entre les limites des racines; mais comme $x = 1$ donne $f\alpha = 144$, et $a - \alpha = 1, 2, 4, 5 \ldots$ on reconnait bientôt que 2, 3, 5, —2, —3, et — 5 divisant seuls 144, les nombres 2, 3, 5, — 2, — 3, — 5 sont les seuls qu'on doit soumettre au calcul.

519. Cherchons maintenant *les facteurs commensurables du 2e degré* de l'équ. $fx = 0$; l'un de ces facteurs étant $x^2 + px + q$, et le quotient $x^{n-2} + p'x^{n-3} + \ldots$, on a cette équ. identique :

$$fx = (x^2 + px + q)(x^{n-2} + p'x^{n-3} + q'x^{n-4} \ldots);$$

il y a ici n coefficients inconnus. Exécutons la multiplication, et égalons les coefficients des mêmes puissances de x dans les deux membres (nº 500), nous aurons n équ.; éliminant $p', q' \ldots$ il restera deux équ. entre p et q, puis enfin une équ. contenant q seul, et qui sera du degré $\frac{1}{2} n(n-1)$, nombre des combinaisons 2 à 2 des facteurs binômes du 1er degré. Cette dernière équ. aura pour q au moins une racine commensurable, puisque sans cela fx n'aurait aucun facteur rationnel du 2e degré. Une fois q connu, l'une des équ. entre p et q donnera p, et on connaîtra le facteur rationnel $x^2 + px + q$.

Ainsi $x^4 - 3x^2 - 12x + 5 = (x^2 + px + q)(x^2 + p'x + q')$ donne $p + p' = 0, q + pp' + q' = -3, p'q + pq' = -12, qq' = 5$. Les deux 1res équ. donnent des valeurs de p' et q', qui, substituées dans les deux autres, conduisent à

$$2pq + 3p - p^3 = 12, \quad q^2 + q(3 - p^2) + 5 = 0,$$

et chassant q, on a $p^6 - 6p^4 - 11p^2 = 144$, d'où $p = 3$ et -3; puis $q = 5$ et 1; les facteurs sont donc $(x^2 + 3x + 5)(x^2 - 3x + 1)$.

Racines égales.

520. Quand $fx = (x - a)^p\ (x - b)^q\ (x - c)\ (x - d) \ldots$ (A) le polynome fx a p facteurs égaux à $x - a$, q égaux à $x - b$; et on dit que l'équ. $fx = 0$ a p racines égales à a, q égales à b. Il s'agit de s'assurer si, une équ. étant donnée, elle peut être mise sous la forme (A).

Supposons d'abord $p = q = 1$; comme l'équ. (A) est identique, on peut remplacer x, dans les deux membres, par $y + x$: en développant le 1er membre (nº 504), on a

$$fx + yf'x + \tfrac{1}{2}y^2 f''x \ldots = (y + x - a)(y + x - b)(y + x - c) \ldots$$

$f'x$ est la dérivée de fx, $f''x$ est celle de $f'x, \ldots$; ce sont des polynomes connus. Le 2e membre est composé de facteurs qui ont tous y pour 1er terme; le produit a donc la forme indiquée *Alg.*, nº 97, V; le coefficient de y^{n-1} est la somme des 2es parties $x - a$, $x - b, \ldots$ ceux de y^{n-2}, $y^{n-3} \ldots$ sont les sommes des produits 2 à 2, 3 à 3... de ces binômes. Donc

1º fx est le produit de tous ces n binômes, ou l'équ. (A):

2º $f'x$ est la somme de leurs produits $n - 1$ à $n - 1$, qu'on forme en supprimant successivement, dans le produit (A), chacun des facteurs binômes, et ajoutant tous les résultats :

3º $\frac{1}{2}f''x$ est la somme des produits $n - 2$ à $n - 2$, etc.

Cela posé, si $p = 1$, fx n'a qu'un seul facteur qui soit $= x - a$; tous les termes de $f'x$ contiennent aussi ce facteur, excepté le terme où il a été omis, $R = (x - b)(x - c) \ldots$ Ainsi $f'x$ est de la forme $R + (x - a)$ Q, qui n'est pas divisible par $x - a$. On en dira autant des autres facteurs inégaux de fx. Donc *si le polynome* fx *n'a pas de facteurs égaux,* fx *et* f'x *n'ont pas de diviseur commun.*

Mais si (A) contient le facteur $(x - a)^p$, pour former $f'x$, il faudra omettre de fx successivement chacun des p facteurs $x - a$; et $(x - a)^{p-1}$ sera facteur de p termes égaux; ensuite on devra omettre chacun des autres facteurs $x - b$, $x - c, \ldots$, résultats qui auront tous $(x - a)^p$ pour multiplicateur ; ainsi tous les termes seront divisibles par $(x - a)^{p-1}$; mais la somme ne le sera pas par $(x - a)^p$. On voit donc que fx et $f'x$ auront $(x - a)^{p-1}$ pour diviseur commun. En répétant ce raisonnement pour les autres facteurs égaux $(x - b)^q$, on reconnait que *si* fx *a des facteurs égaux,* fx *et* f′x *ont un commun diviseur, qui est le produit de tous les facteurs égaux de* fx, *chacun élevé à une puissance moindre d'une unité.*

D'après cela, étant donnée une équ. $fx = 0$, on formera la dérivée $f'x$, et l'on procédera à la recherche du plus grand commun diviseur entre fx et $f'x$; s'il n'en existe pas, la proposée n'a pas de racines égales ; elle en a au contraire si l'on trouve un diviseur F, lequel sera réductible à la forme

$$F = (x - a)^{p-1} (x - b)^{q-1},$$

mais qu'on ne connaîtra que sous celle d'un polynome. En divisant fx par F, *le quotient* q *est formé de tous les facteurs de* fx, *dégagés des exposants ;*

$$q = (x - a)\ (x - b)\ (x - c)\ (x - d).$$

521. Soient $\alpha, \beta, \gamma\ldots$ les produits des facteurs binômes respectifs aux puissances 1, 2, 3.... qui entrent dans fx, en sorte qu'on ait $fx = \alpha \,.\, \beta^2 \,.\, \gamma^3 \,.\, \delta^4 \,.\, \varepsilon^5 \ldots$ Désignons par F le plus grand commun diviseur entre fx et $f'x$; par G celui de F et F'; par H celui de G et G', etc.; enfin par $q, r, s, t\ldots$ les quotients exacts successifs de chaque commun diviseur par le suivant, savoir :

$$\begin{array}{llll}
fx = \alpha^1 . \beta^2 . \gamma^3 . \delta^4 . \varepsilon^5 \ldots, & q = \alpha . \beta . \gamma . \delta . \varepsilon \ldots, & \alpha = 0 \\
F = \beta . \gamma^2 . \delta^3 . \varepsilon^4 \ldots, & r = \beta . \gamma . \delta . \varepsilon \ldots, & \beta = 0 \\
G = \gamma . \delta^2 . \varepsilon^3 \ldots, & s = \gamma . \delta . \varepsilon \ldots, & \gamma = 0 \\
H = \delta . \varepsilon^2 \ldots, & t = \delta . \varepsilon \ldots, & \delta = 0 \\
\text{etc.} \quad \text{etc.} & \quad \text{etc.} & \varepsilon = 0
\end{array}$$

En divisant chacun des quotients $q, r, s\ldots$ par le suivant, on trouve pour quotients les facteurs isolés $\alpha, \beta, \gamma\ldots$ chacun au 1er degré ; et s'il manque dans fx quelque facteur, β par ex., tout se réduit à poser $\beta = 1$, ce qui donne alors $r = s$, et le quotient correspondant $= 1$, qui annonce l'absence de facteurs au carré.

Voici donc les calculs qu'il faut faire :

Chacun des polynomes de la 1re colonne est le commun diviseur entre le précédent et sa dérivée, jusqu'à ce qu'on arrive à celui M qui n'a pour commun diviseur avec M' que $1 = N$, derniers des polynomes de cette colonne. On divise ensuite chacun de ces polynomes par le suivant, ce qui donne les quotients exacts $q, r, s\ldots M$; enfin on divise de nouveau chacun de ceux-ci par le suivant; et on a ainsi pour quotients exacts, des fonctions de x qui sont les produits isolés de chaque espèce de facteur du 1er, 2e, 3e degré, mais chacun réduit au 1er degré. Le polynome M qui n'a que l'unité pour commun diviseur avec M' est (au 1er degré) le produit des facteurs qui, dans fx, ont le plus haut exposant. Lorsque l'un des 1ers quotients $q, r, s. \ldots$ est égal au suivant, le quotient *un* annonce l'absence, dans fx, du facteur de l'ordre correspondant à celui que ce quotient est destiné à donner.

Voici quelques applications de cette théorie * :

I. Soit $fx = x^5 - x^4 + 4x^3 - 4x^2 + 4x - 4$;

on en tire $f'x = 5x^4 - 4x^3 + 12x^2 - 8x + 4$,

et le commun diviseur $F = x^2 + 2$; puis $F' = 2x$, et le diviseur commun $G = 1$: la 1re colonne est ainsi terminée. Passant à la 2e, fx divisé par F donne

$$q = x^3 - x^2 + 2x - 2, \text{ puis } r = x^2 + 2;$$

divisant q par r, on a $\alpha = x - 1$, $\beta = x^2 + 2$, enfin

$$fx = (x - 1)(x^2 + 2)^2.$$

* Le calcul du commun diviseur est long; on l'abrége par la règle suivante qui donne de suite *le reste de la division* de fx par $f'x$. *Multipliez les coefficients de* fx, *à partir du* 3e, *par* 2, 3, 4. . . . *fois le coeff. du* 1er *terme de* f'x; *multipliez les coefficients de* f'x *à partir du* 2e *par le coefficient du* 2e *terme de* fx; *retranchez ces produits* 2 *à* 2, et vous aurez les coefficients du reste de degré n — 2.

par ex. . . . $fx =$	x^5	$- x^4$	$+ 4x^3$	$- 4x^2$	$+ 4x$	$- 4$
$f'x =$		$+ 5$	$- 4$	$+ 12$	$- 8$	$+ 4$
produit de fx par + 10, 15, 20, 25.			$+ 40$	$- 60$	$+ 80$	$- 100$
produit de $f'x$ par — 1			$+ 4$	$- 12$	$+ 8$	$- 4$
différences.			36	$- 48$	$+ 72$	$- 96$
reste de la division (on ôte le facteur 12).. . . .			$3x^3$	$- 4x^2$	$+ 6x$	$- 8$

Quand fx n'a pas de second terme, la partie soustractive est nulle, la règle se réduit à multiplier fx par 2, 3, 4. . . .

Soit $fx =$	$3x^4$	$+ 0x^3$	$- 35x^2$	$+ 44x$	$+ 4$
$f'x =$		$+ 12$	$+ 0$	$- 70$	$+ 44$
produits de fx par 2, 3, 4.			$- 70$	$+ 132$	$+ 16$
le reste de la division est.			$35x^2$	$- 66x$	$- 8$

en achevant l'opération, on trouvera $x - 2$ pour commun diviseur, et la proposée $= (x - 2)^2 (3x^2 + 12x + 1)$.

On démontre notre règle en effectuant la division de $kx^m + px^{m-1} + qx^{m-2} \ldots$ par $mkx^{m-1} + (m-1)px^{m-2} \ldots$, après avoir introduit le facteur m^2k dans le dividende, pour obtenir un quotient entier. *V.* la note, p. 59.

II. $fx = x^6 + 4x^5 - 3x^4 - 16x^3 + 11x^2 + 12x - 9,$

d'où $f'x = 6x^5 + 20x^4 - 12x^3 \ldots$ et le commun diviseur

$$F = x^3 + x^2 - 5x + 3 ; \text{ puis } F' = 3x^2 + 2x - 5,$$

et le commun diviseur $G = x - 1$; enfin $G' = 1$, et $H = 1$. Pour former la 2ᵉ colonne, on divise fx par F, F par G, G par H ; pour la 3ᵉ, on divise q par r, et r par s.

$$q = x^3 + 3x^2 - x - 3, \quad r = x^2 + 2x - 3, \quad s = x - 1 :$$

enfin $\alpha = x + 1, \ \beta = x + 3, \ \gamma = x - 1,$ et

$$fx = (x + 1)\,(x + 3)^2\,(x - 1)^3.$$

III. Pour $fx = x^4 - 4x^3 + 16x - 16$, on a $f' = 4x^3 \ldots$

et

$$\begin{array}{lll} F = x^2 - 4x + 4, & q = x^2 - 4, & \alpha = x + 2, \\ G = x - 2, & r = x - 2, & \beta = 1, \\ H = 1, & s = x - 2, & \gamma = x - 2 : \end{array}$$

enfin $fx = (x + 2)\,(x - 2)^3.$

IV. $fx = x^8 - 12x^7 + 53x^6 - 92x^5 - 9x^4 + 212x^3 - 153x^2 - 108x + 108,$

$$\begin{array}{lll} F = x^4 - 7x^3 + 13x^2 + 3x - 18, & q = x^4 - 5x^3 + 5x^2 + 5x - 6, & \alpha = x - 1, \\ G = x - 3, & r = x^3 - 4x^2 + x + 6, & \beta = x^2 - x - 2, \\ H = 1, & s = x - 3, & \gamma = x - 3 : \end{array}$$

et.... $fx = (x - 1)\,(x - 2)^2\,(x + 1)^2\,(x - 3)^3.$

V. Pour $fx = x^6 - 6x^4 - 4x^3 + 9x^2 + 12x + 4$

$$\begin{array}{lll} F = x^4 + x^3 - 3x^2 - 5x - 2, & q = x^2 - x - 2, & \alpha = 1, \\ G = x^2 + 2x + 1, & r = x^2 - x - 2, & \beta = x - 2 \\ H = x + 1, & s = x + 1, & \gamma = 1 \\ I = 1, & t = x + 1, & \delta = x + 1 \end{array}$$

et $fx = (x - 2)^2\,(x + 1)^4.$

Pour s'assurer si une racine entière a est double, triple.... il suffit d'essayer la division par $x - a$ plusieurs fois consécutives, par le procédé de la p. 37 : on ne tentera ce calcul que quand les coefficients pris en ordre rétrograde seront divisibles par a^i, a^{i-1}, a^{i-2}.... i étant l'exposant de $x - a$ dans fx. Cela résulte de ce que a^i doit diviser le dernier terme, que a^{i-1} étant racine de l'équ. dérivée doit diviser l'avant-dernier terme de fx, etc.

Élimination.

522. Soient A, a, B, b,... des fonctions de y, et

$$Z = Ax^m + Bx^{m-1} + \ldots, \quad T = ax^n + bx^{n-1} + \ldots$$

deux polynomes, qu'on se propose de rendre nuls par des valeurs accouplées de x et de y. Pour s'assurer si β est l'une des valeurs, que y peut avoir, faisons $y = \beta$, et les polynomes Z, T, en x seul, devant se réduire à zéro pour une même valeur α de x, auront $x - \alpha$ pour facteur commun. Qu'on cherche donc le commun diviseur D, et l'équ. $D = 0$ donnera les valeurs de x, qui, accouplées avec $y = \beta$, résolvent les équ. $Z = 0$, $T = 0$. Si ce diviseur n'existe pas, y ne peut recevoir la valeur de β.

Ainsi il faut chercher le plus grand commun diviseur entre Z et T (n° 102), comme si y était connu, et égaler à zéro le reste final Y en y seul, auquel le calcul conduira. Cette équ. $Y = 0$ aura pour racines toutes les valeurs cherchées de y, puisqu'elles introduisent un commun diviseur D entre Z et T; et l'équ. $D = 0$ fera connaître les valeurs de x qui s'accouplent avec celles de y. C'est ce que nous allons faire mieux comprendre.

Soit $m =$ ou $> n$; divisons Z par T, et si cela est nécessaire pour éviter les fractions (n° 102), multiplions Z par un facteur M qui rende AM divisible par a *, M étant, en général, une fonction de y. Désignons par Q le quotient entier, et par R le reste, fonctions de x et de y. On a

$$MZ = QT + R. \quad \ldots \ldots \quad (1)$$

Cette équ. est *identique*, sans fractions, ni irrationalités; elle se vé-

* Si les degrés m et n sont égaux, M sera $= a$, ou seulement le facteur de a qui n'entre pas dans A (*V.* n° 38) : si $m = n + 1$, M sera le carré de a, ou de ce facteur; si $m = n + 2$, M en sera le cube, etc. On évite ainsi d'être forcé de multiplier de nouveau les restes partiels, et on arrive à un dernier reste, où x est au degré $n - 1$, au plus. Ainsi dans le cas où $m = n + 1$, et $M = a^2$, le quotient est

$$Q = Aax + (aB - Ab) = a(Ax + B) - Ab.$$

En composant directement cette expression du quotient, la multipliant par T, et retranchant de a^2Z, les deux premiers termes disparaissent, et on obtient de suite le reste R.

La règle que nous donnons ici se modifie quand T est privé du second terme, ou que a est facteur de ce terme; car alors il suffit de multiplier Z par a, au lieu de a^2, quand on a $m = n + 1$.

rifie donc par toutes valeurs quelconques mises pour x et y. Substituons $x = \alpha$, $y = \beta$, supposées des valeurs propres à rendre Z et T nuls : R le sera donc aussi, savoir,

$$R = 0, \quad T = 0.$$

Et si deux nombres mis pour x et y dans R et T rendent ces polynomes nuls, on voit qu'alors $MZ = 0$, savoir ou $M = 0$, ou $Z = 0$. Ainsi les solutions du système $T = 0$, $R = 0$, conviennent, soit à $Z = 0$ avec $T = 0$, soit à $M = 0$ avec $T = 0$, et réciproquement. Donc si,

au lieu des équ. . . . $Z = 0$, $T = 0$,
on traite les équ. . . . $T = 0$; $R = 0$,

on obtiendra toutes les couples cherchées, et en outre d'*autres solutions étrangères à la question*, qui donnent $M = 0$ et $T = 0$. Du reste, le problème est devenu plus simple, bien qu'il admette ces solutions étrangères, parce que le degré de R est moindre que n.

Divisons de même T, ou plutôt $M'T$, par R, M' étant un facteur propre à rendre le quotient Q' entier ; R' étant le reste, on a

$$M'T = Q'R + R'. \quad . \quad . \quad . \quad . \quad . \quad . \quad (2)$$

On prouve encore que toutes les couples de valeurs de x et de y qui rendent T et R nuls, donnent aussi $R' = 0$ avec $R = 0$, équations qui admettent toutes les solutions cherchées ; mais que réciproquement $R = 0$ et $R' = 0$ admettent en outre les solutions qui rendent nuls M' et R; en sorte qu'en traitant les équ. $R = 0$, $R' = 0$, au lieu des proposées, on aura toutes les solutions cherchées, et de plus des solutions étrangères qui rendent nuls, soit M avec T, soit M' avec R.

On divisera ensuite $M''R$ par R', d'où

$$M''R = Q''R' + R''. \quad . \quad . \quad . \quad . \quad . \quad (3)$$

En continuant ainsi le calcul du commun diviseur entre Z et T, on voit que deux restes consécutifs étant égalés à zéro admettent toutes les solutions demandées, et en outre des couples de valeurs qui rendent nuls l'un des facteurs introduits, ainsi que le diviseur correspondant. Le degré de x s'abaissant graduellement, on arrivera enfin à un *reste final* Y, où x n'entrera plus : mV étant le dividende, et D le diviseur qui est en général du 1er degré en x,

on a $$mV = Dq + Y_{,} \quad \ldots \ldots \quad (4)$$

d'où $$D = 0,\ Y = 0, \quad \ldots \ldots \quad (5)$$

équ. qui ont toutes les solutions cherchées, et de plus celles qui rendent nuls les facteurs introduits ainsi que les diviseurs correspondants, savoir, M avec T, M' avec R, M'' avec R', etc. L'équ. $Y = 0$ n'a que la seule inconnue y, et nous supposerons qu'on en sache trouver les racines, lesquelles substituées dans $D = 0$, feront connaître les valeurs de x qui s'y accouplent. Il nous restera à chasser de Y les racines étrangères.

Soient, par ex., $2x^2 - y^2 + 1 = 0$, $x^2 - 3xy + y^2 + 5 = 0$. En divisant le 1er polynome par le 2e, le quotient est 2, et le reste, dégagé du facteur 3, est $D = 2xy - y^2 - 3$. Multipliant le diviseur par $4y^2$, et divisant par D, le quotient est $2xy - 5y^2 + 3$, et le reste $Y = -y^4 + 8y^2 + 9 = 0$. On résout cette équ. en posant $y^2 = z$; d'où $z^2 - 8z = 9$, $z = 9$ et -1; puis $y = \pm 3$ et $\pm\sqrt{-1}$: enfin, substituant dans $D = 0$, on a pour valeurs correspondantes $x = \pm 2$ et $\mp\sqrt{-1}$.

Pour $x^2 + 2xy - 3y^2 + 1 = 0$, $x^2 - y^2 = 0$, le 1er reste est

$$D = 2xy - 2y^2 + 1\text{; le 2}^e\text{, } Y = 4y^2 - 1\text{; donc, } y = -x = \pm\tfrac{1}{2}.$$

P, Q, p, q étant des fonctions de y, les équ.

$$x^2 + Px + Q = 0, \quad x^2 + px + q = 0,$$

donnent.... $(P - p)x + Q - q = 0$,

$$(Q - q)^2 + q(P - p)^2 = p(Q - q)(P - p).$$

Soit $x^3 + x^2 - xy^2 - y^2 = 0$, $2x^2 - x(4y - 1) - 2y^2 + y = 0$, le 1er reste D est $(16y^2 - 2y + 1)x + 8y^3 - 6y^2 - y$; on multiplie le diviseur par $(16y^2 - 2y + 1)^2$, on divise par D, et on a l'équ. finale $32y^3(4y^3 - 12y^2 + 3y + 1) = 0$; on en tire $y = 0$ et $\frac{1}{2}$ (n° 515); on abaisse ensuite le degré, et on trouve $y = \frac{1}{4}(5 \pm \sqrt{33})$; enfin, D $= 0$ donne les valeurs correspondantes $x = 0$, $\frac{1}{2}$, -1 et -1.

523. Indiquons les modifications que doit subir la méthode du commun diviseur.

Supposons que Z soit le produit de deux facteurs, $Z = P \times Q$. Comme Z ne peut être nul, à moins que P ou Q ne le soit (n° 501), le problème se partage en deux :

$$P = 0 \text{ avec } T = 0, \text{ et } Q = 0 \text{ avec } T = 0.$$

Ces deux systèmes admettent toutes les solutions cherchées, et sont plus simples que le proposé. Et si Z et T sont décomposables en divers facteurs, le problème se partage en autant d'autres qu'on peut combiner chaque facteur de Z avec chaque facteur de T.

Ainsi, $x^2 - 2yx - 3y^2 + y = 0$, $x^2 - y^2 = 0$, comme $x^2 - y^2 = (x + y)(x - y)$, on prend d'abord $y = x$, et la première équ. donne $x = 0$ et $\frac{1}{4}$; puis $y = -x = 0$ résulte du 1er facteur : ce sont toutes les solutions demandées.

Ceci s'applique au cas où le facteur P ne contient que y; alors P doit diviser chacun des termes de Z (nº 102, III). Posant $P = 0$ avec $T = 0$, on aura une partie des solutions; les autres seront données par $Q = 0$ avec $T = 0$. *On ne peut donc pas supprimer ici, comme dans le procédé du commun diviseur, les facteurs fonctions de y seul;* ou plutôt on les supprime en les traitant à part.

Ainsi, pour $x^2 + x(y - 3) + y^2 - 3y + 2 = 0$, $x^2 - 2x + y^2 - y = 0$, on a le reste $(y - 1)(x - 2)$: avant de passer à une 2e division, on supprimera le facteur $y - 1$, mais en posant $y = 1$ dans le diviseur, ce qui donne $x = 0$ et 2. Ensuite, on continuera le calcul avec le reste $x - 2$ qui amène l'équ. finale $y^2 - y = 0$, savoir, $y = 0$ et 1 avec $x = 2$.

Avant de multiplier un dividende par quelque facteur M, M'.... il faut donc s'assurer, par la méthode du commun diviseur, si le diviseur n'admet pas M, ou ses diviseurs, comme facteur de tous ses termes; car, alors, il faudrait supprimer ce facteur du diviseur, et le traiter à part, comme on vient de le dire.

Par ex., $x^3 - x^2y + x(y - 6) + y^2 - 4 = 0$, $x^2 - xy - 4 = 0$: une première division donne le quotient x, et le reste $x(y-2) + y^2 - 4$; $y - 2$ est ici facteur commun : on pose donc $y = 2$ dans le diviseur, qui devient $x^2 - 2x - 4$, d'où $x = 1 \pm \sqrt{5}$. Le reste, réduit à $x + y + 2$, devient diviseur, et on arrive à l'équ. finale $y^2 + 3y = 0$; d'où $y = 0$ et -3, avec $x = -2$ et $+1$.

Soient encore les équ.

$$x^3 - (3y - 6)x^2 + (3y^2 - 12y + 8) - y^3 + 6y^2 - 8y = 0,$$
$$x^2 + (2y + 2)x + y^2 + 2y = 0.$$

Une 1re division donne ce reste $3xy(y - 1) + y^3 + 3y^2 - 4y$:

avant de le prendre pour diviseur, on doit supprimer les facteurs y et $y-1$, qui donnent $y=0$ et 1 ; puis on a $x=0$ et -2, pour $y=0$; $x=-1$ et -3 pour $y=1$. Le reste devient $3x+y+4$; pris pour diviseur, on a l'équ. finale $y^2-y-2=0$; d'où $y=2$ et -1 avec $x=-2$ et -1, : ce sont les six solutions du problème.

524. Enfin, quand il arrive qu'un facteur commun D existe dans Z et T, $Z=P\times D$; $T=Q\times D$, comme $D=0$ rend ces produits nuls, cette équation unique ne peut donner que l'une des inconnues y, même quand elles y entrent toutes deux : l'autre inconnue reste donc quelconque. Ainsi *le problème admet une infinité de solutions ; il est indéterminé*. Les solutions des équ. $P=0$, $Q=0$, qui sont en nombre limité, satisfont aussi à la question.

Les équ. $(y-4)x^2-y+4=0$, $x^3-x^2-xy+y=0$, ont le facteur commun $x-1$, ainsi qu'on le trouve en pratiquant le calcul indiqué ; ainsi, $x=1$ réduit les proposées à zéro, quel que soit y. En outre, les quotients de la division par $x-1$, sont :

$$(y-4)(x+1)=0, \quad x^2-y=0 ;$$

outre le nombre infini de solutions qu'on vient d'obtenir, on a donc encore $y=1$ et 4, répondant à $x=-1$ et ± 2.

525. Cherchons à dégager $Y=0$ des racines étrangères. Comme ces racines rendent nuls quelques facteurs, M, M'.... qui sont en y seul, il suffira de diviser Y par M, M'.... pour chasser ces racines * : mais il est plus court de les détruire dans les restes successifs, comme on va le dire.

Seulement, nous remarquerons que le facteur m de la dernière division, ne donne lieu à aucune solution étrangère ; car, si $y=\lambda$ est racine de $m=0$, et aussi de $Y=0$, l'équ. identique (4) devient $qD=0$ pour cette valeur de y. Or, on n'a pas $q=0$, puisque le facteur m n'a été choisi que pour rendre possible la division de V par D ; c'est donc D qui est rendu zéro par $y=\lambda$, et $y-\lambda$ est facteur de D. On a vu qu'il fallait supprimer ce facteur et le traiter à part.

Le facteur M ne contient pas x ; soit $y=\lambda$ une racine de l'équ.

* Il y a une exception accidentelle quand $y=\lambda$, racine de l'équ. $M=0$, réduit T à une valeur numérique, car aucune valeur de x ne peut rendre nuls ensemble M et T ; ainsi $y-\lambda$, et par suite M, ne peut diviser Y ; le facteur M n'a pas introduit la racine étrangère $y=\lambda$. Il faut en dire autant de M' par rapport à R, de M'' et R', etc. Ce cas se reconnaîtra bientôt, quand on trouvera, par hasard, que Y n'est pas divisible par M, ou M', ou etc.

$M = 0$; en substituant λ pour y dans l'équ. identique (1), il vient $0 = QT + R$, $R = -QT$, autre équ. identique en x. Comme M est facteur du 1er coefficient a de T, $y = \lambda$ fait disparaître ce terme, et le degré de T s'abaisse à $n - 1$ qui est celui de R. Ainsi *Q est une valeur numérique* *, et les polynomes T et R sont devenus les mêmes par $y = \lambda$, à un facteur numérique près. Faisons aussi $y = \lambda$ dans l'équ. (2), il vient

$$R' = M'T - Q'R = T(M' + QQ').$$

Or R' et T sont des degrés $n - 2$ et $n - 1$, ce qui empêche les deux membres d'être identiques ; d'où l'on voit que cette équ. serait absurde, si l'on n'avait pas $M' + QQ' = 0$, quel que soit x, qui d'ailleurs n'y entre pas. Ainsi le 2e reste R' est rendu nul par $y = \lambda$; $y - \lambda$ divise R'. Comme chaque racine de l'équ. $M = 0$ conduit à la même conséquence, on voit que *le facteur* M *introduit dans le* 1er *dividende, doit diviser le* 2e *reste* R'. Donc si l'on substitue au reste R', dans le calcul du commun diviseur, le quotient exact de R' divisé par M, on aura supprimé de l'opération les solutions étrangères que ce facteur M avait introduites. C'est ce quotient, et non plus R', qui doit être pris pour diviseur de R, ou plutôt de $M''R$.

On prouve de même que le 2e facteur M' divise exactement le 3e reste R'', et que c'est le quotient qui doit remplacer R'' dans la division suivante, pour supprimer les racines étrangères amenées par M'; et ainsi de suite. *L'équ. finale* Y = 0 *obtenue de la sorte, sera donc exempte de toutes les solutions étrangères.*

Par ex., $x^3y - 3x + 1 = 0$, $x^2(y - 1) + x - 2 = 0$. Multiplions la 1re par $(y - 1)^2$, et divisons par la 2e ; il vient

$$1^{\text{er}}\text{ reste}\quad -x(y^2 - 5y + 3) + y^2 - 4y + 1 \ldots\ D,$$

multipliant la 2e équ. par $(y^2 - 5y + 3)^2$, on a

$$2^{\text{e}}\text{ reste} \ldots\ y^5 - 10y^4 + 37y^3 - 64y^2 + 52y - 16,$$

lequel doit être divisible par $(y - 1)^2$; le quotient est l'équ. finale en y, sans racines étrangères,

$$y^3 - 8y^2 + 20y - 16 = 0.$$

* Et en effet les termes en x, x^2 .... qui composent le quotient Q, d'après la marche du calcul (V. la note, p. 59), ont pour facteurs respectifs a, a^n, ... qui deviennent nuls pour $y = \lambda$.

Les solutions sont $y = 4{,}2$ et 2 ; $D = 0$ donne $x = -1{,}1$ et 1.

Pour $x^3y - 4x^2y^2 + x + 6 = 0$, $x^2(y-2) + xy + 2 = 0$, on multiplie la 1re équ. par $(y-2)^2$; la division donne le reste $Ax + B$, en posant

$$A = 4y^4 - 7y^3 - y^2 + 4, \quad B = 8\,(y^3 - y^2 - 3y + 3).$$

et comme $y - 1$ est facteur commun de A et B, on le supprime, et on a $y = 1$, avec $x = 2$ et -1, puis

$$A = 4y^3 - 3y^2 - 4y - 4, \quad B = 8\,(y^2 - 3)\,;$$

le reste de la 2e division est $A^2 - \frac{1}{2} By\,(A - B) - B^2$, ou

$$20y^5 - 23y^4 - 220y^3 + 376y^2 + 272y - 560 = 0:$$

divisant par $(y-2)^2$, l'équ. finale est

$$20y^3 + 57y^2 - 72y - 140 = 0,$$

d'où l'on tire $y = -\frac{5}{4}$, et $x = -1$; puis $5y^2 + 8y^2 = 28$.

Au reste, il se peut que la racine $y = \lambda$ de $M = 0$ réduise T au degré $n - 2$ au plus ; alors M ne divise plus R', car les équ. $R = 0$, $R' = 0$ se trouvant au même degré que T, ne permettraient plus d'appliquer le raisonnement ci-dessus : Y est donc embarrassé de la racine étrangère λ, ce qu'on reconnaît bientôt. Dans l'ex. suivant, le facteur y, introduit dans la 1re division, ne divise pas le 2e reste, et se retrouve dans le dernier reste, d'où il faut le dégager.

$$(y-1)\,x^4 - 1 = 0, \quad yx^3 - x + 1 = 0:$$

1er reste. . . . $(y-1)\,x^2 - x\,(y-1) - y$,

2e reste. . . . $(2y^2 - 2y + 1)\,x + (y^2 + y - 1)$,

3e reste. . . . $y\;(y^4 - 7y^3 + 14y^2 - 9y + 2)$.

Quand il arrive qu'une combinaison des équ. $Z = 0$, $T = 0$, présente un résultat simple, on doit employer celui-ci de préférence à Z : comme aussi on peut trouver plus commode d'ordonner Z et T par rapport à y. En ajoutant les équ. du 1er ex. p. 61, et résolvant selon y, qui, dans la somme, n'est qu'au 1er degré, on obtient sur-le-champ les solutions.

Quand Z et T sont au même degré m, en éliminant x^m comme une inconnue simple, on abaisse l'une des équ. au degré $m - 1$.

526. La règle donnée p. 60 présente quatre cas d'exceptions,

selon que Y ou D est nul de lui-même, ou est une valeur numérique.

1er CAS. *Le reste* Y *se réduit à zéro.* D est alors facteur commun de Z et de T, c'est ce qui a déjà été examiné n° 524. *Le problème est indéterminé.*

2e CAS. Y *est un nombre.* V et D (équ. 4) ne peuvent être rendus nuls ensemble ; ainsi aucune valeur de x et de y ne peut satisfaire aux proposées, qui expriment alors des conditions contradictoires ; *le problème est absurde.* C'est ce qu'on voit sur les équ.

$$3x^2 - 6xy + 3y^2 - 1 = 0, \quad 2x^2 - 4xy + 2y^2 + 1 = 0.$$

Posez deux équ. dont la coexistence soit impossible, ayant une même inconnue z, telles que $3z^2 - 1 = 0$, $2z^2 + 1 = 0$: faites $z = x + y$, ou $x - y$, ou toute autre fonction de x et de y; il est évident que les deux équ. seront incompatibles.

3e CAS. *Le diviseur* D *devient nul, pour une racine* $y = \lambda$ *de l'équ.* $Y = 0$: alors $y - \lambda$ est facteur de D, et on a vu qu'il fallait supprimer ce facteur et le traiter à part (p. 62).

C'est ainsi que dans le dernier ex. du n° 523, si l'on eût oublié de supprimer les facteurs y et $y - 1$ du 1er reste, on aurait trouvé l'équ. finale $y^6 - 3y^5 + y^4 + 3y^3 - 2y^2 = 0$, dont les racines sont $y = 0, 1, 1, -1$ et 2; les trois premières donnent lieu à la présente circonstance.

4e CAS. *Le dernier diviseur* D *devient un nombre* δ, *quand on fait* $y = \lambda$; en divisant D par $y - \lambda$, le quotient étant K et le reste L, on a $D = (y - \lambda) K + L$; puisque $y = \lambda$ change D en une valeur numérique δ, x n'entre pas dans L; et comme on doit avoir ensemble $D = 0$, $Y = 0$, la valeur $y = \lambda$ répond à x infini, seule manière de rendre D nul. Par ex., les équ.

$$y^3x^3 + xy^3(y - 1) - 1 = 0, \quad y^2x^2 + y^3 - y^2 - 1 = 0,$$

ont pour équation finale $y^2(y - 1) = 0$, et pour dernier diviseur $xy - 1 = 0$; donc $y = 1$ répond à $x = 1$, et $y = 0$ à $x = \infty$.

L'ex. suivant montre comment on élimine entre trois éq.

$$x + z^2 - 2y = 0, \quad x^2 + y^2 = 2, \quad z^2x = 1.$$

On chasse d'abord y, entre ces équ. deux à deux ; on trouve deux équ. finales en x et z, entre lesquelles on élimine z; il vient enfin une équ. en x. Ainsi on a

$$z^4 + 2xz^2 + 5x^2 = 8, \quad z^2x = 1 ; \quad 5x^4 - 6x^2 + 1 = 0.$$

On trouve $x = \pm 1$, $5x^2 = 1$, et les quatre racines de x sont connues; z est ensuite donné par l'équ. $z^2x = 1$, etc.

Sur l'existence des Racines.

527. Représentons $kx^n + px^{n-1} \dots + u$ par fx, k étant positif, et construisons (fig. 1) sur les axes rectangles Ax, Ay, la courbe $MM'M'' \dots$ dont l'équ. est $y = fx$. A chaque abscisse AP répond une ordonnée PM, et une seule; *toute parallèle à l'axe* Ay *coupe donc la courbe en un point unique; la courbe est un trait continu, s'étendant à l'infini, tant à droite qu'à gauche, sans nœud, ni double branche; elle peut former diverses ondulations.* Elle porte le nom de *courbe parabolique*, par analogie avec la parabole dont l'équation est $y = ax^2$.

Quand l'arc coupe l'axe des x en quelque point k, l'abscisse Ak de ce point répond à $y = 0$, et est par conséquent racine de l'équ. $fx = 0$: les racines positives sont les abscisses des points de section placés à droite de l'origine A; les négatives sont à gauche. Une ordonnée positive PM donne un point M de la courbe situé en dessus de l'axe Ax; une négative $P'M'$ donne un point M' au-dessous.

Pour qu'à une abscisse Ak, racine de l'équ. $fx = 0$, il en succède une autre Ak', il faut que l'arc se recourbe, se rapproche de l'axe Ax, ce qui produit les serpentements qu'on voit dans la fig. 1 ; les ondulations qui n'arrivent pas jusqu'à l'axe, ne donnent aucune racine réelle. Comme la forme de la courbe détermine les racines, et qu'en ses divers points, la direction de l'arc est celle de sa tangente, cherchons les inclinaisons de ces tangentes sur l'axe des x.

Soit BMM' (fig. 2) un arc de la courbe dont l'équ. est $y = fx$; M et M' deux points de cet arc; x et y les coordonnées de M, $x + h$ et $y + k$ celles de M', savoir, $AP = x$, $PM = y$, $PP' = h$, $QM' = k$. En remplaçant, dans $y = fx$, x par $x + h$, et y par $y + k$, on a (n° 504)

$$y + k = fx + hf'x + \tfrac{1}{2} h^2 . f''x + \tfrac{1}{6} h^3 . f'''x \text{ etc.} \dots (1)$$

$$\text{d'où} \quad \frac{k}{h} = f'x + \frac{1}{2} h . f''x + \frac{1}{6} h^2 . f'''x \text{ etc.} \dots (2)$$

à cause de $y = fx$. Or en résolvant le triangle rectangle QMM', et

5*

désignant par S l'angle que la sécante $M'MS$ fait avec l'axe Ax, on a $\tang S = \frac{QM'}{QM} = \frac{k}{h}$: ainsi l'expression (2) est la valeur de $\tang S$. Or plus h diminue, plus cette expression approche de $f'x$, en même temps que S tend à devenir l'angle T que la tangente au point M fait avec Ax : on a donc

$$\tang T = f'x = \textit{dérivée du polynome } fx.$$

Ainsi quand on prend pour x tous les degrés de grandeurs entre AP et AP' (fig. 1), les différentes valeurs de $f'x$ sont celles des tangentes de tous les angles T que font avec l'axe Ax les tangentes successives à l'arc MM'. Ces angles sont aigus (du côté droit) quand $f'x$ a le signe $+$ (comme pour l'arc BM, fig. 2); obtus quand $f'x$ a le signe $-$ (comme pour OM' fig. 1) : la tangente est parallèle aux x, en O, o, o', O', O'', quand $f'x = 0$; les ondulations de la courbe résultent des variations de signe qu'éprouve $f'x$.

Comme, d'après la forme de fx aucune valeur de x ne peut rendre ce polynome infini, nulle part la tangente n'est perpendiculaire aux x ; la courbe ne peut donc affecter la fig. 3 d'un *rebroussement.*

528. Puisque le triangle rectangle HMQ (figure 2) donne $HQ = h . f'x$, on a $P'H = fx + h f'x =$ ordonnée du point H de la tangente qui a $x + h$ pour abscisse. Mais l'ordonnée du point M' de la courbe est l'expression (1), dont les deux 1ers termes sont la valeur de PH, savoir,

$$P'M' = y + k = PH + \tfrac{1}{2} h^2 . f''x + \tfrac{1}{6} h^3 . f'''x \ldots$$

et comme h est aussi petit qu'on veut, le signe de la quantité ajoutée à PH est celui du 1er terme $\frac{1}{2} h^2 . f''x$, c'est-à-dire celui que $f''x$ se trouve avoir, puisque le facteur h est au carré. Donc l'ordonnée $P'M'$ de la courbe surpasse celle PH de la tangente, ou en est surpassée, pour les points voisins de M, selon que $f''x$ est positif ou négatif : cela ayant lieu quel que soit le signe de h, est vrai à droite et à gauche du point M de contact. Ainsi *l'arc tourne en cet endroit vers le haut sa concavité ou sa convexité, selon que* f''x *a le signe* $+$ *ou* $-$, *pour la valeur de* x *qu'on a choisie.*

Tout ce qu'on vient de dire convient aussi au cas où l'arc de courbe est situé sous l'axe des x, ce qu'on démontre par le même raisonnement. Au reste, si l'on change y en $y_1 - i$, l'équ. $y = fx$ devient $y_1 = fx + i$; ainsi le dernier terme u de fx est simplement changé en $u + i$, ce qui n'altère en rien les dérivées $f'x$, $f''x$... Or cette transformation revient à descendre l'axe des x parallèlement, pour le porter à la distance arbitraire i : on peut supposer qu'actuellement les serpentements de la courbe sont tous situés en dessus du nouvel axe des x, et appliquer le théorème ci-dessus ; donc etc...

Si l'on veut comparer l'arc de courbe à l'axe des x, il est aisé de voir que notre théorème revient à celui-ci : *l'arc tourne sa concavité à l'axe quand* fx *et* f''x *sont de signes contraires, et sa convexité quand les signes sont les mêmes.*

529. Le point I (fig. 5) où un arc convexe s'unit à un arc concave, est appelé *inflexion*. L'abscisse x de ce point devant être au passage de $f''x$ du positif au négatif, doit être racine de $f''x = 0$. En effet, au point I d'inflexion la tangente est dirigée entre les deux arcs qu'elle coupe et touche en ce point I ; le développement (1), privé de son 3ᵉ terme, devient

$$y + k = fx + h \cdot f'x + \tfrac{1}{6}h^3 \cdot f'''x + \tfrac{1}{24}h^4 \cdot f''''x \ldots$$
$$= \text{l'ordonnée } PH \text{ de la tangente} + \tfrac{1}{6}h^3 \cdot f'''x + \text{etc.}$$

Comme h est très-petit, le signe de ce développement est celui de son 1ᵉʳ terme, lequel change avec h ; en sorte que, selon que le point voisin de M (fig. 5) est pris à droite ou à gauche de M, l'ordonnée de la tangente est plus grande ou plus petite que celle de la courbe : ainsi l'arc est situé en dessus de la tangente d'un côté du point M de contact, et en dessous de l'autre côté : c'est le caractère propre à l'inflexion, qui n'aurait pas lieu si $f''x$ n'était pas nul.

Ainsi pour obtenir les abscisses des points d'inflexion, il faut résoudre l'équ. $f''x = 0$; les racines réelles déterminent ces points de séparation des serpentements. En cherchant les valeurs de $f'x$ qui correspondent à ces racines, on a les inclinaisons des tangentes en ces points.

530. A chaque ondulation de la courbe il y a un point O, O'.... (fig. 1) où la tangente est parallèle aux x, et l'ordonnée un *maximum* ou un *minimum*, c'est-à-dire ou plus grande, ou plus petite que ses voisines des deux côtés. Les racines de l'équ. $f'x = 0$ sont des abscisses de ces points. Voici comment on distingue le maximum du minimum. Le point dont l'ordonnée est un maximum positif ou négatif appartient à un arc concave vers l'axe des x, et l'on a vu qu'alors les signes de fx et $f''x$ sont différents ; tandis que ces signes

sont les mêmes dans le cas d'un minimum, qui répond à un arc convexe vers l'axe.

Et en effet, puisque $f'x = 0$, la série (1) est privée de son deuxième terme, et l'ordonnée PM' (fig. 2) de la courbe se réduit à

$$PM' = fx + \tfrac{1}{2}h^2 . f''x + \text{etc.} = \text{l'ordonnée } PM + \tfrac{1}{2}h^2 . f''x \ldots (4)$$

Mais pour h très-petit, cette série prend le signe de $f''x$, que h soit positif ou négatif : ainsi quand fx et $f''x$ ont même signe, les ordonnées à droite et à gauche de PM surpassent cette ordonnée ; c'est le contraire quand ces signes sont différents. Donc *pour le maximum positif ou négatif*, fx *et* f''x *sont de signes contraires; les signes sont les mêmes dans le cas du minimum.*

Appliquons cette théorie à l'équ.

$$y = x^4 - \tfrac{26}{3}x^3 + \tfrac{19}{2}x^2 - 6x + \tfrac{5}{6} = fx; \text{ d'où}$$

$$f'x = 4x^3 - 16x^2 + 19x - 6, \quad f''x = 12x^2 - 32x + 19.$$

En posant $f'x = 0$, on a $x = \frac{1}{2}$, $\frac{3}{2}$ et 2; ces racines sont portées sur l'axe Ax (fig. 4) de A en P, P' et P''; les ordonnées correspondantes sont celles des maxima ou minima ; ce sont

$$PO = -\tfrac{19}{48},\ P'O' = +\tfrac{13}{48},\ P''O'' = +\tfrac{1}{6}.$$

Comme $x = 0$ donne $AB = \frac{5}{6}$, la courbe passe en $BOO'O''$: l'équ. $f''x = 0$ donne $x = 0{,}89\ldots$ et $1{,}77\ldots$ abscisses AQ, AQ' des points d'inflexion I, I'. Et comme de l'un de ces points à l'autre, $f''x$ est négatif, l'arc y est convexe; il est concave dans le reste de la courbe. Il y a donc un maximum négatif en O, un positif en O', et enfin un minimum positif en O''. On a deux points de section avec l'axe, en C et D; $AD = 1$ et AC sont des racines réelles de l'équ. $fx = 0$; les deux autres sont imaginaires.

531. Les racines de l'équ. $f'x = 0$ sont les abscisses des points de la courbe où la tangente est horizontale, et l'on a vu que ces points ont leur ordonnée maximum ou minimum, selon les signes de fx et $f''x$. Mais si quelqu'une de ces racines rend en outre $f''x$ nul, alors il n'y a plus maximum ni minimum, mais inflexion horizontale, comme dans la fig. 5. En effet la partie du développement (4) qu'il faut ajouter à l'ordonnée PM est alors $\frac{1}{6}h^3 . f'''x + \ldots$; et comme le 1er terme change de signe avec h, l'arc est concave d'un côté du point M de contact, et convexe de l'autre. Comme cette

valeur de x donne à la fois $f'x=0$, $f''x=0$, la 1re de ces équ. a deux racines égales (n° 520). Ce cas arrive quand deux ondulations successives se fondent en une seule par l'évanouissement de l'arc qui joint un maximum au suivant, et la coïncidence de l'un avec l'autre, ainsi que celles de leurs tangentes.

De même, il pourrait arriver que $f'''x$ fût aussi nul; la partie additive à PM dans l'expression (4) serait $\frac{1}{24}h^4 . f^{\text{IV}}x + \ldots$ qui conserve le signe de f^{IV} des deux côtés du contact; il y aurait donc maximum ou minimum, selon le signe $-$ ou $+$ de $f^{\text{IV}}x$: trois ondulations de la courbe se réuniraient en une seule.

En général, pour avoir un maximum ou un minimum, quand la tangente est horizontale, il faut que la 1re dérivée qui n'est pas nulle par la racine de $f'x=0$, soit d'ordre pair ; et le signe de cette dérivée sert à distinguer le maximum du minimum. Et pour que la racine de $f''x=0$ réponde à une inflexion, il faut que la 1re dérivée de $f''x$ qui n'est pas rendue nulle soit d'ordre impair.

Il suit de la forme de la courbe parabolique qu'une convexité doit succéder à une concavité, et réciproquement; un maximum positif suit un maximum négatif, si l'arc coupe l'axe des x, ou un minimum positif, s'il ne le rencontre pas : le maximum négatif est pareillement suivi d'un minimum négatif, ou d'un maximum positif. Cependant s'il arrive que la courbe a une tangente horizontale au point même d'inflexion (fig. 5), cas où $f'x=0$ en même temps que $f''x=0$, il n'en est plus ainsi, et *ce point singulier* tient lieu à la fois d'un maximum et d'un minimum réunis ensemble. Si l'on a en outre $f'''x=0$, on retombe sur le cas précédent, seulement trois points de cette espèce sont fondus en un seul ; et ainsi de suite.

Lorsque la tangente est oblique à l'axe des x, $f'x$ n'est plus nul, et si $f''x=0$, on a vu que la courbe a une inflexion : mais cette inflexion disparaît si la même racine de cette équ. donne $f'''x=0$, deux ondulations se sont réunies en un seul point. Et si $f^{\text{IV}}x$ est aussi $=0$, l'inflexion reparaît, etc. En un mot, toutes les circonstances énoncées dans le cas où la tangente est horizontale, peuvent se réaliser aussi quand elle est oblique, par l'évanouissement de quelques ondulations.

532. Il suit de ces raisonnements que quand deux abscisses AP, AP', (fig. 1) donnent pour fx deux résultats de signes contraires PM, $P'M'$, les points M et M' de la courbe étant des deux côtés de l'axe $x'x$, et l'arc devant aller de l'un de ces points à l'autre par un

trait continu, la courbe doit couper l'axe en un point intermédiaire k. Et même il se peut que, dans cet intervalle PP', la courbe ait des serpentements, et qu'elle forme 3,5.... intersections avec l'axe, comme on le voit par l'arc ponctué des fig. 8 et 9, où la courbe va de m en M, en traversant l'axe un nombre impair de fois.

Deux abscisses AP, AP'' (fig. 1) qui donnent pour fx des résultats de même signe, PM, $P''M''$, indiquant que deux points M, M'' de la courbe sont situés d'un même côté de l'axe $x'x$, l'arc qui joint l'un à l'autre peut ne point couper l'axe; mais si l'arc est ondulé, il peut aussi le couper en 2,4... points, comme on le voit par l'arc ponctué de m en M (fig. 6 et 7).

On ne regardera pas comme une exception à ce nombre, soit pair, soit impair, d'intersections de la courbe avec l'axe $x'x$, le cas où elle toucherait cet axe (fig. 10); car alors fx et $f'x$ seraient nuls ensemble pour l'abscisse $x = a$ du point k de contact, cas où l'équ. $fx = 0$ a la racine double a, et le facteur $(x - a)^2$; ce sont deux points de section de l'arc MkM' qui se trouvent réunis en un seul, et ce point de contact k doit compter pour deux intersections. Et si $x = a$ donnait en outre $f''x = 0$, le point unique de section et de contact serait correspondant à une racine triple de $fx = 0$, à une inflexion MkM'', et compterait pour trois, à cause du facteur $(x - a)^3$. En général, fx aurait le facteur $(x - a)^m$, et la racine $x = a$ compterait pour m points de section, parce que toutes les dérivées jusqu'à $f^{m-1}x$ seraient nulles, et que la courbe aurait réellement m points et m courbures réunies ensemble.

Donc *quand deux valeurs substituées à* x *dans* fx, *donnent des résultats de signes contraires, l'équ.* fx $= 0$ *a, entre ces valeurs, des racines en nombre impair, et toujours au moins une racine intermédiaire : si les résultats ont même signe, soit* $+$, *soit* $-$, *ou les valeurs substituées n'interceptent entre elles aucune racine, ou elles en comprennent un nombre pair.*

533. D'après cela, examinons les deux cas de degré pair et impair.

I. *Si l'équ.* fx $= 0$ *est de degré pair* n, en prenant pour x la limite AP (fig. 6 et 7) des racines positives, ou le 1er terme kx^n du polynome fx positif et plus grand que la somme des termes négatifs, l'ordonnée PM est positive. Par la même raison $f'x$ et $f''x$ sont aussi positifs; la tangente aux points de la courbe depuis M jusqu'à l'infini fait un angle aigu T avec l'axe Ax, et est concave vers le haut, s'écartant de plus en plus de cet axe. L'abscisse Ap étant limite des racines négatives, fx et $f''x$ sont encore positifs, parce que les exposants n et $n-2$ du 1er terme de ces polynomes sont pairs; la courbe est donc aussi concave, jusqu'à l'infini et s'écarte sans cesse au-dessus de l'axe Ax'. Mais $f'x$ est négatif, parce que $n-1$ est impair : la tangente aux points de la courbe depuis m jusqu'à l'infini fait un angle obtus t avec Ax.

Or, *si le dernier terme de* fx *est négatif,* — u, en faisant $x=0$, y devient $-u$, et il faut porter la longueur $AB=-u$ (fig. 6) en dessous de l'origine A : la courbe passe par les trois points m, B et M, et doit couper l'axe au moins une fois en k' à gauche, et une fois en k à droite : mais elle peut aussi couper cet axe en 3,5. . . . points de chaque côté, si elle fait des serpentements assez étendus pour l'atteindre, ainsi qu'on le voit par la ligne ponctuée. Donc *toute équ. de degré pair dont le dernier terme est négatif a un nombre impair de racines positives et aussi de négatives, mais toujours au moins une de chaque espèce.*

Et *si le dernier terme de* fx *est positif,* + u, en faisant $x=0$, y devient $+u$, qu'il faut porter en AB (fig. 7) au-dessus de l'origine A. La courbe passe par les trois points m, B et M, situés en dessus de l'axe $x'x$, et l'on est incertain si elle fait des serpentements capables d'y atteindre : mais s'il y a des intersections, elles sont en nombre pair tant à droite qu'à gauche, ainsi qu'on le voit par la ligne ponctuée. Donc *toute équ. de degré pair dont le dernier terme est positif, ou n'a aucune racine réelle, ou le nombre en est pair pour les positives, pair pour les négatives.*

II. *Si* fx *est de degré impair* n, tout ce qu'on vient de dire pour la forme de la courbe du côté des x positives est encore vrai ; à partir de M (fig. 8 et 9), elle est encore concave vers le haut, s'écartant sans cesse de l'axe Ax et allant à l'infini, avec des tangentes qui font des angles aigus avec cet axe. Mais si l'on prend pour x la limite Ap des racines négatives, comme l'exposant n du 1er terme de fx, et celui $n-2$ de $f''x$ sont impairs, ce premier terme est négatif, et l'on a une ordonnée négative pm, et un arc convexe vers le haut. En outre, au point m, situé sous l'axe, la tangente fait un angle aigu avec les x, parce que l'exposant $n-1$ du 1er terme de $f'x$ est pair.

Or, *si le dernier terme de* fx *est négatif,* — u, $x=0$ donne $y=-u$, qu'il faut porter en AB (fig. 8) sous l'origine A : la courbe va donc de m en B, puis en M. D'où l'on voit qu'elle peut ne pas couper l'axe $x'x$ dans l'espace Ax', et qu'elle le coupe certainement une fois entre A et P. Les intersections que produiraient des serpentements seraient d'ailleurs en nombre pair de x' en A, et impair de A en P. Donc *toute équ. de degré impair dont le dernier terme est négatif a toujours un nombre impair de racines positives* (*au moins une*), *et peut n'en avoir aucune négative; lorsqu'il en existe, de cette dernière espèce, elles sont en nombre pair.*

Et *si le dernier terme de* fx *est positif*, $+u$, il faut prendre $AB = u$ (fig. 9) au-dessus de l'origine A : la courbe va de m en B et en M, coupe l'axe entre A et p en un nombre impair de points, peut ne pas rencontrer cet axe de A en P, et si elle le rencontre, ce doit être en un nombre pair de points. Donc *toute équ. de degré impair, dont le dernier terme est positif, a un nombre impair de racines négatives* (*au moins une*), *et peut n'avoir aucune racine positive, ou en avoir un nombre pair.*

Le cas où la courbe serait tangente à l'axe des x ne fait pas exception à ces principes, puisque nous avons vu qu'alors l'équation $fx = 0$ a des racines égales, et qu'on doit compter ces racines comme répondant à un égal nombre de points communs entre la courbe et l'axe.

Lorsqu'une équ. ordonnée est formée de termes positifs suivis d'autres termes tous négatifs, il n'y a qu'une racine positive, les autres racines sont négatives ou imaginaires. Car l'équ.

$$kx^n + \ldots + qx^i - rx^{i-1} - sx^{i-2} \ldots - u = 0,$$

devient $$kx^{n-i} \ldots + q = \frac{r}{x} + \frac{s}{x^2} \ldots + \frac{u}{x^i},$$

lorsqu'on la divise par x^i. La proposée a une racine positive, α, puisque son dernier terme est négatif; $x = \alpha$ rend donc égaux les deux membres de cette dernière équ. Qu'on fasse croître ou décroître x, l'égalité sera impossible, puisque l'un des membres augmentera, tandis que l'autre diminuera.

534. Puisque toute équ. de degré pair doit avoir ses racines réelles en nombre pair, ou n'en avoir aucune, et que si le degré est impair, les racines réelles sont en nombre impair, il s'ensuit que *les racines imaginaires d'une équ. sont toujours en nombre pair : une équ. qui n'a pas de racine réelle est nécessairement de degré pair, avec un dernier terme positif.*

Quand toutes les racines de l'équ. $f'x = 0$ sont réelles, la courbe a $n - 1$ tangentes horizontales et $n - 1$ serpentements. Si chacun de ces arcs atteint l'axe des x, les n racines de l'éq. $fx = 0$ sont aussi réelles ; et comme alors il n'y a que des maxima alternativement positifs et négatifs, fx et $f''x$ ont toujours des signes différents pour toutes les racines de $f'x = 0$, et leur produit reste négatif.

Mais les racines réelles sont remplacées par des imaginaires accouplées, quand ces intersections doubles manquent, c'est-à-dire quand des maxima sont remplacés par des minima, l'ondulation n'ayant pas un développement suffisant pour atteindre l'axe.

Et lorsque l'équ. $f'x = 0$ a des couples imaginaires pour racines (car elles sont toujours en nombre pair) la courbe dont l'équ. est $y = fx$ perd autant de serpentements, et $fx = 0$ perd autant de couples de racines réelles. Ainsi, en général, *l'équ* fx $= 0$ *a autant de racines imaginaires, que* f'x $= 0$, *ou un plus grand nombre, savoir, autant que* f'x $= 0$ *en a, et de plus autant que cette dernière équ. a de racines réelles qui rendent* fx *et* f''x *de même signe, ou le produit* fx $\times$ f''x *positif;* car les intersections de la courbe avec l'axe des x manquent par couples, quand la courbe a des minima.

Si l'équ. $fx = 0$ a toutes ses racines réelles, les équ. $f'x = 0$, $f''x = 0$, etc., les ont ainsi de cette espèce ; mais la réciproque n'est pas vraie.

535. Étant donnée une équ. $fx = 0$, il est facile de connaître les différentes formes que peut affecter la courbe dont l'équation est $y = fx$. Prenons d'abord celle du 3ᵉ degré, $y = kx^3 + px^2 + qx + r$; les branches qui vont à l'infini sont disposées comme dans les fig. 8 et 9. L'équ. $f'x = 0$ est du 2ᵉ degré. Si ses racines sont réelles, la courbe a deux tangentes horizontales, deux serpentements. Quand l'axe xx' (fig. 11) coupe ces deux ondulations, l'équ. $fx = 0$ a ses trois racines réelles : mais si cet axe, tel que AA' ou BB', ne les coupe pas, l'équ. n'a qu'une seule racine réelle, qui est positive ou négative, selon que le dernier terme r a le signe $-$ ou $+$. Entre ces deux états, est celui où l'axe $x'x$ serait tangent à l'une des deux ondulations, cas où $fx = 0$ et $f'x = 0$ auraient une racine α commune ; alors $(x - \alpha)^2$ serait facteur de fx. Et si $fx = (x - \alpha)^3$ les deux serpentements se fondent en un ; la courbe est comme MkM'' fig. 10, tangente à l'axe au point d'inflexion k.

Lorsque l'équ. $f'x = 0$ a ses deux racines imaginaires, il n'y a aucune ondulation ; la courbe a la forme fig. 12, et la proposée n'a plus qu'une racine réelle, de signe contraire à celui du dernier terme r.

Pour l'équ. du 4ᵉ degré $y = kx^4 +$ etc., la dérivée $f'x = 0$ est du 3ᵉ degré. Si les trois racines sont réelles la courbe a 3 ondulations (fig. 13); l'axe des x peut les couper toutes, et l'équ. $fx = 0$ a alors ses 4 racines réelles ; mais s'il n'en coupe qu'une seule comme AA', ou aucune comme BB', il n'y a que deux racines réelles ou aucune. La courbe a deux points d'inflexion donnés par $f''x = 0$.

Mais si l'équ. $f'x = 0$ n'a qu'une racine réelle, l'équ. $f''x = 0$ n'en a pas de telles, la courbe n'a pas d'inflexion et ne fait qu'une seule ondulation (fig. 6) qui peut couper l'axe en deux points, ou ne pas le rencontrer ; ainsi il y a deux racines réelles, ou 4 imaginaires.

Pour l'équ. du 5ᵉ degré, la courbe a la fig. 14, si $f'x = 0$ a ses 4 racines réelles, ou la fig. 11 s'il n'y a que deux racines réelles, ou enfin la fig. 12 si les 4 racines de $f'x = 0$ sont imaginaires.

Sans nous fonder sur le théorème du nº 501, nous avons reconnu que toute équ. a une racine réelle, excepté quand le degré est pair et le dernier terme positif; nous nous réservons de prouver plus tard que, dans ce cas même, il existe *un symbole algébrique, une fonction des coefficients*, qui substituée pour x doit réduire fx à zéro; nous serons assurés alors que toute équ. a une racine réelle ou imaginaire, et d'après le nº 501, qu'elle en a précisément n.

536. Soient $a, b, \ldots -a', -b', \ldots$ les racines réelles d'une équ. $fx = T(x-a)(x-b)\ldots(x+a')(x+b')\ldots$ On suppose ici que $T=0$ n'a pas de racines réelles, et que par conséquent le polynome T est de degré pair, avec son dernier terme positif. Le dernier terme de fx étant le produit de celui de T par $-a$, $-b, \ldots +a', +b', \ldots$ son signe ne dépend que du nombre pair ou impair des facteurs négatifs. Donc le dernier terme d'une équ. est positif ou négatif, selon que le nombre des racines positives est pair ou impair, quel que soit d'ailleurs le nombre des négatives et des imaginaires.

537. Supposons qu'ayant résolu l'équ. $f'x = 0$, on ait distingué les maxima des minima de la courbe $y = fx$, par la comparaison des signes de fx et $f''x$, pour les valeurs de x qui sont racines de $f'x = 0$. Admettons que ces racines répondent à M maxima et m minima.

Cela posé, imaginons qu'un point mobile partant de l'infini négatif, décrive cette courbe en allant jusqu'à l'infini positif. Pendant une immense étendue de la marche, ce mobile ne rencontrera pas l'axe , parce que ce n'est que dans le voisinage de l'origine que commenceront les ondulations. Après chaque maximum , il tendra vers l'axe, et ensuite le coupera, à moins que l'axe se recourbant ne donne naissance à un minimum. Ainsi chaque minimum détruira une intersection indiquée par le maximum voisin. Il en faut conclure que $M - m + 1$ est le nombre des intersections, c'est-à-dire des racines réelles de l'équ: $fx = 0$: nous ajoutons le terme $+ 1$, parce que dans le mouvement du mobile, nous n'avons pas compté l'intersection qui précède le 1er maximum ou succède au dernier. S'il y a autant de maxima que de minima , $M = m$ et il n'y a qu'une seule racine réelle (l'équ. est alors de degré impair) : quand il n'y a pas de minimum, un seul maximum est possible, et l'équ. a deux racines réelles; elle est de degré pair et le maximum est négatif : enfin quand il n'y a pas de maximum, on ne trouve qu'un seul minimum et aucune racine n'est réelle; l'équ. est de degré pair et le minimum est positif.

Racines incommensurables.

538. *Méthode de Newton.* Après avoir dégagé une équ! proposée de ses racines soit égales, soit commensurables, il s'agit de trouver les racines irrationnelles. Supposons qu'on soit parvenu à connaître une valeur approchée γ de l'une de ces racines, qui soit seule comprise entre α et θ; en faisant $x = \gamma$ dans fx, on jugera par le signe du résultat (p. 72) si la racine est comprise entre α et γ, ou entre γ et θ : posons qu'elle soit entre α et γ. Faisons $x = \beta$, nombre entre ceux-ci, et nous saurons si la racine est entre α et β, ou entre β et γ. On resserre ainsi de plus en plus les limites, et on approche indéfiniment de la racine.

Mais ce procédé serait impraticable pour de grandes approximations; on ne l'emploie que pour *obtenir un nombre α qui soit approché à moins du dixième de la valeur de* x. Désignant l'erreur par y, on a $x = \alpha + y$; substituant dans $fx = 0$, on a (n° 504)

$$f\alpha + yf'\alpha + \tfrac{1}{2}y^2f''\alpha.... + ky^m = 0.$$

Mais on suppose que y est une petite quantité , et α n'entre au dénominateur d'aucun des coefficients, qui sont les valeurs de fx et de ses dérivés, quand on fait $x = \alpha$: la règle de Newton consiste à regarder y^2 y^3,... comme assez petits pour pouvoir être négligés, ce qui réduit la transformée à $f\alpha + yf'\alpha = 0$, d'où

$$y = -\frac{f\alpha}{f'\alpha} = -\frac{k\alpha^n + p\alpha^{n-1} + \ldots t\alpha + u}{nk\alpha^{n-1} + p(n-1)\alpha^{n-2} \ldots + t}.$$

Appelons s cette fraction, ou seulement sa valeur approchée; $y = s$ donne $x = \alpha + s$ pour 2e approximation. Faisant $\alpha + s = \alpha_1$, et désignant par y_1 la nouvelle correction, elle sera donnée par la même expression où α sera remplacé par α_1; donc $x = \alpha + s + y_1$, et ainsi de suite.

Soit, par ex., $x^3 - 2x - 5 = 0$; en faisant $x = 2$ et 3, les résultats -1 et $+16$, accusent l'existence d'une racine entre 2 et 3, qui même est plus voisine de 2. Mais $x = 2,1$ donne $0,061$; ainsi $2,1$ est plus grand que x, et plus voisin de la racine que 2. Faisons $a = 2,1$, la correction est

$$s = -\frac{\alpha^3 - 2\alpha - 5}{3\alpha^2 - 2} = -\frac{0,061}{11,23} = -0,0054.$$

Bornons-nous aux dix-millièmes, pour une 1re approximation, $x = 2,0946$. Prenons ce nombre pour valeur de α, et il viendra

$$s = -\frac{0,000541550536}{11,16204748} = -0,00004851.$$

Notre 4e décimale était donc défectueuse, et on trouve . . . . . . $x = 2,09455149$. On poussera ce calcul plus loin pour corriger les dernières décimales et approcher davantage.

Si l'on conserve le terme en y^2 dans le développement, on a

$$y = \frac{-f\alpha}{f'\alpha + \frac{1}{2} y f''\alpha};$$

après avoir trouvé la 1re correction s, on la substitue pour y dans le dénominateur, et on obtient une valeur plus approchée. C'est ainsi que dans notre ex. $s = -0,0054$ mis dans $\frac{1}{2}yf''\alpha$ donne $-0,034$: le dénominateur devient $11,196$; d'où $y = 0,0054483$, quantité dont la dernière décimale est seule fautive.

Soit encore l'équ. $x^3 - x^2 + 2x = 3$, qui a une racine entre 1,2, et 1,3, qui donnent pour résultats $-$ 0,312 et $+$ 0,107. Faisons $\alpha = 1,3$, nous avons $y = -\frac{0,107}{4,47} = -0,02$, et $x = 1,28$. Comme $\frac{1}{2}yf''\alpha = (3\alpha - 1)\,y = 2,9y$, le dénominateur augmenté de $-$ 0,058 devient 4,412 ; d'où $y = -0,0242$, ainsi $x = 1,2758$. On prend $\alpha = 1,276$, et on continue l'approximation.

539. La méthode de Newton n'est exacte que sous certaines conditions. En effet, construisons, comme n° 527, la courbe parabolique (fig. 1) dont l'équ. est $y = fx$. Les racines de l'équ. $fx = 0$ sont les abscisses des points k, k'.... d'intersection de cette courbe avec Ax. Soit $x = AP = \alpha$ une valeur approchée de la racine $Ak = a$ (fig. 15 et 16) : l'ordonnée $PM = f\alpha$, et la tangente de l'angle T que fait avec Ax la tangente en M est $f'\alpha$ (n° 527). En résolvant le triangle TPM, on trouve TP.tang $T = PM = f\alpha$, et la valeur de la *sous-tangente* $s = TP$ est

$$s = \frac{f\alpha}{f'\alpha}, \quad \text{d'où } AT = \alpha - \frac{f\alpha}{f'\alpha}.$$

Telle est la nouvelle valeur approchée de $Ak = a$, selon la méthode de Newton, qui a, comme on voit, pour objet de substituer à l'arc Mk sa tangente MT, dans la recherche du point de section k avec l'axe. On fait ensuite servir cette 2e approximation AT à trouver une autre tangente $M'T'$, puis une nouvelle valeur AT' plus approchée, et ainsi de suite. Cette méthode n'est d'ailleurs bonne qu'autant que les points T, T'.... ainsi obtenus se rapprochent sans cesse de k.

Or si l'on eût pris pour l'approximation α, la partie Ap (fig. 15) qui répond au point m voisin du maximum O, il est évident que la tangente mt en ce point, loin de conduire à une valeur plus approchée de Ak, pourrait même donner une sous-tangente presque infinie; et même pour le point de contact m', cette sous-tangente serait dirigée en sens contraire. Ainsi la forme et la position de l'arc mM relativement à l'axe, peuvent être telles que la règle serait fautive : et il faut la soumettre à des conditions spéciales, si l'on veut être assuré de son succès.

1° *Il faut connaître deux nombres α et β, entre lesquels il n'y ait qu'une seule racine comprise :* car si la courbe coupait l'axe en plusieurs points intermédiaires à α et β, elle y ferait des serpentements ; il serait douteux que le point de contact fût propre à donner une valeur plus voisine de a que α. C'est ce qu'on peut voir sur la fig. 1 où les limites Ap, Ap' ne sauraient permettre d'approcher de Ak et Ak'.

2° *Aucune valeur de* x *entre* α *et* β *ne doit rendre nulles les dérivées* f'x, f''x : car il se trouverait, dans l'intervalle, un point maximum ou minimum, ou bien une inflexion (nos 529 et 530), circonstances qui pourraient visiblement rendre la méthode de Newton défectueuse.

Nous donnerons (n° 556) des procédés pour trouver les limites α et β, et s'assurer que la condition précédente est remplie.

3° *Lorsqu'on aura trouvé nos deux limites* α *et* β, *on ne pourra se servir, pour pousser l'approximation, que de celle qui rend* fx *et* f''x *de mêmes signes.* Les fig. 15, 16, 17, 18, représentent les positions différentes que peut avoir l'arc, selon qu'il tourne sa convexité ou sa concavité vers le haut. Ak est la racine a : AP, Ap, sont les limites α et β qui l'interceptent seule; la sous-tangente PT est la correction s indiquée par la méthode pour la valeur $AP = \alpha$. Or on voit que, pour la sûreté du procédé, il faut que le pied T de la tangente soit entre celui de P de l'ordonnée et le point k de section avec l'axe : ainsi, du point P, on doit voir la convexité de l'arc, ce qui exige, comme on sait (n° 528), que le signe de l'ordonnée fx soit le même que celui de $f''x$, pour l'abscisse $AP = x = \alpha$. Telle est donc la limite qu'il faudra préférer pour l'approximation ultérieure.

Lorsque la considération des signes aura conduit à préférer celle des deux limites $\alpha > a$, il suit de nos fig. 15 et 18 que toutes les approximations successives seront toujours $> a$, en descendant sans cesse vers cette racine a. Et si, au contraire, on a pris $\alpha < a$ (fig. 16 et 17), on montera vers a, par une suite d'approximations toutes $< a$.

540. Voici donc la marche à suivre : 1° on cherchera deux limites α et β entre lesquelles il n'y ait qu'une seule racine ; 2° l'on resserrera ces limites jusqu'à ce qu'on soit certain qu'entre elles, il ne se trouve aucune racine des équ. $f'x = 0$, $f''x = 0$; 3° enfin on prendra pour première approximation celle α de ces deux limites qui, substituée dans fx et $f''x$ donnera des résultats de mêmes signes. Le calcul fera connaître la valeur s qui est la correction à ajouter, *avec son signe*, à α, pour obtenir la 2e approximation $\alpha + s$;

celle-ci prise pour nouvelle valeur de α servira à en trouver une 3e, etc.

Il est évident qu'on peut se dispenser de prendre exactement la valeur de s, telle que la donne le calcul, et qu'on peut lui en substituer une autre moins composée, *pourvu qu'elle réponde à un point* T *compris entre* P *et* k. Ainsi en réduisant s en fractions décimales, on n'y conservera que les chiffres propres à la racine, pour ne pas compliquer inutilement les calculs suivants. Il est donc indispensable de connaître *le degré d'approximation de chaque correction.*

Or si, par le point m, qui répond à la 2e limite $Ap = \beta$, on mène une parallèle mq à la tangente MT, cette limite se trouvera dans la partie concave de la courbe, et le point k sera visiblement entre les pieds T et q. Le triangle mpq donne $pq = \dfrac{pm}{\tan g\, q} = -\dfrac{f\beta}{f'\alpha}$ (on met — parce que $f\beta$ est négatif) :

d'où $Aq = \beta - \dfrac{f\beta}{f'\alpha}$. Voilà donc deux limites connues, entre lesquelles tombe la racine cherchée a, savoir :

$$\alpha' = \alpha - \frac{f\alpha}{f'\alpha}, \quad \beta' = \beta - \frac{f\beta}{f'\alpha}.$$

On ne conservera pour valeur de α' que les chiffres décimaux communs à ces deux expressions; ce sera la 2e approximation. Bien entendu que dans ces calculs, on aura soin d'affecter les quantités du signe que l'opération même détermine. L'approximation, assez lente d'abord, converge ensuite rapidement vers a, dès qu'on est parvenu à obtenir 3 à 4 chiffres décimaux de la racine. Fourier a démontré la loi de ces approximations dans son *Analyse des équations déterminées.*

Reprenons l'équ. $x^3 - 2x - 5 = 0$. Nous avons trouvé que la racine est entre 2 et 2,1; comme $f'x = 3x^2 - 2$, $f''x = 6x$, on voit que fx et $f''x$ sont positifs pour $x = \alpha = 2,1$, et qu'on devra toujours préférer les valeurs $> x$. D'ailleurs les racines de l'équ. $3x^2 - 2 = 0$ ne sont pas comprises entre $\alpha = 2,1$ et $\beta = 2$. Enfin on a obtenu

$$f\alpha = +0,061, \quad f'\alpha = +11,23 \quad \text{et} \quad s = -0,00543 :$$

ainsi $a = 2,09457$. Prenons $\beta = 2,09 < a$ (ainsi qu'on le reconnaît, à cause de $f\beta = -0,050671$); divisons $f\alpha$ par $f'\alpha$, il vient

— 0,00451 ; ainsi la 2e limite de a est $\beta' = 2,09451$. Les quatre 1res décimales sont donc exactes, $x = 2,0945$.

Prenons ce résultat pour valeur de α, d'où $f\alpha = +0,00054155$ (le signe + annonce que cette limite est $> a$) et $f'\alpha = 11,16204748$; le quotient est la correction 0,000048517 ; d'où $a = 2,094551483$. Pour distinguer les chiffres défectueux, faisons $\beta = 2,0945$; d'où $f\beta = -0,00057459$; le signe — atteste que cette 2e limite est $< a$, ainsi que cela est nécessaire. Divisant par $f'\alpha$, le quotient est $-0,00005148$; d'où $\beta' = 2,09455148$. Nous avons donc 8 chiffres décimaux exacts.

Le calcul devient long quand α est un nombre composé ; mais on peut l'abréger. L'approximation α a déjà fait connaître $f\alpha, f'\alpha$; d'où l'on a tiré la correction $s = -\frac{f\alpha}{f'\alpha}$. Pour pousser le calcul plus loin, il faut substituer à x, $\alpha_1 = \alpha + s$, dans $fx, f'x, f''x$; d'où résulte ce développement, qu'à raison de la petitesse du nombre s, on réduit aux 1ers termes :

$$f\alpha_1 = f\alpha + sf'\alpha + \tfrac{1}{2}s^2 f''\alpha, \quad f'\alpha_1 = f'\alpha + sf'\alpha;$$

le calcul est donc facile à achever. Dans notre ex. on a pris $\alpha = 2,1$ et l'on a obtenu $f\alpha = +0,061$, $f'\alpha = 11,23$, $f''\alpha = 12,6$, $s = -0,0054$: pour pousser l'approximation plus loin, il faudra poser $\alpha_1 = \alpha - 0,0054$; donc

$$f\alpha_1 = 0,061 - 0,0054 \times 11,23 + (0,0054)^2 \times 6,1,$$
$$f'\alpha_1 = 11,23 - 0,0054 \times 12,6,$$

et $f\alpha_1 = 0,0005417$, $f'\alpha_1 = 11,16196$, $s' = -0,00004853$.

541. *Méthode de Lagrange.* Ce qu'il importe avant tout de connaître pour trouver les racines d'une équ., c'est *le lieu de ces racines,* c'est-à-dire une suite de nombres entre lesquels chaque racine soit *seule renfermée :* tel est le vrai point de la difficulté. Lorsqu'on substitue pour x les nombres.... — 2, — 1, 0, 1, 2, 3,.... et qu'on trouve autant de résultats successifs de signes différents qu'il y a d'unités dans le degré n de l'équ., toutes les racines sont réelles, et le lieu de chacune est connu. Mais excepté ce cas, on reste incertain sur le nombre des racines réelles et leurs limites, parce qu'on ignore si entre les nombres qui, substitués pour x, ont donné des résultats de signes contraires, il n'y a pas 3, 5.... racines com-

prises; ou bien si entre les nombres qui donnent les mêmes signes, il n'y en a pas 2, 4. . . . (n° 532). Mais si l'on choisit une série de substitutions successives assez rapprochées pour qu'il ne puisse se trouver plus d'une racine intermédiaire, on sera certain que *chaque changement de signe entre les résultats accuse l'existence d'une seule racine entre les nombres substitués ; tandis qu'il n'y en a aucune entre les nombres qui donnent des résultats de même signe.*

Si deux racines a et b sont entre α et λ, les quatre nombres sont écrits ainsi par ordre de grandeurs croissantes, α, a, b, λ; d'où $\lambda - \alpha > b - a$. Donc, quand cette condition ne subsistera pas, les racines a et b ne seront pas entre α et λ. Ainsi il suffit de choisir α et λ moins écartés que ces racines, pour qu'entre α et λ il ne puisse y avoir qu'un des nombres a et b, ou qu'il n'y en ait aucun. Concluons de là que *si δ est moindre que la plus petite différence entre les racines, et que, partant de la limite inférieure* l', *on substitue les nombres* l', $l' + \delta$, $l' + 2\delta$,. . . . *jusqu'à la limite supérieure* l, *on obtiendra autant de résultats de signes contraires qu'il existe de racines réelles.* Chaque changement de signe indique une seule racine entre les nombres substitués; et il n'y en a aucune entre les nombres qui ont donné le même signe.

Pour obtenir ce nombre δ, formons l'équ. dont les racines sont les différences de toutes celles de la proposée prises 2 à 2 : y *désignant la différence d'une racine* x *avec toute autre racine,* on changera x en $x + y$ dans $fx = 0$; d'où

$$fx + yf'x + \tfrac{1}{2}y^2 f''y + \ldots . = 0;$$

et divisant par y, on a

$$fx = 0, \quad f'x + \tfrac{1}{2}y f''x + \tfrac{1}{6}y^2 f'''x \ldots . + ky^{n-1} = 0;$$

x et y sont deux inconnues. Éliminons x (n° 522), il viendra une équ. $Fy = 0$, dont l'inconnue y est la différence entre toutes les racines de la proposée ; $Fy = 0$ est *l'équation aux différences*, c'est-à-dire que y est la différence entre une racine quelconque de x et toutes les autres. Ainsi le degré de cette équ. est $n(n - 1)$, nombre des arrangements 2 à 2 des n racines de x.

Ces différences $a - b$, $b - a$, $b - c$, $c - b$, sont égales 2 à 2 en signes contraires ; en sorte qu'on a ensemble $y = \alpha$ et $-\alpha$, et que Fy devient nul dans les deux cas : ainsi, Fy *ne doit renfermer que des puissances paires de* y. Cela résulte aussi de ce que Fy peut être décomposé en facteurs de la forme

$$(y^2 - \alpha^2)\,(y^2 - \beta^2)\ldots.$$

On peut donc poser $y^2 = z$ sans introduire de radicaux, et on aura *l'équ. au carré des différences* $\varphi z = 0$, dont l'inconnue z est le carré de toutes les différences entre les racines de x.

542. Nous savons trouver un nombre i moindre que toutes les valeurs positives de z, (n° 512), $i < z$ ou y^2, $\sqrt{i} < y$: donc $\sqrt{i}$, ou une quantité positive moindre, pourra être prise pour la différence δ entre les nombres à substituer pour x. Comme les fonctions Fy, φz, ont les mêmes coefficients, i est aussi la limite inférieure de y, $i < y$, en sorte qu'on peut aussi prendre $\delta = i$. Comme plus δ est petit, et plus il faut faire de substitutions de l' à l, il faut prendre δ le plus grand possible, afin d'abréger les calculs. Ainsi, quand $i > 1$, on prendra $\delta = 1$; on pourra, si l'on veut, substituer les nombres naturels 0, 1, 2, 3.... Mais quand $i < 1$, on doit faire $\delta = \sqrt{i}$.

Les substitutions de nombres fractionnaires et irrationnels seront évitées ainsi qu'il suit :

1° On sait approcher de $\sqrt{i}$ à moins d'une fraction donnée, telle que $\frac{1}{3}$, $\frac{1}{4}$.... (n° 63) : on prendra donc $\sqrt{i}$ *par défaut* à moins de $\frac{1}{h}$, et on fera $\delta = \frac{g}{h}$. On choisira h de manière à ne pas descendre beaucoup au-dessous de $\sqrt{i}$, et à n'être pas un nombre trop composé.

2° Au lieu de substituer pour x, 0, $\frac{g}{h}$, $\frac{2g}{h}$, ... on rendra les racines, et par conséquent leurs différences, h fois plus grandes (n° 503), en posant $hx = t$, et il restera à substituer pour t, 0, g, $2g$, $3g$.... ou si l'on veut 0, 1, 2, 3.... Ainsi, *on sait transformer une équ. en une autre qui n'ait pas plus d'une racine comprise entre deux entiers successifs quelconques.*

Observez que i se déduit de Fy, et que φz est inutile à former. De plus, en chassant le 2e terme de $fx = 0$, (n° 506), toutes les racines sont augmentées de la même quantité ; elles conservent leurs différences : Fy se tire plus aisément de cette transformée, et reste la même.

543. Soit, par ex., l'équ. $x^3 - 2x = 5$ dont une seule racine nous est connue (p. 78) ; pour savoir si les deux autres sont réelles,

changeons x en $x+y$, d'où $3x^2-2+3xy+y^2=0$; éliminant x il vient (nº 522) l'équ. $y^6-12y^4+36y^2+643=0$. Pour trouver la limite inférieure de y, faisons $y^2=\frac{1}{v}$, d'où.... $643\,v^3+36\,v^2....=0$, et $v<1+\frac{12}{679}$, et même $v<1$, d'où $y>1=\delta$. En faisant $x=-1, 0, 1, 2....$ on trouvera autant de changements de signes que x a de racines réelles.

L'équ. $x^3-12x^2+41\,x-29=0$ donne

$$3x^2-24x+41+(3x-12)\,y+y^2=0,$$

d'où chassant x, $y^6-42y^4+441y^2=49$; on fait $y=\frac{1}{v}$, et il vient $49v^6-441v^4....$, puis $v<10$, $y>\sqrt{\frac{1}{10}}$, ou $\frac{1}{4}=\delta$;

$$\text{faisant } x=\tfrac{1}{4}t, \text{ on a } \quad t^3-48t^2+656t=1856,$$

équ. qui n'a au plus qu'une seule racine entre deux nombres entiers successifs. Posons $t=0, 1, 2....$; nous verrons que t est entre 3 et 4, entre 21 et 22, entre 22 et 23; donc x est entre $\frac{3}{4}$ et 1, $\frac{21}{4}$ et $\frac{22}{4}$, $\frac{22}{4}$ et $\frac{23}{4}$; il existe deux racines entre 5 et 6 qui n'auraient pas été reconnues sans ce calcul. Les racines sont

$$x=0,95108....\ 5,35689....\ 5,69203....$$

De même, $x^3-7x+7=0$ donne $y^6-42y^4+441y^2=49$, $v<9$, $y>\frac{1}{9}$ et $\sqrt{\frac{1}{9}}$, $\delta=\frac{1}{3}$: on pose $x=\frac{1}{3}t$, etc. On reconnaît bientôt qu'il y a une racine entre -3 et $-\frac{10}{3}$, une entre $\frac{4}{3}$ et $\frac{5}{3}$, enfin une entre $\frac{5}{3}$ et 2, savoir :

$$x=-3,04892....\ 1,35689....\ 1,69203.$$

Enfin pour l'équ. $x^3-x^2-2x+1=0$, comme $x=0, 1, 2$, donne les résultats $+1$, -1, $+1$, et qu'en changeant x en $-x$, les nombres 1 et 2 donnent des signes contraires, le lieu des trois racines est connu, et l'équ. aux différences n'est pas utile. Toutefois cette équ. est $y^6-14y^4+49y^2=49$, apprend que $y>1$, $\delta=1$, ce qui s'accorde avec ce qu'on vient de dire.

Ces calculs toujours exécutables, n'ont d'autre inconvénient que d'être d'une longueur excessive quand le degré est un peu élevé : la théorie en est claire, complète et sans exception ; mais les opérations deviennent impraticables. Il reste à pousser l'approximation plus loin, et Lagrange a encore exposé une méthode facile qui sera donnée plus tard (nº 613).

544. *Règle de Descartes.* Lorsqu'une équ. $fx = 0$ est ordonnée, on peut présumer le nombre des racines soit positives, soit négatives, à la seule inspection des signes. Nous appellerons *permanence* la succession de deux signes semblables, et *variation* celle de deux signes différents. La règle de Descartes consiste en ceci : *Toute équ. complète a* AU PLUS *autant de racines positives que de variations, autant de négatives que de permanences.*

En effet, toute équ. $fx = 0$ peut être encore considérée comme le produit d'un polynôme qui a tous ses facteurs binômes imaginaires ; par $x - a$, $x - b$, ... $x + a'$, $x + b'$.... facteurs correspondants aux racines réelles a, b.... $-a'$, $-b'$.... Voyons comment les facteurs binômes correspondants introduisent dans le produit soit des variations, soit des permanences.

Supposons, pour fixer les idées, qu'un polynôme Fx présente cette succession de signes :

$$+ - - + - - - + - + + + + - + - + .$$

Multiplions par $x + a'$ pour introduire une nouvelle racine négative $-a'$. Il faut d'abord multiplier par x, puis par a', et ajouter les deux produits qui sont composés des mêmes signes, le 2e étant reculé d'un rang à droite pour l'ordonner ; savoir :

$$\begin{array}{cccccccccccccccccc} + & - & - & + & - & - & - & + & - & + & + & + & + & - & + & - & + & \\ & + & - & - & + & - & - & - & + & - & + & + & + & + & - & + & - & + \\ \hline + & i & - & i & i & - & - & i & i & i & + & + & + & i & i & i & i & + \end{array}$$

Quand les deux signes correspondants sont les mêmes, ils se conservent au produit ; le cas contraire est marqué de la lettre i, pour indiquer qu'à moins d'avoir égard à la grandeur des coefficients, le signe est *incertain.*

Comme les deux produits partiels sont composés des mêmes signes, les i ne se trouvent que là où il y avait variation : un nombre pair de variations successives donne un égal nombre de i, lesquels sont situés entre des signes semblables ; au contraire, quand la quotité des variations était impaire, les i successifs le sont aussi, entre des signes différents. Donc si l'on veut disposer de tous ces signes i *de manière à introduire le plus grand nombre possible de variations au produit*, il faudra changer tous ces i en $+$ et $-$ alternatifs ; et puisque chaque série de i est entre deux signes semblables ou différents, selon que leur nombre est pair ou impair, il est visible qu'on ne pourra introduire plus de variations qu'on n'a de signes i, c'est-à-dire plus de variations que la proposée n'en contient. D'ailleurs le produit a un terme de plus ; donc *il a au moins une permanence de plus*.

Il se peut que tous les i ne se changent pas en variations, alors le produit aurait deux, quatre.... permanences de plus que Fx. Donc *l'introduction des racines négatives emporte celle d'au moins une permanence pour chacune.*

Multiplions maintenant Fx par $x - a$, pour introduire une racine positive a; le 2e produit partiel, reculé d'un rang à droite, est formé de signes contraires à ceux de Fx, en sorte que les i sont inscrits à chaque permanence :

$$\begin{array}{cccccccccccccccccc}
+ & - & - & + & - & - & - & + & - & + & + & + & + & - & + & - & + & \\
 & - & + & + & - & + & + & + & - & + & - & - & - & - & + & - & + & - \\
\hline
+ & - & i & + & - & i & i & + & - & + & i & i & i & - & + & - & + & -
\end{array}$$

Une succession de signes semblables dans Fx devant s'y terminer par une variation, toute série de i doit être comprise entre + et —. Qu'on dispose de ces i en les changeant tous, soit en +, soit en —, pour former *le plus grand nombre de permanences,* il n'y en aura qu'autant que dans Fx : le produit ayant un terme de plus, a donc *au moins une variation de plus*. Si tous les i ne se changent pas en permanences, il y a 2, 4.... variations de plus que dans Fx. Donc *l'introduction des racines positives emporte celle d'au moins une variation pour chacune.*

De là résulte le théorème énoncé *.

545. Désignons par P le nombre des racines positives d'une équ. de degré n, par N celui des négatives, par p celui des permanences, et par v celui des variations ; il est démontré que

$$1^\circ \quad P = \text{ou} < v, \quad 2^\circ\, N = \text{ou} < p.$$

* Tout ceci suppose que Fx est un polynôme complet, et il sera aisé de voir que, s'il y manque quelques termes, la conséquence relative aux racines positives subsiste encore; mais on a eu raison d'observer qu'il n'en est pas de même pour les négatives ; en sorte que quand une équ. $Fx = 0$ est incomplète, et qu'on veut assigner le nombre possible de celles-ci, il faut changer x en $-x$, afin de reconnaître combien la transformée peut avoir de racines positives, nombre qui convient aux négatives de $Fx = 0$.

Or si toutes les racines sont réelles, on a

$$P+N=n,\ n=p+v,\quad P+N=v+p,$$

puisque la proposée a en tout $n+1$ termes. Comparons P à v ; il peut arriver trois cas, $P >$, ou $<$, ou $= v$: le 1er est démontré impossible (1°) ; si le 2e a lieu, il faut pour que la dernière équ. subsiste, que l'on ait, par compensation, $N > p$, ce qui ne se peut (2°) ; ainsi $P = v$ et $N = p$. Donc *lorsque toutes les racines d'une équ. sont réelles, elle a précisément autant de racines positives que de variations, et autant de négatives que de permanences.*

546. D'après la règle de Descartes, on peut reconnaître, dans certains cas, qu'une équ. a des racines imaginaires, et se dispenser du long calcul de l'équ. aux différences.

1° Lorsque l'équ. $fx = 0$ est privée de l'un de ses termes, on le remplacera par $\pm 0x^i$, et l'on comptera les permanences et les variations dans les deux cas de $+0$, -0. Or si les termes en x^{i-1} et x^{i+1} sont de signes différents, on trouvera le même nombre des unes et des autres, ce qui indique le plus grand nombre possible des racines positives et négatives : si ces termes ont le même signe, la contradiction que présentent les deux résultats atteste l'existence de racines imaginaires. Ainsi $x^3+2x-5=0$ étant changé en $x^3 \pm 0\,x^2+2x-5=0$, on trouve 2 permanences et une variation, ou 3 variations à volonté ; ce qui est absurde. Donc *s'il manque un terme entre deux termes de même signe, la proposée a des racines imaginaires.*

2° *Si la proposée manque de plusieurs termes successifs, toutes ses racines ne peuvent être réelles :* ceci résulte de ce qu'on vient de dire.

3° Les trois variations de $x^3-3x^2+12x-4=0$ font présumer l'existence de trois racines positives. Multipliant par $x+a$, il vient

$$x^4+(a-3)\,x^3+(12-3a)\,x^2+(12a-4)\,x-4a=0.$$

Essayons d'introduire des permanences en prenant une valeur convenable de a; par ex., $a=3\frac{1}{2}$ rend les quatre premiers termes positifs. La proposée a donc deux racines imaginaires, puisque sans cela, l'éq. en x^4 en aurait, à volonté, trois négatives, ou quatre positives.

4° Qu'on change x en $y+h$ et $y'+h'$; $fx=0$ deviendra

$Fy = 0$, et $\varphi\, y' = 0$. Supposons que $\varphi\, y'$ ait quelques variations de moins que Fy : si toutes les valeurs de x sont réelles, $Fy = 0$ aura l'une de ses racines positives α qui sera devenue négative $-\alpha'$, dans $\varphi y' = 0$; d'où $x = \alpha + h = -\alpha' + h'$. Ainsi x a une racine entre h et h'. Comme il en est de même pour chaque variation qu'on a perdue, x aura autant de racines entre h et h' : si la théorie des limites prouve que toutes ces racines de x n'existent pas, on sera assuré que x en a d'imaginaires.

Par exemple, $x^3 - 4x^2 - 2x + 17 = 0$, $x = y + 2$ et $y' + 3$, donnent

$$y^3 + 2y^2 - 6y + 5 = 0, \quad y'^3 + 5y'^2 + y' + 2 = 0;$$

les deux variations qui font présumer que deux racines positives de y sont devenues négatives pour y', annoncent deux valeurs de x entre 2 et 3. Mais d'une part, la limite inférieure de y (n° 510) est $y > \frac{5}{11}$; de l'autre celle de y' est $-\frac{2}{3}$; et à cause de

$$y = y' + 1, \quad 1 - y > \tfrac{2}{3} \quad \text{et}\, y < \tfrac{1}{3}:$$

ces deux limites étant incompatibles, on en conclut que x a deux racines imaginaires. Si ces limites étaient conciliables, on serait, il est vrai, incertain si x a deux racines entre 2 et 3 ; mais on aurait du moins resserré l'espace qui les renferme.

5° Si toutes les racines de l'équ. $fx = 0$ sont réelles, les carrés de leurs différences sont tous positifs ; *les racines de l'équ. au carré des différences étant toutes positives, les signes ne doivent présenter que des variations.*

547. *Méthode de Fourier.* Soit une équ. de degré n, $fx = 0$; prenons-en les dérivées successives, que nous écrirons en ordre renversé, $f^{(n)}$, $f^{(n-1)}\ldots\; f''\; f'\; f$. Faisons dans ces polynômes $x = a$, nombre arbitraire, positif ou négatif : chacun donnera un résultat numérique dont le signe sera ou $+$, ou $-$; nous inscrirons ces signes consécutifs dans leur ordre, sous les fonctions respectives qui les ont produits, et nous aurons une ligne de signes que nous désignerons par A.

Prenant ensuite $x = b > a$, nous formerons une autre ligne de signes que nous écrirons sous les précédents, et dont nous désignerons l'ensemble B ; et ainsi de suite. Comparons les *variations* de signes de ces diverses séries.

Soit φx l'un quelconque de nos polynômes. Prenons pour x trois valeurs très-voisines $a-\delta$, a et $a+\delta$; nous aurons

$$\left.\begin{aligned} \varphi(a-\delta) &= \varphi a - \delta\varphi' a + \tfrac{1}{2}\delta^2\varphi'' a - \tfrac{1}{6}\delta^3\varphi''' a \ldots \\ \varphi a &= \varphi a \\ \varphi(a+\delta) &= \varphi a + \delta\varphi' a + \tfrac{1}{2}\delta^2\varphi'' a + \tfrac{1}{6}\delta^3\varphi''' a \ldots \end{aligned}\right\} \quad (1)$$

Nous supposons δ très-petit, et que φa n'est pas nul ; ces trois résultats ont le signe de φa, attendu que le 1er terme l'emporte sur ceux qui suivent et ont un signe contraire au sien. Donc *lorsqu'on fait croître insensiblement* x, *chacune de nos fonctions* $f^{(n)} \ldots f'' \, f' \, f$ *conserve son signe propre, tant qu'elle ne devient pas nulle.*

Mais si a est racine de l'équ. $\varphi x = 0$, les séries (1) perdent leur 1er terme ; et les résultats prennent les signes du terme suivant $\mp\delta\varphi' a$: c'est-à-dire que tant que $x < a$, le signe de φx est celui du produit $-\delta \times \varphi' a$, c'est-à-dire contraire à celui de $\varphi' a$; tandis que pour $x > a$ le signe devient celui de $\varphi' a$; les deux signes sont donc différents pour ces deux résultats. Donc *celle de nos fonctions qui passe par zéro, change aussitôt le signe des résultats qu'elle donne.*

548. Appliquons ces principes à nos polynômes $f^{(n)} \ldots f' \, f' f$. Si l'on y fait $x = a$, les résultats formeront une suite de signes ; et si x croît par degrés insensibles, les signes de chacune resteront toujours les mêmes, jusqu'à ce qu'on tombe sur une valeur $x = a$, qui rende nulle quelqu'une de ces fonctions qui sera désignée par φx; car alors pour celle-ci seulement le signe sera changé. On aura donc l'une de ces deux dispositions :

	$f^{(n)} \ldots$	φ'	φ	$\ldots$	où	$f^{(n)} \ldots$	φ'	φ	$\ldots$
$x < a$	$\ldots$	$+$	$-$	$+ \ldots$		$\ldots$	$+$	$-$	$- \ldots$
$x = a$	$\ldots$	$+$	0	$+ \ldots$		$\ldots$	$+$	0	$- \ldots$
$x > a$	$\ldots$	$+$	$+$	$+ \ldots$		$\ldots$	$+$	$+$	$- \ldots$

une variation, qui existait dans les signes, se trouve ensuite remplacée par une permanence, quand φx *a passé par zéro* : tous les autres signes sont d'ailleurs les mêmes avant qu'après $x = a$.

Mais il faut encore considérer les signes de la colonne qui est à droite de φ. Quand ils sont les mêmes que pour φ', la suite donnée par $x < a$ a une seconde variation, tandis que celle qui provient de $x > a$ a une permanence; d'où l'on voit que *deux variations ont disparu ensemble*. Mais si le signe commun aux termes qui suivent φ

est contraire à celui de φ', la 1re série a une variation et une permanence, et la 3e une permanence et une variation, en sorte que *aucune variation n'est disparue, mais la variation est seulement reculée d'un rang à droite*. Au delà de $x = a$, en continuant de faire croître x insensiblement, la nouvelle série de signes se conservera, jusqu'à ce qu'on rencontre quelque fonction qui devienne nulle; et ainsi de suite.

Ceci ne s'applique qu'en partie à la fonction fx, attendu qu'elle n'est suivie d'aucun signe. Si donc $x = a$ est racine de $fx = 0$, il faut supprimer tous les signes qui sont à droite de φ, et l'on voit que *dans le passage par une racine* a *de l'équ.* fx $= 0$, *il disparaît une seule variation*.

549. Examinons le cas où deux dérivées successives sont nulles ensemble pour $x = a$, savoir, $\varphi' a = 0$, $\varphi a = 0$: alors les séries (1) deviennent

$$\left.\begin{aligned} \varphi(a - \delta) &= \tfrac{1}{2}\delta^2\varphi'' a - \tfrac{1}{6}\delta^3\varphi''' a + \text{etc.} \\ \varphi a &= 0 \\ \varphi(a + \delta) &= \tfrac{1}{2}\delta^2\varphi'' a + \tfrac{1}{6}\delta^3\varphi''' a + \text{etc.} \end{aligned}\right\} \qquad (2)$$

Les signes des résultats étant ceux du 1er terme, sont les mêmes que celui de $\varphi'' a$, tant pour $x < a$, que pour $x > a$; et pour le second zéro répondant à φa, le signe de $\varphi'' a$ reparaît. Mais φ' et φ'' sont dans le même cas qu'étaient φ et φ' ci-devant : et en effet $\varphi'(a \mp \delta) = \varphi' a \mp \delta\varphi'' a + \text{etc.}$, se réduit à $\mp \delta\varphi'' a + \text{etc.}$ à cause de $\varphi' a = 0$; ainsi pour $x < a$, on a un signe contraire à celui de φ'', et pour $x > a$, le signe de φ''. Voici donc les tableaux des deux systèmes :

	$f^{(n)}$ . . .	φ''	φ'	φ . . .	ou $f^{(n)}$ . . .	φ''	φ'	φ . . . . .
$x < a$	$+$	$-$	$+$	$+$	. . . . .	$+$	$-$	$+$ $-$ . . .
$x = a$	$+$	0	0	$+$	. . . . .	$+$	0	0 $-$ . . .
$x > a$	$+$	$+$	$+$	$+$	. . . . .	$+$	$+$	$+$ $-$ . . .

ainsi on a dans le 1er cas deux variations, et dans le dernier deux permanences, et l'*on perd deux variations quand* φx *et* φ'x *passent ensemble par zéro*. Nous n'examinons pas ici quels sont les signes de la colonne à droite, puisqu'étant tous trois les mêmes, il est indifférent qu'ils soient $+$ ou $-$.

On n'appliquera pas ceci au cas où la fonction φ serait f, parce que l'équ. $fx = 0$ aurait des racines égales, si l'on avait aussi $f'x = 0$, et nous supposons fx dégagé de facteurs égaux (nº 521).

Si trois fonctions successives sont nulles pour $x = a$, savoir, φ, φ' et φ'', le même raisonnement prouve que $x < a$ a 4 ou 3 variations, selon le signe de la colonne suivante, tandis que pour $x > a$, on n'a aucune variation ou une seule : en sorte qu'il disparait 4 ou 2 variations.

	$f^{(n)}\ldots$	φ'''	φ''	φ'	$\varphi\ldots$	ou	$f^{(n)}\ldots$	φ'''	φ''	φ'	$\varphi\ldots$	
$x < a$	.....	$+$	$-$	$+$	$-$	$-$	....	$+$	$-$	$+$	$-$	$+$..
$x = a$	.....	$+$	0	0	0	$-$	....	$+$	0	0	0	$+$..
$x > a$	.....	$+$	$+$	$+$	$+$	$-$	....	$+$	$+$	$+$	$+$	$+$..

Quand $x = a$ rend nulles 4, 5.... fonctions successives, les développements (1) perdent autant de termes initiaux, et le 1er terme est affecté de $+$ si ce nombre de zéros est pair, et de $\mp$ s'il est impair. Chaque zéro répond à une variation pour $x < a$, et à une permanence pour $x > a$, et *les variations disparaissent toujours par couples*. Il en faut conclure que s'il y a z zéros consécutifs, il disparait z variations quand z est pair, et $z \pm 1$ quand z est impair, en prenant $+$ quand le signe qui précède ces zéros est le même que celui qui les suit, et $-$ dans l'autre cas.

Dans l'ex. suivant, on suppose donnée la série de $x = a$; la première s'obtient en mettant au-dessus de chaque zéro un signe contraire à celui qui est à sa gauche ; et la troisième en répétant au contraire ce même signe ; de manière à former autant de variations pour $x < a$, et de permanences pour $x > a$: on conserve les signes dans les colonnes exemptes de zéros,

$x < a$	$+$	$+$	$-$	$+$	$-$	$+$	$-$	$-$	$+$	$-$	$+$	$+$	$+$	8 *vari.*
$x = a$	$+$	$+$	0	0	0	0	$-$	$-$	0	0	0	$+$	$+$	
$x > a$	$+$	$+$	$+$	$+$	$+$	$+$	$-$	$-$	$-$	$-$	$-$	$+$	$+$	2 *vari.*

Six variations sont perdues dans le passage par $x = a$. Cette pratique est appelée *règne du double signe :* nous en ferons un fréquent usage.

550. En partant de $x = \alpha$ et qui donne une série de signes, faisons croître x par degrés continus : les résultats conserveront leurs signes tant qu'on ne tombera pas sur une valeur $x = a$, qui rende nulle quelqu'une des fonctions $f^{(n)} \ldots f''\ f'\ f$. Si c'est fx qui est

$= 0$, par cette valeur, il disparaîtra une variation seule. Mais si c'est quelque dérivée qui est nulle, ou il partira deux variations, ou du moins une variation sera déplacée vers la droite. Il pourra disparaître à la fois 2; 4, 6 .... variations, parce que plusieurs dérivées successives seraient nulles ensemble. Mais lorsque x reçoit les valeurs r, r', r''.... des racines de l'équ., $fx = 0$, les variations partent une à une, tandis que les racines des équations $f'x = 0$, $f''x = 0$.... les laissent subsister, ou les font disparaître 2 à 2. Mais *jamais une variation perdue ne peut reparaître dans la suite des valeurs croissantes qu'on attribue à* x.

Aucune de nos fonctions φ ne peut passer par zéro, qu'autant que le résultat de la substitution, dans cette fonction, d'un nombre un peu moindre que la racine de $\varphi x = 0$, donnerait un signe contraire à celui qui le précède, afin que cette variation se puisse changer en une permanence immédiatement au delà de cette racine.

Comme le 1er terme des polynômes $f^{(n)}$.... f'', f', f est alternativement de degré pair et impair, si l'on fait $x = -\infty$, ou seulement $x =$ la limite $-l'$ des racines négatives de $fx = 0$, $f'x = 0$, etc., on n'obtiendra que des résultats $+$ et $-$ successifs, ou n variations, parce que le 1er terme l'emportera sur ceux de signes contraires qui le suivent. Si l'on fait $x = +\infty$, ou $=$ la limite l des racines positives, on n'aura que des $+$. Ainsi, en faisant croître x insensiblement depuis $-l'$ jusqu'à $+l$, toutes les variations seront disparues. Réciproquement deux nombres $-l'$ et $+l$ qui ne donnent l'un que des variations, l'autre que des permanences, sont les limites entre lesquelles toutes les racines des équations $fx = 0$, $f'x = 0$, etc., sont comprises. Car chaque racine de l'une de ces équ. devant chasser une seule variation, on ne peut trouver, hors de ces limites, aucun nombre qui produise cet effet. C'est donc une preuve que tout nombre l qui rend nos polynômes f, f', f''.... positifs, est limite supérieure des racines de l'équ. $fx = 0$, et le théorème du n° 510 reçoit une démonstration nouvelle et plus étendue.

Soit $2i$ le nombre des racines imaginaires de $fx = 0$, $n - 2i$ celui des racines réelles, qui sont entre $-l'$ et l. Quand on fera passer x graduellement de $-l'$ à l, les n variations de la 1re série de signes disparaîtront jusqu'à la dernière. Et puisque les racines réelles r, r', r''.... chassent les variations une à une, les $2i$ autres variations seront chassées, par couples, en rendant nulles les diverses dérivées f', f''.... Ces dernières substitutions sont donc les indicateurs de l'existence des racines imaginaires, et en accusent la quotité.

551. Ce qui précède démontre le théorème de la *règle des signes de Descartes* avec plus d'étendue. Faisons $x = 0$, et la ligne des signes *sera composée des signes successifs de* fx ; car chaque fonction est réduite à son dernier terme, qui, comme on sait, est le produit par 1 . 2 . 3 .... des coefficients respectifs de fx pris en ordre rétrograde. Cette suite de signes donnée par $x = 0$ a les mêmes variations et permanences que fx. Soit v le nombre des 1res, et $n - v$ celui des autres. Passons de $x = 0$ à $x = + l$; la 1re série perdra ses v variations, et si $fx = 0$ n'a que des racines réelles, cette équ. en a v positives. De même, posant $x = - l'$, comme on n'a que des variations (en nombre n), on perdra donc $n - v$ variations en passant de $- l'$ à 0; il y a donc $n - v$ racines négatives, autant que fx a de permanences. Mais si la proposée a des racines imaginaires, comme il disparaîtra par couples des variations qui en sont les indications, on voit que *toute équation qui n'a que des racines réelles, a précisément autant de variations que de racines positives, et autant de permanences que de racines négatives* *. *Et s'il existe des racines imaginaires, il y aura* v — 2i *racines positives, et* p — 2i' *négatives,* v *étant le nombre des variations et* p *celui des permanences du polynôme* fx, i *et* i' *des nombres entiers.*

552. Notre théorie démontre que si l'on substitue pour x deux nombres a et b dans toutes nos fonctions, et qu'on écrive les signes des résultats en deux séries correspondantes A et B, b étant $> a$,

1° Il n'y aura jamais plus de variations dans B que dans A;

2° Si le nombre des variations est le même dans A et B, la proposée n'a aucune racine entre a et b;

3° Si la série B a une variation de moins que A, il y a une seule racine entre a et b;

4° S'il y a deux variations de moins dans A que dans B, ou la proposée a deux racines réelles entre a et b, ou ces racines manquent et sont remplacées par deux imaginaires ; il restera à distin-

* *Si l'équ.* fx = o *est privée d'un de ses termes, et si les deux termes entre lesquels celui-ci manque ont mêmes signes, cette équ. a des racines imaginaires.* En effet le polynôme fx comprend les termes $qx^h + sx^{h-1}$, et lorsqu'on fait $x = a$ dans toutes les dérivées, la série des signes consécutifs contient + o +, qui est équivalente à $+ \overset{-}{\underset{+}{o}} +$, caractère qui annonce l'existence des racines imaginaires. V. p. 92.

guer l'un de ces cas de l'autre. Dans le 1er, on pourra séparer les racines, en substituant des nombres intermédiaires qui chassent les variations une à une, ce qui serait impossible dans le deuxième cas ;

5° Lorsque la série *B* a trois variations de moins que *A*, ou il existe trois racines réelles entre *a* et *b*, ou il n'y en a qu'une seule, les deux autres étant remplacées par des imaginaires. Des procédés spéciaux feront reconnaître ces circonstances.

Et ainsi de suite ;

6° La valeur de *x* qui, sans être racine de l'équation $fx = 0$, fait perdre deux variations, en passant par voie de continuité de *a* à *b*, se rapporte aux racines imaginaires de cette équ. et en est l'indication ; elle rend nulle quelqu'une des dérivées, les signes de la précédente et de la suivante étant les mêmes ; deux de ces fonctions successives peuvent aussi être annulées ensemble. S'il disparaît 4 variations, parce que 3 ou 4 fonctions dérivées consécutives sont nulles, il y a deux couples d'imaginaires pour l'équ. $fx = 0$. Enfin, autant les séries perdent de fois 2 variations, *les substitutions suivant la loi de continuité*, autant la proposée a de couples de racines imaginaires.

553. Comme la substitution des nombres continus n'est pas possible, pour faire usage de cette théorie, il faut opérer ainsi qu'il suit :

1° On substitue des nombres pris à volonté, qu'on étendra depuis celui l' qui ne donnera que des $+$ et $-$ alternatifs, jusqu'à celui l qui ne donnera que des $+$; ces nombres l' et l seront les limites entre lesquelles toutes les racines sont comprises. Entre eux, il y a souvent de grands intervalles qui n'interceptent aucune racine et qu'il convient de dépasser ; des essais faits sur des nombres pris au hasard conduisent aisément à éviter des calculs inutiles ;

2° Lorsque deux séries *A* et *B* sont formées des mêmes signes, aucun des polynômes $f, f', f'' \ldots$ ne peut devenir zéro par une valeur de *x* entre *a* et *b*. L'une de ces fonctions devient nulle, quand une variation est déplacée vers la droite ; et s'il n'y a que déplacement, le nombre qui le produit n'accuse l'existence d'aucune racine imaginaire de l'équ. $fx = 0$. Cette équ. aurait deux racines imaginaires, s'il disparaissait deux variations pour une valeur de *x* qui annulerait quelque dérivée ;

3° Quand en partant de *a*, on perd jusqu'à *b* un nombre impair de variations, il est évident que fa et fb ont des signes différents : le signe est le même, quand il disparaît un nombre pair de variations. Nous retrouvons donc ce théorème, qu'il y a un nombre pair ou impair de racines entre a et b, selon que les résultats fa et fb ont un signe semblable ou différent, zéro étant au rang des nombres pairs ;

4° Lorsqu'en faisant $x = a$, la suite de signes A contient un terme nul, ou plusieurs zéros successifs, on formera les séries $a - \delta$ et $a + \delta$ selon la règle des doubles signes, p. 92, la 1re sera comparée à la série qui précède A, pour indiquer les racines $< a$, et la seconde à celle qui suit A pour faire connaître les racines $> a$; enfin, en comparant les deux séries de $a - \delta$ et $a + \delta$, on saura combien de racines imaginaires sont attestées par le nombre pair de variations perdues de l'une à l'autre.

Par ex., $fx = x^5 + x + 1$, $f' = 5x^4 + 1$, $f'' = 20x^3$, etc., donnent le tableau qui suit, où l'on a fait usage de la règle du double signe pour chaque résultat nul.

	f^{v}	f^{iv}	f'''	f''	f'	f	
$x = -1$	+	−	+	−	+	−	5 *vari.*
		−	+	−			
$x = 0$	+	0	0	0	+	+	4 ou 0 *vari.*
		−	+	+			

on voit qu'il existe une racine réelle entre -1 et 0, et que les 4 variations qui disparaissent de $x < 0$ à $x > 0$ annoncent 4 racines imaginaires. La courbe dont l'équ. est $y = fx$ est celle de la figure 12.

Pour $fx = x^4 - 4x^3 - 3x + 23$, $f'x = 4x^3 - 12x^2 - 3$

$$f'' = 12x^2 - 24x, \quad f' = 24x - 24, \quad f^{iv} = 24$$

	f^{iv}	f'''	f''	f'	f	
			+			
=	+	−	0	−	+	2 ou 4 *vari.*
		—				
$x = 1$	+	0	−	−	+	2 *vari.*
		+	—			
$x = 2$	+	+	0	−	+	2 *vari.*
			+			
$x = 3$	+	+	+	−	−	1 *vari.*
$x = 4$	+	+	+	+	+	0 *vari.*

Il y a deux racines imaginaires qui chassent deux variations de $x < 0$ à $x > 0$; les zéros qu'on rencontre à $x = 1$ et 2 ne font partir aucune variation, ce qui vient de ce que *chaque zéro est entre deux signes différents.* Enfin, il y a une racine entre 2 et 3, puis une entre 3 et 4 : il restera à en pousser l'approximation. La courbe $y = fx$ est représenté fig. 20, par MOM'.

554. Lorsqu'il n'existe qu'une seule racine entre deux nombres a et b, et par conséquent qu'on ne perd qu'une variation de la série A à B, on approche de cette racine par la méthode de Newton. Mais avant il faut satisfaire aux conditions que cette méthode prescrit (p. 80), savoir que f' et f'' ne changent pas de signes de a à b; c'est-à-dire qu'il faut que la variation perdue soit précisément dans la dernière colonne f. Tous les signes de A et B sont alors les mêmes, excepté le dernier. C'est ce qui arrive pour la racine qui est entre 2 et 3 dans l'ex. précédent.

Mais si la variation est perdue avant le dernier terme des séries, f' et f'' ne sont plus dans la condition exigée. Il faut substituer des nombres intermédiaires à a et b, afin qu'en resserrant l'espace qui contient la racine, il n'y ait plus ni inflexion, ni tangente horizontale à la courbe $y = fx$, dans cette étendue, et qu'on retombe sur le 1er cas.

Ainsi dans le dernier ex., pour approcher de la racine qui est entre 3 et 4, il faut rejeter hors des limites le minimum qui est attesté par le changement de signe de f'. On pose l'équ. $f'x = 0$, et on trouve que la seule racine réelle est entre 3 et 3,1. Comme celle de $fx = 0$ est entre 3,1 et 4, qu'il faut que f' et f'' soient de même signe, on fera $x = 4$, d'où $f' = 61$, $f = 11$, $S = -0,2$, et $x = 3,8$, pour 1re approximation. Faisant $x = 3,8$, d'où $f' = 43,208$, $f = 0,6256$, $S = -0,01448$, on trouve $x = 3,78552$; et ainsi de suite. S est la sous-tangente.

555. Quand on perd deux variations de A à B, il reste à reconnaitre s'il y a en effet deux racines entre a et b. Cette discussion sera divisée en trois cas.

On comparera, de gauche à droite, les signes correspondants des deux séries; dès qu'on rencontrera deux signes contraires sous la même fonction, une variation sera remplacée par une permanence : plus loin, on trouvera une seconde variation perdue. Si cela arrive avant la colonne des signes de fx, ce sera le 3e cas, traité ci-après : et si la seconde variation n'est perdue qu'au dernier signe, on trouvera les deux systèmes suivants, où l'un perd les deux variations dans les trois derniers signes; dans l'autre, la 1re variation est perdue avant f''.

	1er cas *						2e cas						
			. . .	f''	f'	f			. . . .	f'''	f''	f'	f
$x=a$ . . .	+	+ −	. . . .	+	−	+	+	+	. . . .	+	−	−	+
$x=b$ . . .	+	+ −	. . . .	+	+	+	+	+	. . . .	+	+	+	+

Construisons la courbe parabolique MOM' (fig. 19) dont l'équ. est $y=fx$, entre les abscisses $AP=a$, $AP'=b$.

556. 1er cas. $f'a$ et $f'b$ sont de signes contraires; ce sont les valeurs des tangentes des angles T et T' que font, avec l'axe des x, les droites MT, $M'T'$ qui touchent la courbe aux points M et M', dont les abscisses sont a et b. On voit que l'un de ces angles est aigu vers la droite, et l'autre obtus. Comme l'équ. $f'x=0$ ne perd qu'une seule variation, elle n'a qu'une racine entre a et b, c'est-à-dire que la courbe $y=fx$ a une tangente en un point intermédiaire O, parallèle aux x. $f''x$ ne perd pas de variation et reste positif dans l'intervalle; ainsi l'arc tourne sa concavité vers le haut (no 528). Les fig. 19 et 20 représentent la forme de cette partie de l'arc, qui a en O un point de passage, pour $f'x$, du positif au négatif, par zéro.

Si la courbe atteint l'axe dans l'intervalle PP' (fig. 20), il y a deux racines réelles Ak, Ak' : ces racines sont imaginaires dans le cas contraire (fig. 19), et alors les tangentes aux divers points de l'arc MOM' s'inclinent de plus en plus sur l'axe de M en O, où le parallélisme a lieu, puis se relèvent en sens opposé vers M'. La nature concave de l'arc fait qu'il reste compris dans l'angle formé par les deux tangentes en M et M'. On voit donc que, si le sommet B (fig. 19) de cet angle est situé au-dessus de l'axe, la courbe ne peut le couper, et les racines sont certainement imaginaires entre P et P'.

Or les sous-tangentes en M et M' sont

$$PT=S_1=-\frac{fa}{f'a},\quad P'T=S_2=-\frac{fb}{f'b}. \quad . \quad . \quad (1)$$

* Les valeurs de fa et fb peuvent être négatives ensemble, c'est-à-dire que les signes peuvent tous être contraires à ceux qui sont indiqués ici : mais ce cas n'exige pas un examen spécial, et il suffit de tourner les fig. 19 et 20 de l'autre côté des x, par une révolution autour de l'axe, afin de rabattre les fig. en dessous. Tout est alors semblable à ce qui a été exposé dans le texte.

La 1re est positive, $f'a$ ayant le signe $-$; et la 2e négative. Il est clair que si l'on fait abstraction des signes, et que *l'une des sous-tangentes ou leur somme, égale ou surpasse l'intervalle* b $-$ a, *les deux racines présumées sont imaginaires.*

Et si cette circonstance n'a pas lieu, on demeure incertain sur la nature des racines qui peuvent alors être réelles ou imaginaires, la courbe pouvant couper l'axe, ou ne pas le rencontrer, entre P et P'. On doit, dans ce cas, opérer de l'une ou de l'autre manière suivante :

On regardera les limites a et b comme trop écartées pour décider la question, et prenant $x =$ quelque nombre intermédiaire a', on verra si la série des signes, comparée à A et B, fait disparaître les variations une à une ; car alors les racines seraient réelles ; l'une entre a et a', l'autre entre a' et b. Et si la double variation se perd encore entre a et a', on calculera la sous-tangente pour $x = a'$, afin de vérifier si la règle précédente a lieu.

Ou bien, on opérerait comme si l'on était assuré que les racines intermédiaires sont réelles, et qu'on voulût en approcher davantage, par la méthode de Newton ; car alors on serait conduit à deux nouvelles sous-tangentes, dont la somme pourrait excéder $b - a$.

Comme à mesure qu'on approche du minimum O, les tangentes approchent d'être parallèles à l'axe, les sous-tangentes deviennent très-grandes, et la règle ci-dessus est plus propre à se vérifier. On comprend que si les racines sont imaginaires, on ne tarde pas à les reconnaître par leurs sous-tangentes dont la somme est $> b - a$.

Au contraire, quand les deux racines sont réelles, les sous-tangentes n'augmentent plus indéfiniment ; on voit converger chaque valeur de x vers deux termes qui sont les racines demandées Ak, Ak'; et il devient très-facile de trouver une grandeur moyenne qui, substituée pour x, sépare ces deux racines.

557. 2e cas. Lorsque fa et $f''a$ sont de signes contraires, la question est d'une autre nature. $f''a$ et $f''b$ ayant des signes différents, et passant par zéro dans l'intervalle (comme f'' perd une variation, $f''x = 0$ a une racine entre a et b), l'arc est convexe vers le haut en m (fig. 19) à la 1re limite $Ap = a$, et concave à la 2^e^ $AP' = b$: et dans cet espace, il existe un point d'inflexion I, dont l'abscisse Aq est racine de $f''x = 0$. Les sous-tangentes ne lèvent plus alors la difficulté, puisque la tangente mt ne peut se prêter aux conditions prescrites ci-dessus. Il faut d'abord resserrer l'intervalle, pour

que l'inflexion I n'y soit pas comprise. On substituera donc pour x une autre valeur intermédiaire a', propre à séparer les deux racines, hors de l'étendue où est le point I, ce qui ramènera les choses au premier cas.

Il se pourrait cependant que la courbe eût la figure MIM' (fig. 5) où l'inflexion est précisément au point où la tangente est horizontale : on tenterait alors vainement de resserrer assez l'intervalle pour éviter que les f'' fussent de signes différents. Mais comme f' et f'' sont nuls ensemble, les équ. $f'x = 0$, $f''x = 0$, ont alors une racine commune ; c'est un cas de racines égales. Les racines cherchées seraient imaginaires, à moins que l'inflexion I ne fût le point même de section de la courbe avec l'axe, ce qui supposerait en même temps $fx = 0$, et par conséquent la proposée aurait des facteurs égaux.

558. 3e cas. La comparaison des suites A et B manifeste la perte de deux variations, avant d'atteindre la dernière colonne. Que ce soit, par ex., dès f''' que la 2e variation disparaît : on se proposera de traiter l'équ. $f'''x = 0$, et on cherchera si elle a deux racines entre a et b. Si ces racines n'existent pas, l'équ. $f''x = 0$ a aussi deux racines imaginaires indiquées par les deux variations perdues, puisque la tangente à l'arc de courbe dont l'équ. est $y = f'x$, ne peut être horizontale entre a et b attendu que $f''x$ n'y est pas nulle ; cet arc n'a donc pas de maximum dans l'intervalle. On reconnaît de même que les équ. $f'x = 0$, $fx = 0$, ont aussi deux racines imaginaires correspondantes.

Mais si les deux racines de $f'''x = 0$ sont réelles entre a et b, la courbe $y = f''x$ a deux tangentes horizontales dans cet espace, et affecte la fig. 21, ayant un double serpentement, avec maximum et minimum. La distance de a à b est donc trop grande, et il faut la diminuer, jusqu'à ce que les inflexions n'y soient plus comprises, et que le minimum s'y trouve seul. On apprendra alors si l'équation $f'''x = 0$ a deux racines réelles entre les nouvelles limites plus étroites a' et b'. De là, on cherchera si la courbe dont l'équ. $y = f'x$ a ou non deux sections avec l'axe, et ensuite s'il en est de même de la courbe $y = fx$. Il suffit que les deux racines cherchées soient imaginaires pour l'une des équ. . . . . . $f'''x = 0$, $f''x = 0$, $f'x = 0$ pour que celles qui la suivent soient dans le même cas.

Il ne faut pas oublier, dans la circonstance présente, de s'assurer si l'équ. $f''x = 0$ a des racines égales ; car notre théorie suppose toujours que l'équ. qu'on traite est dégagée de ces racines. A cet égard, observons que la recherche des racines égales est si longue (n° 521) qu'il convient de l'éviter, et qu'on ne doit s'en occuper qu'autant que les opérations en montrent la nécessité. Comme le cas des racines égales est exceptionnel, c'est un grand avantage de la méthode de Fourier, de ne les chercher que quand, par accident, cela est reconnu indispensable.

559. Il reste à examiner ce qu'il faut faire quand il disparaît plus de deux variations de a à b. On comprend qu'en rapprochant ces deux limites, il arrivera que les variations partiront soit une à une, soit deux à deux, ce qui ramènera aux cas traités ci-dessus. Cependant, il se pourrait aussi que pour une valeur de x entre a et b, plusieurs dérivées devinssent nulles, ce qui conduirait à trouver plusieurs zéros successifs dans la série de signes correspondante à quelque nombre intermédiaire inconnu a', comme cela est arrivé p. 96; il disparaîtrait alors 4 ou 6 variations à la fois, indice assuré d'autant d'imaginaires. Ce cas est facile à reconnaître, car ces dérivées ont des facteurs communs, qui égalés à zéro donnent la valeur de x qui produit ces zéros successifs, et met en évidence l'existence des racines imaginaires.

560. Appliquons ces principes à divers exemples :

I. $fx = x^3 - 5x + 3$, $f' = 3x^2 - 5$, $f'' = 6x$, $f''' = 6$.

x	f'''	f''	f'	f	
$x = -3$	+	−	+	−	3 *vari.*
-2	+	−	+	+	2 *vari.*
0	+	0 +	−	+	2 *vari.*
$+1$	+	+	−	−	1 *vari.*
$+2$	+	+	+	+	0 *vari.*

Les trois racines de la proposée sont réelles, entre -3 et -2, 0 et $+1$, 1 et 2. La courbe est représentée fig. 11.

II. $fx = x^3 - 2x - 5$, $f' = 3x^2 - 2$, $f'' = 6x$, $f''' = 6$.

x	f'''	f''	f'	f	
$x = -1$	+	−	+	−	3 *vari.*
0	+	$\overline{0}$ +	−	−	1 *vari.*
$+1$	+	+	+	−	1 *vari.*
$+2$	+	+	+	−	1 *vari.*
$+3$	+	+	+	+	0 *vari.*

Outre la racine réelle qui est entre 2 et 3, on en présume deux entre 0 et — 1; mais celles-ci sont imaginaires, car on trouve pour $x = -1$ que $f' = +1$, $f = -4$, d'où $S_2 = 4$ qui est > 1.

III. $fx = x^5 + x^3 + 2x^2 + 2$, $f' = 5x^4 + 3x^2 + 4x$.

$f'' = 20x^3 + 6x + 4$, $f''' = 60x^2 + 6$, $f^{\text{iv}} = 120x$, $f^{\text{v}} = 120$.

$$
\begin{array}{ccccccc}
 & \text{v} & \text{iv} & ''' & '' & ' & \\
x = -2 \ldots & + & - & + & - & + & - & 5 \text{ vari.} \\
-1 \ldots & + & - & + & - & + & + & 4 \text{ vari.} \\
0 \ldots & + & \overline{0} & + & + & \overline{0} & + & 0 \text{ ou 4 vari.} \\
 & & + & & & + & &
\end{array}
$$

Il existe une racine entre — 1 et — 2 : les autres racines sont toutes quatre imaginaires, d'après la règle des doubles signes. La proposée équivaut à $(x^3 + 2)(x^2 + 1) = 0$.

IV. $fx = x^4 - x^3 + 2x^2 - 6x + 5$, $f' = 4x^3 - 3x^2$ etc.

$$
\begin{array}{ccccc}
 & \text{iv} & ''' & '' & ' \\
x = 0 \ldots & + & - & + & - & + & 4 \text{ vari.} \\
1 \ldots & + & + & + & - & + & 2 \text{ vari.} \\
2 \ldots & + & + & + & + & + & 0 \text{ vari.}
\end{array}
$$

On présume qu'il y a deux racines entre 1 et 2; comme les f et f'' ont même signe +, et que les f' ont des signes contraires, on calcule les sous-tangentes. $x = 1$ donne $S_1 = 1$, nombre égal à l'intervalle 2 — 1; ainsi ces deux racines manquent. Il en faut dire autant entre 0 et 1; car les deux variations sont perdues dès f'', et l'équ. $f''x = 0$ a visiblement ses racines imaginaires.

V. $fx = x^3 - x^2 + 2x - 3$, $f' = 3x^2 - 2x + 2$, etc.

$$
\begin{array}{cccc}
 & ''' & '' & ' \\
x = 0 \ldots & + & - & + & - & 3 \text{ vari.} \\
1 \ldots & + & + & + & - & 1 \text{ vari.} \\
2 \ldots & + & + & + & + & 0 \text{ vari.}
\end{array}
$$

La proposée a une racine entre 1 et 2; quant à celles qu'on doit chercher entre 0 et 1, elles sont imaginaires : on voit en effet que les deux variations sont perdues dès f', et que l'équ. $f'x = 0$ n'a pas de racines réelles. La courbe est celle de la fig. 12.

VI. $fx = x^3 - 3x^2 - 4x + 13$, $f' = 3x^2 - 6x - 4$, etc.

	'''	''	'		
$x = -3$	+	—	+	—	3 *vari.*
-2	+	—	+	+	2 *vari.*
$+2$	+	+	—	+	2 *vari.*
$+3$	+	+	+	+	0 *vari.*

Outre la racine qui est entre — 3 et — 2, on en présume deux entre 2 et 3. On trouve

$x = +2,5\dots + + - -$ 1 *vari.*

Ainsi il y a une racine entre 2 et 2,5, puis une autre entre 2,5 et 3. Comme la supposition $x = 2,5$ qui a mis ces racines en évidence, est due au hasard, voici comment on a dû opérer pour les reconnaître sûrement. Les f et f'' sont positifs pour $x = 2$, et les f' passent du — au + : il s'agit de distinguer quelle est celle des formes de la fig. 20 qui convient à la courbe. On prendra les sous-tangentes aux deux limites,

$x = 2,\ f = 1,\ f' = -4,\ S_1 = \frac{1}{4};\ x = 3,\ f = 1,\ f' = 5,\ -S_2 = -\frac{1}{5}.$

On supposera donc $x = 2\frac{1}{4}$, et $x = 2\frac{4}{5}$. La 1re de ces valeurs donne $f = 0,2$, $f' = -2,3$, $S_1 = \frac{2}{23} = 0,09$, et $x = 2,34$: on tire de la 2e, $f = 0,23$, $f' = 2,72$, $S_2 = 0,08$ et $x = 2,72$. On est donc conduit à prendre un nombre intermédiaire tel que $x = 2,5$.

VII. $fx = x^4 - \frac{4}{3}x^3 + 4x^2 - 4x + 1$

	IV	'''	''	'			
$x = 0$	+	—	+	—	+	1	4 *vari.*
$\frac{1}{3}$	+	— 0 +	+	—	+		2 ou 4 *vari.*
$\frac{2}{3}$	+	+	+	+	—		1 *vari.*
1	+	+	+	+	+		0 *vari.*

Les limites des racines sont 0 et 1 : et comme les quatre variations disparaissent dans cet intervalle, il faut le resserrer. On fait $x = \frac{1}{3}$ et $\frac{2}{3}$. D'une part, on trouve un zéro entre deux +, il y a deux racines imaginaires ; de l'autre on voit qu'il y a une racine entre $\frac{1}{3}$ et $\frac{2}{3}$, puis une entre $\frac{2}{3}$ et 1.

VIII. $fx = x^5 - 6x^3 + 7x^2 - 8x + 7$

		v	iv	'''	''	'		
$x = -4$	....	+	−	+	−	+	−	5 *vari.*
-3	....	+	−	+	−	+	+	4 *vari.*
0	....	+	0 / +	−	+	−	+	4 *vari.*
1	....	+	+	+	−	−	+	2 *vari.*
2	....	+	+	+	+	+	+	0 *vari.*

$fx = 0$ a une racine entre -3 et -4 ; on en présume deux entre 0 et 1, et deux entre 1 et 2. Pour les 1res, comme les deux variations sont perdues à f', on pose $f'x = 0$: or f' et f''' ont des signes contraires quand $x = 1$; l'intervalle doit donc être diminué. On prend $x = \frac{1}{2}$, d'où $f''' = -21$, $f'' = -1\frac{1}{2}$, $f' = -5\frac{3}{16}$, et la différence de signes de f' et f''' n'existe plus. On prend les sous-tangentes pour s'assurer s'il y a deux racines entre 0 et $\frac{1}{2}$; S_1 est $> \frac{1}{2}$, ce qui prouve que ces racines sont imaginaires. Celles de l'équ. $fx = 0$ le sont donc aussi.

Quant aux racines entre 1 et 2, il faut aussi diminuer l'intervalle ; on fait $x = 1\frac{1}{2}$, et comme $f = -1,9\ldots$, tandis que pour $x = 1$ et 2, les résultats sont 1 et 3, on voit qu'il y a une racine entre 1 et $1\frac{1}{2}$, puis une autre entre $1\frac{1}{2}$ et 2.

IX. $fx = 3x^5 - 25x^3 + 90x - 127$

		v	iv	'''	''	'		
$x = -2$	....	+	−	+	−	+	−	5 *vari.*
-1	....	+	−	+	+	+	−	3 *vari.*
$+1$	....	+	+	+	−	+	−	3 *vari.*
$+2$	....	+	+	+	+	+	−	1 *vari.*
$+3$	....	+	+	+	+	+	+	0 *vari.*

On reconnaît l'existence d'une racine entre 2 et 3 ; en faisant $x = 2,5$, il vient $f = 0,34$, $f' = 207,19$, $S = -0,002$, d'où $x = 2,498\ldots$

Quant aux autres racines, elles sont imaginaires. En effet, les variations perdues de 1 à 2, le sont dès f', ce qui conduit à traiter d'abord l'équ. $f'x = 0$. On pose $x = 1,5$, ce qui ne laisse subsister dans f' qu'une seule variation *, et sépare les deux racines réelles.

* L'équation $f'x = 15\,(x^4 - 5x^2 + 6) = 0$, se résout par le second degré, et revient à $(x^2 - 3)\ (x^2 - 2) = 0$; ainsi $x = \pm\sqrt{3} = \pm\, 1,732\ldots$ et $= \pm\sqrt{2} = \pm\, 1,414\ldots$

Il reste à savoir si celles de l'équ. $fx = 0$ sont aussi séparées. On a

		v	iv	'''	''	'		
$x = 1$	....	+	+	+	—	+	—	5 *vari.*
$x = 1,5$	....	+	+	+	—	—	—	1 *vari.*

Les conditions de signes étant remplies, on procède au calcul des sous-tangentes. On trouve $f = 53,59$, $f' = -2,81$, $S_2 = \frac{5359}{281} > 0,5$, ainsi la proposée manque des deux racines entre 1 et 2.

Pour les racines qu'on croit exister entre — 1 et — 2, on est encore conduit à l'équ. $f'x = 0$, qui a deux racines réelles séparées par $x = -1,6$: il vient

		v	iv	'''	''	'		
$x = -2$	....	+	—	+	—	+	—	5 *vari.*
$x = -1,6$	....	+	—	+	—	—	—	3 *vari.*
$x = -1,5$	....	+	—	+	+	—	—	3 *vari.*

les conditions de signes ayant lieu, on calcule la sous-tangente $S_1 = \frac{200}{37} > 0,5$. On remarque que $x = -1,5$ donnent f et f'' de signes contraires, ce qui montre que l'intervalle de — 1,5 à — 2 est trop étendue.

X. $fx = x^6 - 6x^5 + 40x^3 + 60x^2 - x - 1$

		vi	v	iv	'''	''	'		
$x = -1$	....	+	—	+	—	+	—	+	6 *vari.*
$-0,5$	....	+	—	+	+	+	—	+	4 *vari.*
0	....	+	—	0	+	+	—	—	3 *vari.*
1	....	+	0	—	0	+	+	+	2 *vari.*
2	....	+	+	0	—	+	+	+	2 *vari.*
3	....	+	+	+	+	+	+	+	0 *vari.*

Comme en omettant $x = -\frac{1}{2}$, il serait disparu 3 variations de — 1 à 0, il a été nécessaire de prendre cet intermédiaire.

Les résultats zéro n'apprennent rien sur l'existence des imaginaires, parce qu'ils sont entre des signes contraires (p. 96). Il y a une racine entre $-\frac{1}{2}$ et 0, et une entre 0 et 1 ; elles sont $x = -0,13\ldots.$ et $+ 0,12\ldots.$ Venons-en aux quatre autres qu'on présume entre — 1 et $-\frac{1}{2}$; et entre 2 et 3.

Les deux variations sont perdues dès f'', et il faut poser $f''x = 0$: mais on doit s'assurer avant tout si cette équ. a des racines égales, ce qui a lieu en effet, car

$$f'' = 30\ (x^2 - 2x - 2)^2, \quad f''' = 120\ (x - 1)\ (x^2 - 2x - 2).$$

La courbe dont l'équ. est $y = f''x$ touche l'axe au point dont les abscisses sont les racines de l'équ. $x^2 - 2x - 2 = 0$, savoir, $x = 1 \pm \sqrt{3}$ (v. la fig. 22), à cause de ces racines doubles. Si donc on prenait ces valeurs de x pour en déduire la suite de signes de nos fonctions, on trouverait deux zéros successifs, et par conséquent la règle des doubles signes montrerait qu'il disparaît deux variations; quelque voisines que les deux limites soient de ces racines, qui n'étant pas communes avec $f'x = 0$, prouvent que cette dernière équ. n'a pas de racines réelles entre -1 et $-0{,}5$, ni entre 2 et 3 : la proposée est donc aussi dans le même cas.

XI. Pour $x^4 - 4x^3 + x^2 + 6x + 2 = 0$, $f' = 4x^3 - 12x^2$ etc.

		IV	'''	''	'		
$x = -1$	....	+	−	+	−	+	4 *vari.*
0	....	+	−	+	+	+	2 *vari.*
1	....	+	0	−	0	+	2 *vari.*
2	....	+	+	+	−	+	2 *vari.*
3	....	+	+	+	+	+	0 *vari.*

On pense que les racines sont par couples entre 0 et -1, et entre 2 et 3. En cherchant ces dernières, on trouve $S_1 = \frac{2}{6}$, $S_2 = -\frac{2}{12}$; la somme est $\frac{1}{2} < 1$, et on reste dans l'incertitude s'il y a deux racines intermédiaires; on a les racines approchées $x = 2{,}4$ et $2{,}8$. On substitue, et on trouve

$x = 2{,}4$	....	+	+	+	−	5,024	+ 0,0416
2,8	....	+	+	+	+	5,328	+ 0,2976

Ainsi $S_1 = 0{,}01$, $S_2 = -0{,}06$, $x = 2{,}41$ et $2{,}74$. Comme les sous-tangentes décroissent, loin d'augmenter, en approchant du minimum, on reconnaît que les racines sont réelles. On les sépare en prenant une moyenne, telle que

$$x = 2{,}5 \ldots + + + - -$$

ainsi deux racines réelles sont mises en évidence, et on peut procéder à l'approximation. On voit de même que les racines sont aussi réelles entre 0 et -1. La proposée a pour racines

$$x = 1 \pm \sqrt{2} = 1 \pm 1{,}41421\ldots, \text{ et } x = 1 \pm \sqrt{3} = 1 \pm 1{,}73205\ldots$$

Elle équivaut à $(x^2 - 2x - 1)(x^2 - 2x - 2) = 0$;

la courbe $y = fx$ a à peu près la forme de la fig. 13.

561. *Théorème de M. Sturm.* On procède par la méthode du commun diviseur, à la recherche des facteurs égaux de fx (n° 520), avec l'attention de *changer chaque reste de signe* avant de le prendre pour diviseur. Ainsi on divisera fx par $f'x$, puis $f'x$ par le reste changé de signe, etc. On obtiendra de la sorte une suite de polynômes de degrés décroissants, dont chacun est tour à tour dividende et diviseur, tels que *

$$fx,\ f'x, \ldots\ Fx,\ \varphi x,\ \psi x \ldots\ V. \quad . \quad . \quad . \quad . \quad . \quad (M)$$

Chaque terme est le reste, changé de signe, de la division des deux termes qui sont à sa gauche, et V est un nombre.

Qu'on substitue dans tous ces polynômes un nombre a quelconque pour x; et qu'on écrive sur une ligne les signes successifs des résultats obtenus; qu'on en fasse autant pour un autre nombre b, et qu'on place les signes des résultats en correspondance avec les premiers. Il s'agit de démontrer que, si $b > a$, *la seconde suite de signes a perdu autant de variations qu'il y a de racines de l'équ.* $fx = 0$ *entre* a *et* b. Quand les deux séries ont un égal nombre de variations, il n'existe aucune racine entre ces deux nombres.

1° Il a été démontré p. 91, que si l'on fait croître x par degrés insensibles de a vers b, tout polynôme φx donnera des résultats de même signe tant que φx ne sera pas nul; mais si $x = \alpha$ donne $\varphi\alpha = 0$, φx change de signe; tant que $x < \alpha$, le signe de φx est contraire à celui de $\varphi'\alpha$; mais il devient celui de $\varphi'\alpha$ quand $x > \alpha$.

2° *Deux de nos polynômes successifs* (M) *ne peuvent être nuls ensemble*: car trois fonctions successives Fx, φx, ψx, sont l'une dividende, l'autre diviseur, et la 3ᵉ reste changé de signe, savoir,

$$Fx = Q \times \varphi x - \psi x.$$

Or si l'on suppose que $x = \alpha$ donne $\varphi\alpha = \psi\alpha = 0$, on a aussi $F\alpha = 0$, c'est-à-dire que le polynôme Fx qui précède φx devient aussi nul; et ainsi de proche en proche jusqu'à $f'x$ et fx: ainsi fx aurait des facteurs égaux contre l'hypothèse. On voit de même que $F\alpha = \varphi\alpha = 0$ donnerait $\psi\alpha = 0$, et par suite toutes les fonctions seraient nulles, ainsi que V: si $fx = 0$ est supposé dégagé de racines égales, V doit être un nombre constant.

* Le plus long de ces calculs est celui qui donne le reste de la division de fx par $f'x$, et la note de la p. 57 contient une règle qui abrége beaucoup l'opération.

3° *Tout polynôme qui devient nul est placé entre deux résultats de signes contraires ;* car si $\varphi\alpha = 0$, on a $F\alpha = -\psi\alpha$, d'où l'on voit que les trois polynômes deviennent $+\ 0\ -$, ou $-\ 0\ +$. Ainsi lorsqu'on fait croître x de a vers b par valeurs continues, le passage de l'un quelconque de nos polynômes par zéro, ne change pas le nombre des variations, puisque comparant les deux suites avant et après $x = \alpha$, elles sont $+\ -\ -$, et $+\ +\ -$.

Mais examinons ce qui arrive pour le dernier et le 1er polynôme, car ils ne sont pas placés entre deux signes, comme les autres. V est un nombre qui conserve toujours le même signe aux résultats. Quant à fx, nous savons que si $f\alpha = 0$, le signe, qui était contraire à celui de $f'\alpha$ placé à sa droite, devient celui de $f'\alpha$; ainsi une variation s'est changée en permanence.

En continuant de faire croître x par degrés continus, $f'x$ pourra à son tour passer par zéro, et changer de signe, sans pour cela, altérer le nombre des variations, comme on l'a démontré : et dès que fx et $f'x$ se retrouveront avoir des signes contraires, fx pourra de nouveau passer par zéro, reprendre le signe qu'avait d'abord $f'x$, et perdre une nouvelle variation. Et ainsi de suite.

Cela démontre notre théorème, puisque le passage de fx par zéro produit une diminution, chaque fois, dans le nombre des variations, et que c'est le seul de nos polynômes qui amène ce résultat.

Il est d'ailleurs évident qu'on peut, sans changer ces conséquences, multiplier ou diviser l'un de nos polynômes par un *nombre positif;* ces facteurs numériques permettent d'éviter les coefficients fonctionnaires, comme dans la méthode du commun diviseur.

Voici l'usage de ce théorème. Dans tous les polynômes (M), on fera $x = 0$, ce qui donne pour chaque fonction le signe de son dernier terme ; puis $x =$ la limite supérieure l des racines positives ; cette limite donne les signes successifs du 1er terme de chaque polynôme ; attendu qu'elle revient à faire $x = \infty$. On pose ensuite $x = -l'$, limite des racines négatives, laquelle donne les mêmes signes que $x = -\infty$. On comptera les variations de chacune de ces trois suites ; si quelque résultat est zéro, on le remplacera par un $+$, ou un $-$, à volonté, ou on n'en tiendra pas compte; ce qui est indifférent, puisque ce zéro doit se trouver entre deux signes contraires. On conclura de là que la proposée $fx = 0$ a autant de racines négatives qu'on a perdu de variations en passant de $-l$ à 0, et autant de positives qu'on a perdu de variations de 0 à $+l$.

Pour séparer ces racines les unes des autres, on substituera des nombres intermédiaires, qu'on rapprochera jusqu'à ce que les variations disparaissent une à une; et même pour opérer avec plus d'ordre, on substituera d'abord zéro pour x, puis des nombres croissants, tant positifs que négatifs, jusqu'à ce qu'on obtienne les suites de signes que produisent $+\infty$, et $-\infty$, car on aura alors atteint les deux limites, qui se présenteront ainsi d'elles-mêmes.

Prenons pour ex. $fx = x^4 - x^3 + 2x^2 - 6x + 5 = 0$, d'où

$$f' = 4x^3 - 3x^2 + 4x - 6, \quad -13x^2 + 68x - 74,$$

$$-792x + 1141, \quad + 1892293$$

$x = 0$	....	+	−	−	+	+	2 *vari.*
1	....	+	−	−	+	+	2 *vari.*
2	....	+	+	+	−	+	2 *vari.*
4	....	+	+	−	−	+	2 *vari.*

aucune racine n'est donc ni négative, ni > 4 : et comme dans cet intervalle on ne perd aucune variation, les quatre racines sont imaginaires.

Pour $x^5 + x^3 + 2x^2 + 2 = 0$, on a $5x^4 + 3x^2 + 4x$, $-x^3 - 3x^2 - 5$,

$$-16x^2 + 7x - 25, \quad -3x - 19, \quad +6400$$

$x = -4$	....	−	+	+	−	+	+	3 *vari.*
−2	....	−	+	−	−	−	+	3 *vari.*
−1	....	+	+	−	−	−	+	2 *vari.*
−0	....	+	0	−	−	−	+	2 *vari.*
+1	....	+	+	−	−	−	+	2 *vari.*

Il ne peut y avoir de racines qu'entre -4 et $+1$, et comme on ne perd qu'une seule variation, il n'y a qu'une seule racine réelle, qui est entre -1 et -2.

Soit $fx = x^5 - 6x^3 + 7x^2 + 8x + 7$, d'où

$$5x^4 - 18x^2 + 14x - 8, \quad 12x^3 - 21x^2 + 32x - 35, \quad 769x^2 - \text{, etc.}$$

$x = -4$	....	−	+	−	+	+	−	4 *vari.*
−3	....	+	+	−	+	+	−	3 *vari.*
0	....	+	−	−	−	+	−	3 *vari.*
+1	....	+	−	−	−	+	−	3 *vari.*
+2	....	+	+	+	+	−	−	1 *vari.*

Il y a donc une racine entre -3 et -4, deux entre 1 et 2; les autres sont imaginaires.

Pour $fx = x^4 - \frac{4}{3}x^3 + 4x^2 - 4x + 1$, on a

$$5x^3 - x^2 + 2x - 1,\quad -5x^2 + 7x - 2,\quad -54x + 29,\quad -925$$

$x = 0$	+	−	−	+	−	3 *vari.*
$\frac{1}{3}$	+	−	−	+	−	3 *vari.*
$\frac{2}{3}$	−	+	+	−	−	2 *vari.*
1	+	+	0	−	−	1 *vari.*

On a une racine entre $\frac{1}{3}$ et $\frac{2}{3}$, et une entre $\frac{2}{3}$ et 1; les deux autres sont imaginaires.

Enfin $x^4 - x^3 + x^2 + 6x + 2$ donne

$$2x^3 - 6x^2 + x + 3,\quad 5x^2 - 10x - 7,\quad x - 1,\quad +12$$

$x = -1$	+	−	+	−	+	4 *vari.*
0	+	+	−	−	+	2 *vari.*
1	+	0	−	0	+	2 *vari.*
2	+	−	−	+	+	2 *vari.*
3	+	+	+	+	+	0 *vari.*

on a deux racines entre 0 et -1, et deux entre 2 et 3.

Le théorème de M. Sturm est très-remarquable, et doit faire partie des éléments d'algèbre. L'analogie qu'il a avec celui de Fourier est évidente; et les aveux de l'auteur montrent qu'il s'en est servi pour diriger ses recherches. Il reste encore à séparer les unes des autres, celles des racines qui ne sont pas isolées entre les nombres substitués, ce qui exige de nouvelles substitutions intermédiaires. Au reste, cette méthode ne donne aucune ressource pour procéder à cette séparation, ni pour approcher de plus en plus des racines.

562. *Méthode de M. Budan.* Soit fait $x = a + y$ dans l'équ. $fx = 0$; l'inconnue de cette transformée sera $y = x - a$: nous avons donné p. 42 un procédé propre à obtenir facilement cette équation. Soit de même composé des transformées en $x - b$, $x - c, \ldots a, b, c$ étant des nombres quelconques croissants. Observez que ces équ. se déduisent successivement les unes des autres; car soient $b = a + \alpha$, $c = b + \beta \ldots$, vous tirerez de la 1re transformée en y ou $x - a$, celle dont l'inconnue est

$$z = y - \alpha = x - (a + \alpha) = x - b.$$

De même, de cette dernière, vous tirerez celle dont l'inconnue est $t = z - \beta = x - c$, etc.

Admettons d'abord que toutes les racines de $fx = 0$ soient réelles ; le nombre des positives est égal à celui des variations (n° 545) ; il en faut dire autant de chacune de nos transformées. Mais si des racines sont entre 0 et a, elles rendent négatif $y = x - a$; ainsi le nombre des variations de la transformée en $x - a$ sera moindre d'autant d'unités qu'il y a de racines entre 0 et a. Donc si la proposée et sa transformée en $x - a$ ont un égal nombre de variations, il n'y a aucune racine entre 0 et a ; il y en a une seule, si cette transformée perd une variation ; 2, 3, 4.... racines font disparaître 2, 3, 4.... variations. De même pour l'équation en $z = y - \alpha$, autant on aura perdu de variations de l'équ. en y, à celle en z, autant il y aura de racines de y entre 0 et α, c'est-à-dire autant de racines de x entre a et b, puisque $b = a + \alpha$; et ainsi de suite. Quant aux racines négatives, on change x en $-x$ dans $fx = 0$, et on cherche de nouveau les positives.

Cette conséquence n'est plus vraie quand la proposée a des racines imaginaires ; et lorsqu'on perd à la fois deux variations, on ignore si cette perte est due à l'existence de deux racines intermédiaires, ou si ces racines manquent et sont remplacées par deux imaginaires. La perte de trois variations laisse douter s'il y a trois racines ou une seule, etc.

Selon M. Budan, il faudrait alors fractionner l'intervalle pour le resserrer, afin que, s'il existe en effet deux racines intermédiaires, on puisse les séparer ; ce qu'on reconnaîtra par la perte des variations une à une. Si ces racines sont très-rapprochées, qu'elles ne diffèrent par ex. que dans les 2es décimales, ce n'est que lorsque l'intervalle entre les nombres $0, a, b, c, \ldots$ sera d'un centième, qu'on sera certain de les avoir séparées. Non-seulement ces calculs sont pénibles ; mais si les racines qu'on cherche manquent en effet, comme la séparation est impossible, on pousserait fort loin l'approximation, sans avoir jamais la preuve que ces racines n'existent pas, parce qu'elles pourraient être plus rapprochées que le degré d'approximation qu'on a obtenu. Cette objection contre la méthode est insurmontable, si ce n'est dans des cas particuliers pour lesquels M. Budan donne une solution de la difficulté, qui reste d'ailleurs entière dans tous les autres cas. Ainsi cette méthode ne peut être regardée comme satisfaisante.

Voyons maintenant comment l'auteur la fait servir à approcher les racines. De l'équ. $fx = 0$, il tire successivement toutes les transformées en $x-1$, $x-2$, $x-3$,.... par le procédé de la p. 42, jusqu'à ce qu'il arrive à une équ. qui n'ait que des $+$: d'après le nombre de variations perdues, il apprend combien *il peut exister* de racines entre les nombres 0, 1, 2,.... ce qui donne l'entier contenu dans chacune. Si la transformée en $x-a$ a zéro pour dernier terme, $x-a$ est facteur de fx (n° 500); et quand plusieurs derniers termes de cette transformée sont nuls à la fois, la racine a est multiple : ce qui fait connaître toutes les racines entières inégales ou égales. Il reste ensuite à traiter à part le quotient de fx divisé par $x-a$.

Nous désignerons par (0), (1), (2),.... les transformées en $x-0$, $x-1$, $x-2$, etc.

Ainsi pour l'équ. $x^4-6x^3+16x^2-24x+16=0$, on a

(0)	1	-6	$+16$	-24	$+16$
(1)	1	-2	$+4$	-6	$+3$
(2)	1	$+2$	$+4$	0	0

ainsi $(x-2)^2$ divise fx, et comme $(x-1)^2+2(x-1)+4=0$ est le quotient, et que cette équ. a ses racines imaginaires, l'équ. proposée est résolue.

Prenons $x^4-8x^2-16x-12=0$; en nous bornant aux transformées qui perdent des variations et qu'il suffit de traiter, nous avons

	(0)	1	0	-8	-16	-12	1 *vari.*
	(3)	1	$+12$	$+46$	$+44$	-51	1 *vari.*
	(4)	1	$+16$	$+88$	$+176$	$+52$	0 *vari.*
Changeant x en $-x$,	(0)	1	0	-8	$+16$	-12	3 *vari.*
	(1)	1	$+4$	-2	$+4$	-3	3 *vari.*
	(2)	1	$+8$	$+16$	$+16$	$+4$	0 *vari.*

On voit qu'il existe une racine entre 3 et 4, et qu'entre -1 et -2 il peut y en avoir trois, ou peut-être une seule, sans qu'on sache lequel de ces deux cas a lieu.

Dans tous les cas, on connaît donc ainsi la partie entière a de chaque racine; cherchons le chiffre a' des dixièmes, celui a'' des centièmes, etc.; posons

$$x-a=\tfrac{1}{10}x',\quad x'-a'=\tfrac{1}{10}x'',\quad x''-a''=\tfrac{1}{10}x''',\ \text{etc.},$$

d'où
$$x=a+\tfrac{1}{10}a'+\tfrac{1}{100}a''+\tfrac{1}{1000}a'''+\text{etc.}$$

Or a étant l'entier le plus grand contenu dans x, $x - a$ est < 1, d'où $x' < 10$: de même si a' est le plus grand entier contenu dans x', $x' - a'$ est < 1, et $x'' < 10$, et ainsi de suite. D'où l'on voit que les entiers a', a'', a'''.... contenus dans x', x'', x'''.... sont tous < 10, et composent les chiffres décimaux successifs de la valeur de x.

Lorsqu'on aura trouvé la transformée en $x - a$ qui perd une variation, et fait connaître l'entier a de la racine, on composera la transformée en x', qui consiste, d'après l'équ. $x - a = \frac{1}{10} x'$, à multiplier par 10^0, 10^1, 10^2.... les coefficients respectifs de l'équ. en $x - a$. De cette équ. en x', on tirera les transformées en $x' - 1$, $x' - 2$....; celle en $x' - a'$ qui perd une variation (a' étant < 10) donnera le chiffre a' des dixièmes. Multipliant de nouveau les coefficients successifs de l'équ. en $x' - a'$ par 10^0, 10^1, 10^2.... on aura l'équ. en x'', d'où l'on déduira les transformées en $x'' - 1$, $x'' - 2$,.... $x'' - a''$; celle-ci perdant une variation, $a'' < 10$ sera le chiffre des centièmes de la racine : ainsi des autres chiffres.

Observez que si, au lieu d'arrêter le calcul des transformées à celle qui a une variation de moins, on le poussait jusqu'à l'équ. en $x' - 10$, comme $x' - 10 = 10[x - (a + 1)]$, les coefficients de cette transformée seraient les produits par 10^0, 10^1, 10^2.... de ceux de l'équ. en $x - (a + 1)$; ce qui donne un moyen de vérifier l'exactitude des calculs.

Ainsi, dans l'ex. précédent, si l'on supprime les transformées inutiles, on a, pour la racine entre 3 et 4,

équ. en x',	(0)	1	+ 120	+ 4600	+ 44000	− 510000
	(6)	1	+ 144	+ 6976	+ 115024	− 55184
	(7)	1	+ 148	+ 7414	+ 127412	+ 66961
	(10)	1	+ 160	+ 8800	+ 176000	+ 520000

On en conclut que x' est entre 6 et 7, d'où $x = 3,6$. L'équ. (10) étant la même que l'équ. (4) ci-dessus, dont les coefficients sont multipliés par 1, 10, 100, 1000,.... sert à vérifier les calculs. Pour trouver les centièmes de la racine, on reprendrait l'équ. (6), dont on multiplierait les coefficients par les mêmes facteurs, et on aurait l'équ. en x'', etc. C'est ainsi qu'on trouverait $x = 3,64575$....

De même, pour la racine comprise entre -1 et -2, qui est $-1,64575$.... Les deux autres racines sont imaginaires.

Ce mode d'approximation est général ; mais il est long, et moins commode que d'autres, auxquels, pour cette raison, on donne la préférence. C'est aussi celui qu'on emploie pour séparer les racines, quand il s'en trouve plusieurs comprises entre deux entiers successifs : car alors les variations qu'on perdait à la fois dans le passage d'une transformée à la suivante, se trouvent ne disparaître que l'une après l'autre, lorsqu'on atteint au premier des chiffres décimaux qui n'est pas commun à ces racines. C'est ce qu'on voit sur cet exemple :

$$x^4 - 4x^3 + x^2 + 6x + 2 = 0.$$

	(0)	1	−	4	+	1	+	6	+	2	2 *vari.*
	(1)	1		0	−	5		0	+	6	2 *vari.*
	(2)	1	+	4	+	1	−	6	+	2	2 *vari.*
	(3)	1	+	8	+	19	+	12	+	2	0 *vari.*
Changeant x en $-x$,	(0)	1	+	4	+	1	−	6	+	2	2 *vari.*
	(1)	1	+	8	+	19	+	12	+	2	0 *vari.*

Il peut exister deux racines entre 2 et 3, et deux entre 0 et — 1. Pour s'en assurer et approcher de leurs valeurs, on fera $x-2=\frac{1}{10}x'$, pour trouver les racines entre 2 et 3 : il vient

(0)	1	+	40	+	100	−	6000	+	20000	2 *vari.*
(4)	1	+	56	+	676	−	3024	+	416	2 *vari.*
(5)	1	+	60	+	850	−	1500	−	1875	1 *vari.*
(7)	1	+	68	+	1234	−	2152	−	979	1 *vari.*
(8)	1	+	72	+	1444	+	5328	+	2976	0 *vari.*

Il y a donc deux racines de x entre 2 et 3, savoir $x = 2,4\ldots$ et $2,7\ldots$ On poussera l'approximation plus loin, en partant des équ. (4) et (7), et cherchant d'abord les centièmes, puis les millièmes.... on trouvera $x = 2,414\ldots$ et $2,732\ldots$

Pour les racines qu'on présume exister entre 0 et — 1, on prendra l'équ. (0) après avoir changé x en $-x$, et comme par accident, cette équ. est la même que (3), et conduit aux transformées ci-dessus, les fractions décimales sont les mêmes, $x = -0,414\ldots$ et $-0,732\ldots$

Voy. la note qui termine l'algèbre de M. Bourdon.

Racines imaginaires.

568. *Les opérations algébriques faites sur les binômes imaginaires*

$a+b\sqrt{-1}$, $a'+b'\sqrt{-1}$, *conduisent toujours à des résultats de même forme.* En effet :

1° L'addition donne $(a+a')+(b+b')\sqrt{-1}$. La soustraction se fait en changeant a' et b' de signe.

2° Le produit est $(aa'-bb')+(ab+a'b)\sqrt{-1}$.

3° Le quotient $\dfrac{a+b\sqrt{-1}}{a'+b'\sqrt{-1}}=\dfrac{(aa'+bb')+(a'b-ab')\sqrt{-1}}{a'^2+b'^2}$,

en multipliant les deux termes par $a'-b'\sqrt{-1}$.

4° Le développement de $(a+b\sqrt{-1})^m$ s'obtient en faisant $(a+h)^m$, se servant de la formule 6, p. 11, et remplaçant ensuite h par $b\sqrt{-1}$. Or il est évident que les termes alternatifs où h est affecté de puissances impaires sont seuls imaginaires, et tous les autres réels ; car en formant les puissances 1, 2, 3, 4.... de $\sqrt{-1}$, on trouve une période composée des seuls termes $[\sqrt{-1}, -1, -\sqrt{-1}, +1]$ qui se reproduisent indéfiniment. Ainsi le développement a la forme $p+q\sqrt{-1}$.

5° Observez que si m est entier et positif, la série est limitée, et p et q sont des quantités finies : le même calcul est applicable aux cas où m est négatif ou fractionnaire : seulement p et q sont des développements illimités. Toujours b est facteur de q.

6° Ce cas comprend celui des extractions de racines de tous les degrés : comme celui des racines carrées revient fréquemment, nous l'examinerons à part. Pour avoir $\sqrt{(a+b\sqrt{-1})}$, posons

$$k=\sqrt{(a+b\sqrt{-1})}+\sqrt{(a-b\sqrt{-1})},$$
$$l=\sqrt{(a+b\sqrt{-1})}-\sqrt{(a-b\sqrt{-1})},$$

d'où $k^2=2a+2\sqrt{(a^2+b^2)}$, $l^2=2a-2\sqrt{(a^2+b^2)}$;

comme $\sqrt{(a^2+b^2)}>a$, on voit que k^2 est un nombre positif, et l^2 un négatif $-g^2$; ainsi k est réel, et l a la forme $g\sqrt{-1}$. Ainsi en ajoutant ou retranchant les expressions ci-dessus, on a

$$\sqrt{(a\pm b\sqrt{-1})}=\tfrac{1}{2}(k\pm l)=\tfrac{1}{2}k\pm\tfrac{1}{2}g\sqrt{-1}.$$

La forme du binôme n'a donc pas changé. En faisant $a=0$, et $b=1$, on trouve $k^2=2$, $l^2=-2$, d'où

$$\sqrt{\sqrt{-1}}=\tfrac{1}{2}\sqrt{2}+\tfrac{1}{2}\sqrt{2}.\sqrt{-1}=\tfrac{1}{2}\sqrt{2}(1+\sqrt{-1}).$$

7° Lorsqu'on fait $x = a + b\sqrt{-1}$ dans un polynôme rationnel et entier $kx^n + px^{n-1}\ldots$, comme chaque terme se développe et a la forme $k + l\sqrt{-1}$, il s'ensuit que le polynôme a aussi cette même forme *.

8° Les mêmes opérations faites sur 3, 4,... binômes imaginaires conduisent à une conséquence semblable.

II. Soit $x = a + b\sqrt{-1}$ une racine de l'équ. $fx = 0$: si l'on effectue les calculs, le polynôme fx prenant la forme $P + Q\sqrt{-1}$, et le résultat étant $= 0$, il est clair qu'on a $P = 0$ et $Q = 0$, puisque la partie réelle ne peut détruire l'imaginaire. Or si l'on fait $x = a - b\sqrt{-1}$ dans fx, comme Q contient toutes les puissances impaires de b, et qu'il suffit de changer ci-dessus b en $-b$, le résultat sera $P - Q\sqrt{-1}$, et par conséquent $= 0$; ainsi $a - b\sqrt{-1}$ est aussi racine de l'équation, et fx est divisible par $(x-a)^2 + b^2$, produit des deux facteurs du 1er degré. Donc *si une équation* $fx = 0$ *a pour racine* $a + b\sqrt{-1}$, *elle a aussi* $a - b\sqrt{-1}$ *et le polynôme* fx *a le facteur du second degré* $x^2 - 2ax + a^2 + b^2$.

III. Pour former les polynômes P et Q, il suffit de changer i en $b\sqrt{-1}$ dans l'équ. p. 42; et supprimant le facteur b qui est com-

* Pour développer $(a + b\sqrt{-1})^h$, posez

$$a = r\cos t,\quad b = r\sin t,\quad \text{d'où } r^2 = a^2 + b^2,\quad \tang t = \frac{b}{a},$$

relations qui, dans tous les cas, donnent des valeurs réelles pour r et l'angle t; r, ou $\sqrt{(a^2+b^2)}$, est ce qu'on appelle *le module de l'imaginaire* $a + b\sqrt{-1}$. Par un théorème qui sera démontré n° 572, on en tire

$$a \pm b\sqrt{-1} = r(\cos t \pm \sin t \,.\, \sqrt{-1}),$$
$$(a \pm b\sqrt{-1})^h = r^h(\cos ht \pm \sin ht \,.\, \sqrt{-1}).$$

Ainsi $fx = kx^n + px^{n-1} + qx^{n-2}\ldots$ se développe sous la forme $P + Q\sqrt{-1}$, et on a

$$P = kr^n \cos nt + pr^{n-1}\cos(n-1)t + qr^{n-2}\cos(n-2)t\ldots$$
$$Q = kr^n \sin nt + pr^{n-1}\sin(n-1)t + qr^{n-2}\sin(n-2)t\ldots$$

Si $x = a \pm b\sqrt{-1}$ est racine de l'équ. $fx = 0$, on a les équ. $P = 0$ et $Q = 0$, qui sont équivalentes, sous une autre forme, à celles du paragraphe suivant III. Les facteurs du 2e degré de fx sont $x^2 - 2rx\cos t + r^2$.

Lorsque $h = \frac{1}{i}$, on a pour la racine i^e

$$\sqrt[i]{a \pm b\sqrt{-1}} = \sqrt[i]{r}\left(\cos\frac{t}{i} \pm \sin\frac{t}{i} \,.\, \sqrt{-1}\right).$$

mun à tous les termes de Q, les équ. $P = 0$, $Q = 0$, deviennent

$$fa - \frac{b^2}{2} \cdot f''a + \frac{b^4}{2.3.4} \cdot f^{\text{iv}}a - \text{etc.} = 0,$$

$$f'a - \frac{b^2}{2.3} \cdot f'''a + \frac{b^4}{2.3.4.5} \cdot f_{\text{v}}a - \text{etc.} = 0;$$

et même ces équ. feront connaître les racines imaginaires de l'équ. quand a et b^2 seront commensurables ; éliminant b^2, il suffira de traiter l'équ. finale en a par le procédé de la p. 52.

Soit, par ex., l'équ.

$$x^4 - 3x^2 - 12x + 40 = 0;$$

d'où $a^4 - 3a^2 - 12a + 40 - (6a^2 - 3)b^2 + b^4 = 0,$

$$4a^3 - 6a - 12 - 4ab^2 = 0.$$

Éliminant b^2, on a $16a^6 - 24a^4 - 151a^2 - 36 = 0$ pour équ. finale : on obtient les racines commensurables $a = +2$ et -2, d'où $b^2 = 1$ et 4, puis $x = 2 \pm \sqrt{-1}$ et $-2 \pm 2\sqrt{-1}$: la proposée

$$= [(x-2)^2 + 1][(x+2)^2 + 4] = (x^2 - 4x - 5)(x^2 + 4x + 8).$$

Soit encore $x^4 - 4x^3 + 10x^2 - 8x + 16 = 0$, d'où

$$a^4 - 4a^3 + 10a^2 - 8a + 16 - b^2(6a^2 - 12a + 10) + b^4 = 0,$$

$$4a^3 - 12a^2 + 20a - 8 - b^2(4a - 4) = 0;$$

éliminant b^2 ; $-4a^6 + 24a^5 - 68a^4 + 112a^3 - 97a^2 + 34a = 0$, ainsi $a = 0$ et 2, d'où $b^2 = 2$ et 4 ; ainsi la proposée revient à $(x^2 + 2)(x^2 - 4x + 8) = 0$.

Quand l'équ. finale en a n'a pas de racine commensurable, cette théorie ne fait connaître a et b que par approximation.

564. Mais il reste à démontrer que *toutes les racines imaginaires ont la forme* $x = a \pm b\sqrt{-1}$, et même que *toute équ. a une racine*. C'est à peu près ainsi qu'il suit que Legendre prouve ces théorèmes (*Théorie des nombres*, I, p. 175).

I. Si l'on change x en $x + h$ dans un polynôme fx, le développement est $fx + hf'x + \frac{1}{2}h^2, f''x \ldots\ldots$; posant ensuite $x = a + b\sqrt{-1}$, fx prend la forme $c + d\sqrt{-1}$, expression qui n'est pas nulle, parce que nous ne supposons pas que $a+b\sqrt{-1}$ soit racine de l'équ. $fx=0$. De même, $f'x$, $f''x$,.... prennent la forme $c'+d'\sqrt{-1}$, etc. : seulement quelques-unes de ces dernières expressions peuvent être nulles. Admettons que i soit la plus basse des puissances de h dont le coefficient n'est pas nul, en sorte que fx devienne, pour $x=a+b\sqrt{-1}+h$,

$$(c+d\sqrt{-1})+h^i(c'+d'\sqrt{-1})+h^{i+1}(c''+d''\sqrt{-1})\ldots\ldots$$
$$=P+Q\sqrt{-1},$$

d'où
$$P=c+c'\alpha^i z^i+c''\alpha^{i+1}z^{i+1}\ldots\ldots=0,$$
$$Q=d+d'\alpha^i z^i+d''\alpha^{i+1}z^{i+1}\ldots\ldots=0.$$

Nous remplaçons ici h par αz, et nous supposons que .... $x=a+b\sqrt{-1}+\alpha z$, soit racine de l'équ. $fx=0$. Il est évident que ces deux équ. $P=0$, $Q=0$, qui expriment cette condition, reviennent à $P^2+Q^2=0$, puisque cette équation ne peut subsister sans reproduire les précédentes. Développant les carrés de P et Q, il vient

$$P^2+Q^2=(c^2+d^2)+2(cc'+dd')\alpha^i z^i+\text{etc.}$$

Comme on peut prendre α aussi petit qu'on veut, le terme en $\alpha^i z^i$ donne son signe (n° 513) à la somme de tous les termes qui suivent c^2+d^2 ; et prenant $z^i=+1$, ou -1, selon les cas, pour donner au 2ᵉ terme un signe contraire à celui du 1ᵉʳ, la somme P^2+Q^2 est $<c^2+d^2$.

Il est vrai que $cc'+dd'$ pourrait être nul ; mais alors on ferait $z^i=\pm\sqrt{-1}$; car $P+Q\sqrt{-1}$ deviendrait alors

$$c+d\sqrt{-1}\pm(c'+d'\sqrt{-1})\alpha^i\sqrt{-1}+\text{etc.}$$

d'où
$$P=c\mp d'\alpha^i\text{ etc.},\quad Q=d\pm c'\alpha^i\text{ etc.},$$
$$P^2+Q^2=c^2+d^2\mp 2(cd'-c'd)\alpha^i+\ldots.$$

ainsi on a encore $P^2+Q^2<c^2+d^2$, pour de petites valeurs de α, en prenant ici le signe contraire à celui de $cd'-c'd$.

On ne pourrait d'ailleurs avoir $cd'-c'd=0$, et $cc'+dd'=0$; car la somme des carrés de ces équ. revient à $(c^2+d^2)(c'^2+d'^2)=0$, ce qui supposerait, contre l'hypothèse, que c et d, où c' et d' sont nuls ensemble.

II. Quant à l'équ. $z^i=\pm 1$, ou $\pm\sqrt{-1}$, il est aisé de la résoudre.

1° Pour $z^i = 1$, on a $z = 1$.

2° Pour $z^i = -1$, on a $z = -1$, quand i est impair.

Si $i = 2k$ est double d'un nombre impair k, $z^{2k} = -1$; on pose $z^2 = t$, d'où $t^k = -1$, et $t = -1 = z^2$, puis $z = \pm\sqrt{-1}$.

Si $i = 4k$, $z^{4k} = -1$ donne $t^{2k} = -1$, puis $t = \pm\sqrt{-1} = z^2$; donc $z = \pm\sqrt{(\pm\sqrt{-1})}$ expression qu'on sait mettre sous la forme $\alpha + \beta\sqrt{-1}$ (n° 563, 6°).

Pour $i = 8k$, $z^{8k} = -1$ donne $t = \alpha + \beta\sqrt{-1} = z^2$, et extrayant la racine, z prend la forme $\alpha' + \beta'\sqrt{-1}$, et ainsi de suite.

3° Quant aux équ. $z^i = \pm\sqrt{-1}$, soit v l'une des racines, v^2 le sera de $z^{2i} = -1$, équation qu'on sait résoudre, et qui donne $z = \alpha + \beta\sqrt{-1} = v^2$; ainsi v a encore la forme $\alpha' + \beta'\sqrt{-1}$.

III. Il est donc démontré, dans toute équ. $fx = 0$, même quand les coefficients sont imaginaires, que si l'on pose $x = a + b\sqrt{-1}$, ce qui donne $c + d\sqrt{-1}$, on sait corriger l'hypothèse en faisant $x = a + b\sqrt{-1} + \alpha z$, de manière à obtenir un développement $P + Q\sqrt{-1}$, dans lequel on a $P^2 + Q^2 < c^2 + d^2$. Partant ensuite de cette valeur corrigée de x, on en formera une seconde, par le même procédé, où $P^2 + Q^2$ aura diminué, et cela indéfiniment. Et comme ce binôme est essentiellement positif et décroissant, on le rendra ainsi autant qu'on voudra voisin de zéro ; c'est-à-dire qu'on est assuré qu'il existe une valeur $x = A + B\sqrt{-1}$ qui donnera $P + Q\sqrt{-1}$, et $P^2 + Q^2 = 0$, d'où P et $Q = 0$. 1° *L'équation* $fx = 0$ *a donc toujours une racine de la forme* $a + b\sqrt{-1}$, *et par suite une* 2e, $a - b\sqrt{-1}$, *et un facteur réel du* 2e *degré* $(x - a)^2 + b^2$: *cependant si* $b = 0$, *la racine est réelle et n'a plus sa conjuguée.*

2° *Toute équ. de degré pair est décomposable en facteurs réels du* 2e *degré ; il en est de même des équ. de degré impair, mais il y a en outre un facteur binôme du* 1er *degré.*

3° *Les racines imaginaires des équ. sont toujours conjuguées sous la forme* $a \pm b\sqrt{-1}$; *et toute fonction imaginaire est réductible à cette forme ;* car en égalant cette fonction à z, on pourra, par des transpositions et élévations de puissances, chasser de cette équ. tous les radicaux (n° 577), et arriver à une équ. $fz = 0$, qui a pour racines les valeurs de la fonction proposée, racines dont la forme est $a \pm b\sqrt{-1}$.

565. La théorie qu'on vient d'exposer, permet d'approcher des racines imaginaires de l'équ. $fx = 0$; car posant $x = a + b\sqrt{-1}$

où a et b sont des nombres réels quelconques qu'il convient de prendre entre les limites connues des racines réelles, fx deviendra $c + d\sqrt{-1}$, etc. Soit y une quantité très-petite par rapport à $\sqrt{(a^2 + b^2)}$; faisons $x = a + b\sqrt{-1} + y$; nous aurons, en négligeant les puissances de y supérieures à la plus basse i,

$$f(a + b\sqrt{-1} + y) = c + d\sqrt{-1} + y^i(c' + d'\sqrt{-1}) + \text{etc.} \quad (1)$$

posons $$y^i(c' + d'\sqrt{-1}) = -m(c + d\sqrt{-1}),$$

d'où $$y^i = -m.\frac{c + d\sqrt{-1}}{c' + d'\sqrt{-1}} = -m\frac{cc' + dd'}{c'^2 + d'^2} + m\sqrt{-1}.\frac{cd' - c'd}{c'^2 + d'^2} \quad (2)$$

et $$fx = (1 - m)(c + d\sqrt{-1}) + \text{etc.} \quad . \quad . \quad . \quad (3)$$

m désigne ici une fraction positive dont la valeur arbitraire sera telle que y soit contenu plusieurs fois dans $a + b\sqrt{-1}$. Le premier terme de la valeur (3) de fx étant ainsi rendu plus petit, la tendance de fx vers 0 est accrue, et la marche de l'approximation est évidente. Le choix du nombre m laisse beaucoup de latitude, et quand la racine sera suffisamment approchée, on pourra faire $m = 1$.

Soit, par ex., l'équation $fx = x^3 + 2x^2 - 3x + 2 = 0$; prenons $x = \frac{1}{2}(1 + \sqrt{-1})$, d'où $fx = \frac{1}{4}(1 - \sqrt{-1})$; on posera

$$x = \tfrac{1}{2} + \tfrac{1}{2}\sqrt{-1} + y, \text{ avec } m = 1,$$

d'où, $\frac{1}{4} - \frac{1}{4}\sqrt{-1} - y(1 - \frac{7}{2}\sqrt{-1}) = 0$, $y = 0{,}09 + 0{,}05\sqrt{-1}$

ainsi, $x = 0{,}59 + 0{,}55\sqrt{-1}$, 1re approximation;

ensuite, $-0{,}0009 + 0{,}056\sqrt{-1} - y(-0{,}5032 + 4{,}047\sqrt{-1})$

puis, $$y = -\frac{0{,}2271 - 0{,}0245\sqrt{-1}}{16{,}6302} = -0{,}0137 + 0{,}0015\sqrt{-1}$$

et $x = 0{,}5763 + 0{,}5515\sqrt{-1}$, et ainsi de suite.

Ces calculs sont plus aisés en se servant de la transformation indiquée dans la note p. 116; d'où l'on tire les expressions (1) et (2) : et ensuite, quand $i = 1$, ce qui est le cas le plus ordinaire, (2) est la valeur de la correction y. Mais quand $i > 1$, on doit extraire une racine de degré i, ce qu'on fait, ainsi qu'il est expliqué dans la note citée.

CHAPITRE III.

RÉSOLUTION D'ÉQUATIONS PARTICULIÈRES.

Abaissement des Équations.

566. *On peut abaisser le degré d'une équ.* $fx = 0$, *quand on connaît une relation* $\varphi(a, b) = 0$ *entre deux de ses racines* a *et* b. Car mettons a et b pour x dans fx, nous aurons ces trois équations $\varphi(a, b) = 0$, $fa = 0$, $fb = 0$; éliminant b entre la 1re et la 3e, on a un dernier diviseur $F(a, b)$, et une équ. finale en a seul, qui doit coexister avec $fa = 0$, et avoir avec elle un commun diviseur en a; égalant ce diviseur à zéro, on trouve a; ensuite $F(a, b) = 0$ donne b. Si ce diviseur n'existait pas, la relation donnée $\varphi(a, b) = 0$ n'existerait pas.

Si l'on sait, par ex., que deux des racines x et a de l'équation $x^3 - 37x = 84$, sont telles qu'on a $1 = a + 2x$; éliminant a de $a^3 - 37a = 84$, on trouve $2x^3 - 3x^2 - 17x + 30 = 0$, qui doit avoir un commun diviseur avec la proposée. En effet, ce facteur est $x + 3$, d'où $x = -3$, puis $a = 1 - 2x = 7$; ce sont les deux racines ; la 3e est $x = -4$.

Soit $x^3 - 7x + 6 = 0$; si l'on donne encore $1 = a + 2x$, on élimine a de $a^3 - 7a + 6 = 0$, et on a $(2x^2 - 3x - 2)\, 4x = 0$, dont $x - 2$ est le commun diviseur avec la proposée; donc $x = 2$, $a = -3$; enfin $x = 1$.

Supposons qu'on sache que 2 est la somme de deux des racines de l'équ. $x^4 - 2x^3 - 9x^2 + 22x = 22$; comme d'ailleurs $+2$ est la somme des quatre racines, les deux autres ont zéro pour somme, $a = -x$; substituant dans $a^4 - 2a^3 \ldots = 0$, on tombe sur la proposée où les signes alternatifs sont changés $x^4 + 2x^3 - 9x^2 \ldots$ ajoutant et retranchant ces deux équ. en x, il vient

$$x^4 - 9x^2 - 22 = 0, \quad 2x^3 - 22x = 0;$$

$x^2 - 11$ est facteur commun; ainsi $x = \pm\sqrt{11}$, et par suite

$$x = 1 \pm \sqrt{-1}.$$

567. Les *équ. réciproques* sont celles dont les termes à égale dis-

tance des extrêmes, ont même coefficient ;

$$fx = kx^n + px^{n-1} + qx^{n-2} \ldots + qx^2 + px + k = 0 ; \ldots \quad (1)$$

si α est l'une des racines, $\frac{1}{\alpha}$ l'est aussi, parce qu'en substituant ces deux valeurs et chassant les dénominateurs, on obtient des résultats identiques. *Les racines s'accouplent deux à deux par valeurs réciproques ;* de là, le nom qu'on donne à ces équ. On exprime analytiquement cette propriété par l'équ.

$$fx = x^n f\left(\frac{1}{x}\right).$$

1er CAS, *degré impair*. $n + 1$ qui est le nombre des termes de l'équ. (1) est pair, et le coefficient P du terme moyen se répète : il est visible que $x = -1$ satisfait à l'équ. Ainsi -1 est la seule racine qui ne s'accouple pas avec une réciproque, parce qu'elle est elle-même sa réciproque. On divisera $fx = 0$ par $x + 1$ (procédé p. 37), et désignant le quotient par $Fx = 0$, cette équ. d'ordre pair sera réciproque, puisque ses racines sont réciproques. C'est au reste ce qu'on démontre directement ; car si l'on change x en $\frac{1}{x}$ dans l'équ. identique $fx = (x + 1)\, Fx$, et si l'on multiplie par x^n, on sait que le 1er membre restera fx ; ainsi

$$x = \left(\frac{1}{x} + 1\right) x^n F\left(\frac{1}{x}\right) = (x + 1)\, x^{n-1} F\left(\frac{1}{x}\right) :$$

égalant ces deux valeurs de fx, on a $Fx = x^{n-1} F\left(\frac{1}{x}\right)$, ce qui est le caractère propre aux équ. réciproques. Soit

$$3x^9 - 10x^8 + 2x^7 + 13x^6 - 8x^5 - 8x^4 + 13x^3 \text{ etc.} + 3 = 0$$

on a $$3x^8 - 13x^7 + 15x^6 - 2x^5 - 6x^4 - 2x^3 \text{ etc.} + 3 = 0$$

2e CAS, *degré pair*. Le coefficient moyen P ne se répète pas. Changeons n en $2m$ dans l'équ. (1), et divisons par x^m ; puis réunissons les termes à coefficients égaux,

$$k\,(x^m + x^{-m}) + p\,(x^{m-1} + x^{-(m-1)}) + q\,(x^{m-2} \ldots + P = 0 \ldots (2)$$

posons $z = x + x^{-1}$; une fois qu'on aura formé et résolu la transformée en z, on aura x par

$$x = \tfrac{1}{2} z \pm \sqrt{(\tfrac{1}{4} z^2 - 1)}. \quad . \quad . \quad . \quad . \quad . \quad (3)$$

Or, pour éliminer x, nous avons visiblement

$$(x^{i-1} + x^{-(i-1)})(x + x^{-1}) = x^i + x^{-i} + x^{i-2} + x^{-(i-2)};$$

d'où $\quad x^i + x^{-i} = (x^{i-1} + x^{-(i-1)}) z - (x^{i-2} + x^{-(i-2)})$.

Faisons successivement $i = 2, 3, 4 \ldots$, il vient

$$x^2 + x^{-2} = z^2 - 2 \quad , \quad x^3 + x^{-3} = z^3 - 3z,$$
$$x^4 + x^{-4} = z^4 - 4z^2 + 2, \quad x^5 + x^{-5} = z^5 - 5z^3 + 5z,$$
$$x^6 + x^{-6} = z^6 - 6z^4 + 9z^2 - 2, \text{ etc.}$$

En général, chacune de ces expressions est la somme des deux pré cédentes multipliées par z et par -1. On peut en déduire l'équ. générale

$$x + x^{-i} = z^i - iz^{i-2} + \frac{i(i-3)}{2} z^{i-4} - \frac{i(i-4)(i-5)}{2.3} z^{i-6}$$
$$+ \frac{i(i-5)(i-6)(i-7)}{2.3.4} z^{i-8}, \text{ etc.} \quad . \quad . \quad . \quad (4)$$

Un terme quelconque T se tire de celui S qui le précède par la relation $T = -\dfrac{(i-2h+1)(i-2h+2)}{h(i-h)z^2} S$, h désignant le nombre de termes antérieurs à T. Nous ne démontrons pas cette théorie qui repose sur les mêmes principes que les séries de sin. et cos. d'arcs multiples (*voy.* n° 634).

Notre ex. ci-devant traité $3x^8 - 13x^7 \ldots$ devient

$$3(x^4 + x^{-4}) - 13(x^3 + x^{-3} + 15(x^2 + x^{-2}) - 2(x + x^{-1}) - 6 = 0,$$

d'où $\quad 3z^4 - 13z^3 + 3z^2 + 37z - 30 = 0$

et $z = 1, 2, 3$ et $-\frac{5}{3}$; puis $x = 1 \pm 0$, $\frac{1}{2}(3 \pm \sqrt{5})$ et $-\frac{1}{6}(5 \pm \sqrt{-11})$.

L'équ. proposée du 9e degré revient donc à

$$(x+1)(x-1)^2(x^2 - x + 1)(3x^2 + 5x + 3) = 0.$$

L'équ. $2x^8 - 11x^7 + 27x^6 - 43x^5 + 50x^4 - 43x^3 \ldots + 2 = 0$

donne $\quad 2z^4 - 11z^3 + 19z^2 - 10z = 0,$

et $z=0, \frac{5}{2}$, 2 et 1 ; puis $x=\pm\sqrt{-1}, 1\pm 0, \frac{1}{2}(1\pm\sqrt{-3})$, 2 et $\frac{1}{2}$; donc on a $(x^2+1)(x-1)^2(x^2-x+1)(x-2)(2x-1)=0$.

De même, l'équ.

$$x^9+x^8-9x^7+3x^6-8x^5-8x^4+3x^3\ldots+1=0$$

donne $x^8-9x^6+12x^5-20x^4+12x^3-9x^2+1=0$;

d'où $(x^4+x^{-4})-9(x^2+x^{-2})+12(x+x^{-1})=20$;

d'où $z^4-13z^2+12z=0$, et $z=0, 1, 3$ et -4, ainsi $x=\pm\sqrt{-1}$, $\frac{1}{2}(1\pm\sqrt{-3}), \frac{1}{2}(3\pm\sqrt{5})$ et $-2\pm\sqrt{3}$. L'équ. du 9ᵉ degré revient donc à

$$(x+1)(x^2+1)(x^2-x+1)(x^2-3x+1)(x^2+4x+1)=0.$$

Équations à deux termes, racines de l'unité.

568. Résolvons l'équ. $Ax^n=B$; A et B étant positifs. Soit k la racine n^e de $\frac{B}{A}$; $k^n=\frac{B}{A}$; mettant Ak^n pour B, on a $x^n-k^n=0$; faisant $x=ky$, il reste à résoudre l'équ. $y^n-1=0$, et à multiplier par k toutes les valeurs de y. *Tout nombre a donc* n *valeurs différentes pour sa racine* nᵉ; *on les obtient en multipliant sa racine arithmétique par les* n *racines de l'unité.*

L'équ. $Ax^n+B=0$, par le même calcul se ramène à $x^n+k^n=0$, puis à $y^n+1=0$.

Comme l'équ. $y^n-1=0$ est satisfaite par $y=1$, divisons-la par $y-1$; nous trouvons cette équ. réciproque, susceptible d'être abaissée (nº 567),

$$y^{n-1}+y^{n-2}+y^{n-3}\ldots+y+1=0. \quad . \quad . \quad . \quad (1)$$

Si n est impair comme $y^n-1=0$ ne peut avoir de racines négatives, et que l'équ. (1) n'en a pas de positives, la proposée n'a qu'une racine réelle.

Si n est pair, $y^n-1=0$ est satisfaite par $y=\pm 1$, et divisible par y^2-1 ; d'où $y^{n-2}+y^{n-4}\ldots+y^2+1=0$ (nº 567). Comme il n'y a dans cette équation que des exposants pairs et des termes positifs, il n'y a ni racines positives, ni négatives ; la proposée n'a donc d'autres racines réelles que $y=\pm 1$. Soit $n=2m$; on a

$y^{2m} - 1 = (y^m - 1)(y^m + 1)$; et l'équ. proposée se partage en deux autres.

Par ex., $y^3 - 1 = 0$ donne $y^2 + y + 1 = 0$; d'où

$$y = 1, \quad y = -\tfrac{1}{2}(1 \pm \sqrt{-3}).$$

De même, $x^4 - k^4 = 0$ donne $y^4 - 1 = 0$; divisant par $y^2 - 1$, on trouve $y^2 + 1 = 0$; de là $y = \pm 1$, et $\pm \sqrt{-1}$; enfin $x = \pm k$, et $\pm k\sqrt{-1}$.

569. Soit α l'une des racines de l'équ. $y^n - 1 = 0$; comme $\alpha^n = 1$, on a $\alpha^{np} = 1$, quel que soit l'entier p, positif ou négatif. L'équ. $y^n - 1 = 0$ est donc satisfaite par $y = \alpha^p$; c'est-à-dire que *si α est racine, α^p l'est aussi.* De là cette suite infinie de nombres qui sont tous racines :

$$\ldots \alpha^{-4},\ \alpha^{-3},\ \alpha^{-2},\ \alpha^{-1},\ \alpha^0,\ \alpha^1,\ \alpha^2,\ \alpha^3 \ldots \quad (2)$$

1° Si l'on prend $p > n$, en divisant par n, p a la forme $nq + i$, i étant $< n$; $\alpha^p = \alpha^{nq+i} = \alpha^{nq} \times \alpha^i = \alpha^i$, à cause de $\alpha^{nq} = 1$. Ainsi dès que p dépasse n, on retombe sur les mêmes valeurs, dans le même ordre : de là cette période

$$(\alpha^1,\ \alpha^2,\ \alpha^3 \ldots \alpha^n). \quad (3)$$

2° Si p est négatif, on a $\alpha^{-p} = \alpha^{n-p} = \alpha^{2n-p} = \ldots$ à cause de $\alpha^n = 1$; l'exposant $-p$ peut donc être remplacé par $nk - p$. D'où l'on voit que les exposants négatifs reproduisent encore les mêmes nombres que les positifs, et dans le même ordre.

Les valeurs (2) sont donc telles, que si l'on en prend une quelconque, et les n − 1 *qui la suivent ou la précèdent, on a une période qui se reproduit indéfiniment dans les deux sens.* En outre, l'équ. $\alpha^p = \alpha^q$ est satisfaite non-seulement par $p = q$, mais encore par des valeurs de α qui supposent p et q inégaux; car, divisons par α^q, il vient $\alpha^{p-q} - 1 = 0$. Il suffit donc, pour que $\alpha^p = \alpha^q$, que α soit racine de l'équ. $y^{p-q} - 1 = 0$.

570. Il reste à savoir si les n termes de la période (3) sont en effet inégaux. Examinons s'il se peut que $\alpha^p = \alpha^q$, p et q étant $< n$; il faut que α, déjà racine de l'équ. $y^n - 1 = 0$, le soit aussi de $y^m - 1 = 0$, en faisant $p - q = m$; ce qui suppose que ces équ. ont un commun diviseur qui, égalé à zéro, donnera α. Cherchons ce facteur par la méthode accoutumée (n° 102). On divise d'abord

$y^n - 1$ par $y^m - 1$, ce qui conduit aux restes, $y^{n-m} - 1$, $y^{n-2m} - 1 \ldots$, enfin $y^i - 1$, i étant l'excès de n sur les multiples de m, qui y sont contenus. Ensuite on divise $y^m - 1$ par ce reste $y^i - 1$, qui donne le reste $y^l - 1$, l étant l'excès de m sur le plus grand multiple de i, etc.; en un mot, on procède comme pour trouver le facteur commun entre n et m.

1° *Si* n *est un nombre premier*, le commun diviseur entre n et m est 1, et celui de $y^n - 1$ et $y^m - 1$ est $y - 1$; donc il n'y a que $\alpha = 1$ qui puisse rendre $\alpha^p = \alpha^q$; *tous les termes* de la période *sont inégaux*; une seule racine imaginaire α donne, par ses puissances, $\alpha^2, \alpha^3 \ldots \alpha^n$ ou 1, toutes les autres racines.

2° *Si* n *est le produit de deux facteurs premiers* l *et* h, $n = lh$; posons les équ. $y^l - 1 = 0$, $y^h - 1 = 0$, et soient β et γ des racines autres que $+1$, savoir, $\beta^l = 1$, $\gamma^h = 1$; d'où $\beta^{lh} = \gamma^{lh} = (\beta\gamma)^{lh} = 1$. Puisque β^n, γ^n et $(\beta\gamma)^n$ sont $= 1$, β, γ, et $(\beta\gamma)$ sont racines de $y^n - 1 = 0$; $(\beta, \beta^2 \ldots \beta^l)$ forment l nombres différents, qui se reproduisent périodiquement (n° 569); ainsi les n puissances de β ne forment que l nombres distincts, qui, dans $(\beta, \beta^2 \ldots \beta^n)$, reviennent h fois. De même $(\gamma, \gamma^2 \ldots \gamma^n)$ forment l périodes de h termes.

Mais $(\beta\gamma, \beta^2\gamma^2, \beta^3\gamma^3 \ldots \beta^n\gamma^n)$ sont différents et constituent la période des n racines cherchées. En effet, pour qu'on eût $(\beta\gamma)^p = (\beta\gamma)^q$, ou $(\beta\gamma)^{p-q} - 1 = 0$, il faudrait que $\beta\gamma$ fût racine commune à $y^{p-q} - 1 = 0$ et $y^n - 1 = 0$, équ. qui ne peuvent avoir pour facteurs que $y^l - 1$ ou $y^h - 1$, puisque $n = lh$. Donc on aurait $\beta^l\gamma^l = 1$; d'où $\gamma^l = 1$, à cause de $\beta^l = 1$; et comme aussi $\gamma^h = 1$, l et h auraient un facteur autre que un, contre l'hypothèse. Concluons de là que si l'on prend $\alpha = \beta\gamma$, le période sera $(\alpha, \alpha^2, \alpha^3 \ldots \alpha^n)$, formée de n termes différents.

On peut abaisser l'exposant p de $\beta^p\gamma^p$ au-dessous de l pour β, de h pour γ, puisque $\beta^l = \gamma^h = 1$, et l'on peut ôter de p tous les multiples de l ou h. Ainsi, $\beta^b\gamma^c$ représente tous les termes de la période, b et c étant les restes de la division de p par l et h. Donc, pour obtenir toutes les racines de $y^n - 1 = 0$, on cherchera β et γ, c'est-à-dire l'une des racines, autre que $+1$, des équ. $y^l - 1 = 0$, $y^h - 1 = 0$; puis on formera $\beta^b\gamma^c$, en prenant pour b et c toutes les combinaisons des nombres de 1 à l pour b, de 1 à h pour c.

Lorsque $l = 2$, on fait $\beta = -1$.

Quand n est le produit lhi de trois nombres premiers, on prouve de même qu'il faut poser $y^l - 1 = 0$, $y^h - 1 = 0$, $y^i - 1 = 0$; tirer de chacune une racine autre que $+1$; faire le produit de ces racines $\beta\gamma\delta$; enfin, en prendre les puissances, toutes comprises dans la forme $\beta^b\gamma^c\delta^d$, b, c, et d étant les combinaisons des nombres 1, 2, 3,.... jusqu'à l, h et i; et ainsi des autres cas.

3° Lorsque l'exposant n est de la forme h^k, h étant un nombre premier, on raisonnera comme dans l'ex. suivant.

$y^{81} - 1 = 0$, où $81 = 3^4$. Posez $y^3 - 1 = 0$, et soit θ une racine imaginaire de cette équ.; extrayez-en les racines 1, 3, 9 et 27, savoir, θ, $\sqrt[3]{\theta}$, $\sqrt[9]{\theta}$, $\sqrt[27]{\theta}$; ce seront autant de solutions de la proposée, puisque les puissances 81es sont des puissances de θ^3, qui $= 1$: le produit $\theta \cdot \sqrt[3]{\theta} \cdot \sqrt[9]{\theta} \cdot \sqrt[27]{\theta} = \alpha$ est aussi racine de y, par la même raison. Or, α, α^2, α^3.... α^{81} sont des quantités toutes différentes, puisque sans cela α serait une racine commune à $y^{81} - 1 = 0$ et $y^i - 1 = 0$, ce qui suppose entre ces équ. un facteur commun, qui ne peut être que $y^3 - 1 = 0$; ainsi α serait racine de celle-ci, $\alpha^3 = 1$, ou $\theta^3 \cdot \theta \cdot \sqrt[3]{\theta} \cdot \sqrt[9]{\theta} = 1$; élevant à la puissance 9, il vient $\theta = 1$ contre l'hypothèse. Ainsi α, α^2, α^3.... α^{81} sont les 81 racines de la proposée.

En général, pour résoudre $y^n - 1 = 0$ lorsque $n = h^k$, posez $y^h - 1 = 0$; θ étant l'une des racines autre que $+1$, extrayez de θ diverses racines dont les degrés i sont marqués par $i = h^0\, h^1\, h^2 \ldots h^{k-1}$, en sorte que vous formiez les k résultats β, γ.... désignés par $\sqrt[i]{\theta}$; ils seront tous des racines de $y^n - 1 = 0$, aussi bien que leur produit $\alpha = \beta\gamma\delta\ldots$ et les termes α, α^2.... α^n, tous différents, constitueront les n racines cherchées.

On voit de même que si $n = h^k l^i$, il faut résoudre $y^h - 1 = 0$ et $y^l - 1 = 0$, multiplier entre elles toutes les racines de ces équ., et faire ce produit $= \alpha$.

Soient β et γ des racines, autres que $+1$, de chaque équ.; qu'on fasse

$$\beta' = \sqrt[h]{\beta},\quad \beta'' = \sqrt[h]{\beta'},\quad \beta''' = \sqrt[h]{\beta''}\ldots\quad \gamma' = \sqrt[l]{\gamma},\quad \gamma'' = \sqrt[l]{\gamma'}\ldots,$$

on aura $$\alpha = \beta\beta'\beta''\ldots \times \gamma\gamma'\gamma''\ldots$$

Soit, par ex., $y^6 - 1 = 0$; on traite $y^2 - 1 = 0$ et $y^3 - 1 = 0$,

d'où $$\beta = -1,\quad \gamma = -\tfrac{1}{2}(1 + \sqrt{-3});$$

puis,

$$\alpha = \tfrac{1}{2}(1 + \sqrt{-3}),\quad \alpha^2 = \tfrac{1}{2}(-1 + \sqrt{-3}),\quad \alpha^3 = -1,\ \text{etc.},$$

et $\quad y = \pm 1,\quad \tfrac{1}{2}(1 \pm \sqrt{-3}),\quad -\tfrac{1}{2}(1 \pm \sqrt{-3}).$

Pour $y^{12} - 1 = 0$, faites $y^4 - 1 = 0$ et $y^3 - 1 = 0$; pour la 1re équ., prenez -1 et $\sqrt{-1}$, leur produit $-\sqrt{-1} = \beta$; γ est le même que ci-dessus, et l'on a

$$\alpha = \tfrac{1}{2}(\sqrt{-1} - \sqrt{3}),\quad \alpha^2 = \tfrac{1}{2}(1 - \sqrt{-3}),\quad \alpha^3 = \sqrt{-1},\ \text{etc.};$$

d'où $y = \pm 1,\ \pm\sqrt{-1},\ \pm\tfrac{1}{2}(1 \pm \sqrt{-3}),\ \pm\tfrac{1}{2}(\sqrt{-1} \pm \sqrt{3}).$

571. Puisque $y = \alpha, \alpha^2, \alpha^3, \ldots$ l'équ. (1) (no 568) donne

$$1 + \alpha + \alpha^2 \ldots \alpha^{n-1} = 0,\ 1 + \alpha^2 + \alpha^4 \ldots \alpha^{2n-2} = 0,\ 1 + \alpha^3 + \alpha^6 \ldots = 0$$

ou $\qquad S_1 = S_2 = S_3 \ldots = S_k = 0,\quad S_n = n,$

en désignant par S^k la somme des puissances k de toutes les racines, k étant entier et non divisible par n.

572. Nous avons réduit la résolution de l'équ. $y^n - 1 = 0$, au cas où n est un nombre premier. Nous nous servirons maintenant des lignes trigonométriques, en renvoyant pour le reste à la note XIV de la *Résol. numér. des équ.*

En faisant $\cos x = p$, on a vu, no 361, que chacun des cosinus successifs des arcs $2x$, $3x$, $4x \ldots$ s'obtient en multipliant les deux précédents par $2p$ et -1, puis ajoutant. Pour mettre en évidence la loi que les résultats observent, faisons usage d'un artifice d'analyse. Soit $2\cos x = y + y^{-1}$; il suit de la loi indiquée, que pour avoir $\cos 2x$, il faut multiplier $\cos x$ ou $\tfrac{1}{2}(y + y^{-1})$ par $y + y^{-1}$, qui est $2\cos x$, et retrancher $\cos 0x$ ou 1. On trouve $2\cos 2x = y^2 + y^{-2}$; on obtient de même

$$2\cos 3x = y^3 + y^{-3},\quad 2\cos 4x = y^4 + y^{-4},\ \text{etc.}$$

Démontrons que les résultats suivent toujours la même loi. Supposons que cette loi soit vérifiée pour deux degrés consécutifs $n-2$ et $n-1$, ou

$$2\cos(n-2)x = y^{n-2} + y^{-(n-2)},\quad 2\cos(n-1)x = y^{n-1} + y^{-(n-1)},$$

multiplions la deuxième équation par $y + y^{-1}$, et retranchons la 1re; il viendra $2\cos nx = y^n + y^{-n}$; ce qui prouve la proposition.

On a $2\cos x = y + \dfrac{1}{y},\quad 2\cos nx = y^n + \dfrac{1}{y^n};$

d'où * $y^2 - 2y\cos x + 1 = 0,\quad y^{2n} - 2y^n\cos nx + 1 = 0 \ldots (1)$

Si l'on a cos x, ces équ. donneront y, puis cos nx; ainsi on pourra trouver cos nx sans chercher successivement cos $3x$, cos $4x$....; c'est le terme général de la série des cosinus, et l'on pourrait employer ces équ. à la composition des tables; mais le calcul serait compliqué d'imaginaires.

Si les tables de sinus sont formées, qu'on y prenne les valeurs de cos x et cos nx, nos deux équ. ne contenant plus que y, devront avoir une racine commune α; mais si l'on a $y = \alpha$, on a aussi $y = \dfrac{1}{\alpha}$, ainsi qu'on peut le reconnaître (les équ. (1) sont réciproques), donc elles ont deux racines communes, ou plutôt la 1re divise la 2e. Posons $nx = \varphi$; quel que soit l'arc φ, il faut donc que

$$y^2 - 2y\cos\left(\frac{\varphi}{n}\right) + 1 \quad \text{divise} \quad y^{2n} - 2y^n\cos\varphi + 1.\ .\ .\ .\quad (2)$$

573. Pour appliquer ce théorème, qui est dû à Moivre, au cas qui nous occupe, faisons $\varphi = k\pi$, k désignant un entier quelconque, et π la demi-circonf.; cos φ est $+1$ ou -1, selon que k est pair ou impair, et le 2e trinôme devenant $y^{2n} \mp 2y^n + 1$, ou $(y^n \mp 1)^2$, on voit que

$$y^2 - 2y\cos\left(\frac{k\pi}{n}\right) + 1 \quad \text{divise} \quad y^n \mp 1,\ .\ .\ .\ .\quad (3)$$

k étant un entier quelconque, *pair pour* $y^n - 1$, *impair lorsqu'il s'agit de* $y^n + 1$. Si le 1er trinôme est un carré, on ne prendra pour diviseur que sa racine; ce cas exige que le cosinus soit ± 1; alors k est 0, n, $2n$...., et le facteur se réduit à $y \pm 1$.

* En résolvant ces équ. (1), on trouve

$$y = \cos x \pm \sin x\ .\sqrt{-1},\quad y^n = \cos nx \pm \sin nx\ .\sqrt{-1};$$

d'où $$(\cos x \pm \sin x\ .\sqrt{-1})^n = \cos nx + \sin nx\ .\sqrt{-1}.$$

Cette belle propriété, dont on fait un fréquent usage dans l'Algèbre supérieure, n'est, il est vrai, démontrée ici qu'autant que n est entier et positif, quoiqu'elle subsiste dans tous les cas. Nous reviendrons sur ce sujet, n° 630.

Les racines de $y^n \pm 1 = 0$ sont donc comprises dans

$$y = \cos\left(\frac{k\pi}{n}\right) \pm \sin\left(\frac{k\pi}{n}\right) \cdot \sqrt{-1} \quad . \quad . \quad . \quad . \quad (4)$$

Tant que l'entier k ne passe pas n, l'arc $\frac{k\pi}{n}$ est une fraction croissante de la demi-circonf. ; ces arcs ont des cosinus inégaux, et l'on obtient des facteurs différents du 2ᵉ degré, que nous représenterons par $A, B, C. \ldots L, M$. Comme $n + i$ et $n - i$ ont $2n$ pour somme, ces nombres sont ensemble pairs ou impairs, soit $k = n \pm i$, i étant $< n$; l'arc devient $\frac{k\pi}{n} = \pi \pm \frac{i\pi}{n}$, arcs dont le cosinus est le même : d'où résulte que le facteur trinôme est le même pour $k = n - i$ et $n + i$. Après avoir donc pris pour k tous les nombres (pairs ou impairs) jusqu'à n, au delà on retrouve les mêmes facteurs de 2ᵉ degré en ordre rétrograde $M, L \ldots. C, B, A$.

Passé $2n$, k a la forme $2qn + i$, et l'arc devient $2q\pi + \frac{i\pi}{n}$, dont le cosinus est encore le même ; ainsi, on retombe sur les mêmes facteurs dans le même ordre $A, B \ldots. L, M \ldots., B, A$. Il est, comme on voit, *inutile de donner à* k *des valeurs* $>$ n.

1° *Si* n *est pair*, $\frac{1}{2} n \pm i$ sont ensemble pairs ou impairs; $k = \frac{1}{2} n \pm i$ donne les arcs $\frac{k\pi}{n} = \frac{1}{2}\pi \pm \frac{i\pi}{n}$, dont les cosinus sont égaux en signes contraires, savoir, $= \mp \sin\left(\frac{i\pi}{n}\right)$; ainsi, *lorsque* n *est pair, on ne fera pas* k $> \frac{1}{2}$ n, *mais on prendra les cosinus avec le signe* $\pm$.

2° *Si* n *est impair*, l'un de ses nombres $n - i$ et i est pair et l'autre impair, puisque leur somme est impaire : ainsi, on n'est en droit de prendre que l'un d'eux pour valeur de k. Soit $k = n - i$, i étant $< \frac{1}{2} n$; on a $\cos\left(\frac{k\pi}{n}\right) = \cos\left(\pi - \frac{i\pi}{n}\right) = -\cos\left(\frac{i\pi}{n}\right)$; c'est-à-dire que quand k dépasse $\frac{1}{2} n$, les cos. de notre facteur trinôme (3), sont, en signe contraire, les mêmes que si l'on eût pris $k = i$, valeur exclue et $< \frac{1}{2} n$. Donc *on fera* k $= 0, 1, 2, 3 \ldots.$ *sans aller au delà de* $\frac{1}{2}$ n, *et on obtiendra des arcs* $< \frac{1}{2}\pi$, *dont les cos. conviendront au théorème* (3), *mais en changeant de deux en deux le signe du cosinus.*

Enfin, $y = \frac{x}{a}$ donne $x^2 - 2ax \cos\left(\frac{k\pi}{n}\right) + a^2$, pour la formule générale des facteurs de $x^n \mp a^n$.

Pour $y^4 + 1$, k doit être impair ; $k = 1$ donne l'arc $\frac{1}{4}\pi$ ou $45°$, dont le cos est $\frac{1}{2}\sqrt{2}$; pris en $\pm$, on a les deux facteurs $y^2 \pm y\sqrt{2} + 1$; ainsi

$$x^4 + a^4 = (x^2 + ax\sqrt{2} + a^2)(x^2 - ax\sqrt{2} + a^2).$$

Pour $y^6 + 1$, $k = 1$ donne l'arc $\frac{1}{6}\pi$, dont le cos est $\frac{1}{2}\sqrt{3}$, qu'on prendra en $\pm$; $k = 3$ donne le cos zéro ; donc

$$y^6 + 1 = (y^2 + y\sqrt{3} + 1)(y^2 - y\sqrt{3} + 1)(y^2 + 1).$$

Soit $y^6 - 1$; faisons $k = 0$ et 2 ; les cos. de zéro et $\frac{1}{3}\pi$ sont 1 et $\frac{1}{2}$, qui, pris en $\pm$, donnent

$$y^6 - 1 = (y + 1)(y^2 + y + 1)(y^2 - y + 1)(y - 1);$$

$$y^4 - 1 = (y^2 - 1)(y^2 + 1) = (y + 1)(y - 1)(y^2 + 1);$$

$y^8 - 1 = (y^4 + 1)(y^4 - 1)$. Ces facteurs viennent d'être décomposés.

Pour $y^9 - 1$, il faut faire $k = 0, 1, 2, 3$, et 4, et prendre les cos. de rangs pairs en signes contraires, savoir 1, $-\cos 20°$, $+\cos 40°$, $-\cos 60°$ et $+\cos 80$, les facteurs sont, outre $y - 1$ et $y^2 + y + 1$, $(y^2 + 1,879\ldots y + 1)(y^2 - 1,532\ldots y + 1)(y^2 - 0,347\ldots y + 1)$

$$y^9 - 1 = (y - 1)(y^2 + y + 1)(y^6 + y^3 + 1).$$

Quant à $y^9 + 1$, on opérera de même, en prenant avec un signe contraire les cos. de rangs impairs, ce qui revient à changer ci-dessus les signes de tous les 2es termes des facteurs, savoir :

$$y^9 - 1 = (y + 1)(y^2 - y + 1)(y^6 - y^3 + 1),$$

et en effet, il est clair qu'il suffit de changer y en $-y$.

Il est facile de résoudre par rapport à l'arc t, l'équ.

$$k \cos mt + p \cos(m - 1)t + q \cos(m - 2)t \ldots + P = 0.$$

Car en posant $2\cos t = x + x^{-1}$, on a (n° 572)

$$k(x^m + x^{-m}) + p(x^{m-1} + x^{-(m-1)}) + q(x^{m-2} \ldots) + P = 0,$$

équation traitée p. 122. On pourrait aussi développer les cos. d'arcs multiples selon les puissances ascendantes des cos. d'arcs simples, par les formules que nous ferons connaître plus tard.

574. La proposition (3) est ce qu'on nomme le *Théorème de Côtes :* ce savant l'avait présentée sous une forme géométrique. Du rayon $AR = a$ (fig. 24, 24 *bis*) soit décrit le cercle $ACHL$, et le diamètre AH, passant en un point arbitraire O; à partir de A partagez la circonférence en $2n$ arcs égaux Aa, aB, Bb,.... chacun est le n^e de π; menez des rayons vecteurs du point O aux points de division. Celui qui va au point quelconque C forme le triangle COP, duquel, en faisant l'angle $CRA = \alpha$, $OR = x$, on tire

$$CP = a \sin \alpha, \quad RP = a \cos \alpha, \quad OP = a \cos \alpha - x;$$

donc $OC^2 = x^2 - 2ax \cos \alpha + a^2 = OC \cdot OL$; et si l'arc AC contient k divisions, on a $\alpha = \frac{k\pi}{n}$. Ce trinôme étant facteur de $x^n \mp a^n$, selon que k est pair ou impair, les rayons vecteurs, menés aux points de divisions alternatifs, constituent tous ces facteurs. $OA = a - x$, $OH = a + x$, répondent aux facteurs réels du 1er degré.

Désignons par Z, Z', Z''.... les rayons menés aux divisions paires, et par z, z', z''.... ceux qui vont aux impaires; on aura

$$z \cdot z' \cdot z'' \ldots = a^n + x^n, \text{ que } O \text{ soit intérieur ou extérieur;}$$
$$Z \cdot Z' \cdot Z'' \ldots = a^n - x^n, \text{ si } O \text{ est intérieur (fig. 24);}$$
$$Z \cdot Z' \cdot Z'' \ldots = x^n - a^n, \text{ si } O \text{ est extérieur (fig. 24 } bis\text{).}$$

Équations à trois termes.

575. Prenons l'équ. $Ax^{2n} + Bx^n + C = 0$, où l'un des exposants de x est double de l'autre ; en faisant $x^n = z$, il vient

$$Az^2 + Bz + C = 0.$$

1° Si les racines de z sont réelles, telle que f et g, on doit résoudre ces équ. à deux termes $x^n = f$, $x^n = g$.

Par exemple, trouver deux nombres tels, que leur produit soit 10, et la somme des cubes 133?

$$x^3 + \left(\frac{10}{x}\right)^3 = 133, \quad x^6 - 133x^3 + 1000 = 0.$$

Faisant $x^3 = z$, $z^2 - 133z + 1000 = 0$; d'où $z = 8$ et 125 ; posant ensuite $x^3 = 8$ et 125, il vient $x = 2$ et 5, et en outre (n° 569) 2α, et $5\alpha^2$, puis 5α et $2\alpha^2$, α étant une racine cubique imaginaire de l'unité. Telles sont les trois solutions du problème.

2° Si les racines sont égales, on a $B^2 - 4AC = 0$, la proposée est un carré exact; $(ax^n + b)^2 = 0$, et l'on retombe sur une équ. à deux termes. Par ex., trouver un nombre tel, qu'en divisant son double par 3, et 3 par son double, 2 soit la somme des 4es puissances des quotients?

$$\left(\frac{2x}{3}\right)^4 + \left(\frac{3}{2x}\right)^4 = 2, \quad \text{d'où } (16x^4 - 81)^2 = 0;$$

et comme $y^4 = 1$ a pour racines ± 1 et $\pm\sqrt{-1}$, on a $x = \pm \frac{3}{2}$ et $\pm \frac{3}{2}\sqrt{-1}$.

3° Enfin, quand les racines sont imaginaires, ou $B^2 - 4AC < 0$, on fera $Ax^{2n} = Cy^{2n}$, et la proposée, devenant

$$y^{2n} + \frac{B}{\sqrt{(AC)}}\, y^n + 1 = 0,$$

sera comparable à (2) (n° 572); car le coefficient de y^n est < 2, à cause de $B^2 < 4\,AC$. Il y a donc un arc φ qui a la moitié de ce facteur pour cosinus, arc qu'on déterminera par log. d'après la relation

$$\cos\varphi = -\frac{B}{2\sqrt{(AC)}}. \quad \ldots\ldots \quad (5)$$

Notre transformée est donc divisible par $y^2 - 2y\cos\left(\frac{\varphi}{n}\right) + 1 = 0$, en prenant pour φ tous les arcs dont le cos est donné par l'équ. (5), et qui sont non-seulement l'arc $\varphi < 180°$, donné par la table, mais encore $\varphi + 2\pi$, $\varphi + 4\pi\ldots$, en général, $\varphi + 2k\pi$, k étant un entier quelconque : soit $\psi = \frac{\varphi + 2k\pi}{n}$, tous les facteurs cherchés sont compris dans la forme

$$x^2 \sqrt[n]{A} - 2x \sqrt[2n]{(AC)}\,.\cos\psi + \sqrt[n]{C} = 0. \quad \ldots \quad (6)$$

Il est d'ailleurs inutile de prendre $k > n$, puisque $k = qn + i$ donne l'arc $2q\pi + \frac{\varphi + 2i\pi}{n}$; et supprimant les circonf. $2q\pi$, il reste à prendre le cos de l'arc qu'on a eu pour $k = i < n$; on retomberait donc sur les mêmes facteurs.

Observez qu'ici le rayon est $= 1$, et que si l'on fait usage des tables de log., il faut soustraire 10 de tous les log. des cos. qu'on emploie dans le calcul (*Géom. Anal.*, n° 162).

Par ex., soit l'équ. $x^6 - 2x^3 + 1 = 0$: $A = C = 1$, $B = -2$, $n = 3$; on trouve $\cos\varphi = 1$, les arcs $\psi = 0°$, $120°$ et $240°$; partant la proposée a ses trois facteurs de la forme $x^2 - 2x\cos\psi + 1$; et comme $\cos\psi$ a pour valeurs 1, $-\sin 30° = -\frac{1}{2}$ et $-\cos 60° = -\frac{1}{2}$, on trouve $x^2 - 2x + 1$, et $x^2 + x + 1$, ce dernier facteur étant double. Ainsi la proposée est le carré de $(x - 1)(x^2 + x + 1)$, ou de $x^3 - 1$.

Soit encore $x^4 + x^2 + 25 = 0$: $A = B = 1$, $C = 25$, $n = 2$, et $\cos\varphi = -\frac{1}{10}$; les tables donnent, à cause du signe $-$, $\varphi = 95° 44' 20''$, dont la moitié ψ est $47° 52' 10''$; ajoutons 180°, et nous formerons un arc dont le cosinus est le même que le précédent en signe contraire.

Substituant dans le 2ᵉ terme de la formule générale (6), le calcul ci-contre donne -3 pour coefficient de l'un des facteurs. Ainsi nos facteurs sont $x^2 \pm 3x + 5$.

$\cos\psi$...	$\bar{1}$,8266074
2.......	0,3010300 —
$\sqrt{5}$.......	0,3494850
3.......	0,4771224 —

Enfin, pour $2x^6 + 3x^3 + 5 = 0$, on a $\cos\varphi = \dfrac{-3}{2\sqrt{10}}$.

3 . . .	0,4771213 —	2 . . .	0,3010300 —
2	— 0,3010300	$\sqrt[6]{10}$. . .	0,1666667
$\sqrt{10}$	— 0,5000000	$2\sqrt[6]{10}$. . .	0,4676967 —
$\cos\varphi$ . . .	$\bar{1}$,6760913 —		

On trouve $\varphi = 61° 41'$, ou plutôt $118° 19'$, en prenant le supplément, à cause du signe $-$. Le tiers est $\psi = 39° 26' 20''$; ajoutant 120° deux fois successives, et prenant les $\cos\psi$, on a $\cos 39° 26' 20''$, $-\sin 69° 26' 20''$, et $\sin 9° 26' 20''$. Donc

$2\sqrt[6]{10}$. . . .	0,46770 —	0,46770 —	0,46770 —
$\cos\psi$. . . .	$\bar{1}$,88779	$\bar{1}$,97141 —	$\bar{1}$,21483
	0,35549 —	0,45911 +	$\bar{1}$,68253 —

Soit fait $\alpha = -2,2672 \quad + 2,7486 \quad - 0,48143$,

et nos trois facteurs sont de la forme $x^2\sqrt[3]{2} + \alpha x + \sqrt[3]{5}$.

Racines des expressions compliquées de Radicaux.

576. Admettons que $a+\sqrt{b}$ soit un carré, et cherchons-en la racine, qui doit avoir la forme $\sqrt{x}+\sqrt{y}$; si elle était $f+\sqrt{y}$, on aurait $x=f^2$. Posons donc

$\sqrt{(a+\sqrt{b})}=\sqrt{x}+\sqrt{y}$, d'où $x+y+2\sqrt{(xy)}=a+\sqrt{b}$,
puis, $\qquad x+y=a,\quad 2\sqrt{(xy)}=\sqrt{b}$,

en séparant l'équ. en deux, comme p. 115. Pour tirer x et y de ces équ., formez les carrés et retranchez, vous aurez

$$x^2-2xy+y^2=(x-y)^2=a^2-b.$$

Comme x et y sont supposés rationnels, a^2-b doit être un carré exact connu, que nous ferons $=k^2$; $x-y=k$, et $x+y=a$ donnent la solution cherchée

$$x=\tfrac{1}{2}(a+k),\ y=\tfrac{1}{2}(a-k),\ k=\sqrt{(a^2-b)},$$

Soit $\sqrt{(4+2\sqrt{3})}$; on a $a=4$, $b=12$; d'où $a^2-b=k^2=4$, puis $k=2$, $x=3$ et $y=1$; la racine demandée est $\pm(1+\sqrt{3})$. Celle de $4-2\sqrt{3}$ est $\pm(1-\sqrt{3})$.

Pour $\sqrt{(-1+2\sqrt{-2})}$, $a^2-b=9$, $k=3$, $x=1$, $y=-2$, et l'on a $\pm(1+\sqrt{-2})$ pour racines.

Si $a+\sqrt{b}$ est un cube exact, on pose

$$\sqrt[3]{(a+\sqrt{b})}=(x+\sqrt{y})\sqrt[3]{z},$$

z étant une indéterminée dont on dispose à volonté pour faciliter le calcul. En élevant au cube et comparant les termes rationnels, on trouve

$$a=z(x^3+3xy),\ \sqrt{b}=z\sqrt{y}(3x^2+y);$$

carrant ces équ. et retranchant, on a

$$a^2-b=z^2[(x^3+3xy)^2-(3x^2\sqrt{y}+y\sqrt{y})^2].$$

Or, le facteur de z^2 est la différence de deux carrés, et revient visiblement à $(x+\sqrt{y})^3\times(x-\sqrt{y})^3$, ou $(x^2-y)^3$; donc $\dfrac{a^2-b}{z^2}=(x^2-y)^3$. Mais x et y sont supposés rationnels; ainsi le

1er membre doit être un cube exact; et il sera toujours facile de déterminer z de manière à remplir cette condition, ne fût-ce qu'en posant $z=(a^2-b)^3$: si a^2-b est un cube, on fera $z=1$. En général, on décomposera a^2-b en facteurs premiers, et l'on distinguera bientôt quels facteurs doivent être introduits ou supprimés, pour avoir un cube exact. Ainsi, z et k seront connus dans les relations

$$k=\sqrt[3]{\left(\frac{a^2-b}{z^2}\right)}, \quad x^2-y=k, \quad a=zx\,(x^2+3y);$$

d'où
$$y=x^2-k, \quad 4zx^3-3kxz=a.$$

Cette dernière équ. donne x, en se contentant des seules racines rationnelles; la précédente fait connaître y, et l'on a la racine demandée.

Pour $10+6\sqrt{3}$ on a $a=10$, $b=108$, $a^2-b=-8$; ainsi $z=1$, et $k=-2$. Donc $4x^3+6x=10$, d'où $x=1$, puis $y=3$; enfin, $\sqrt[3]{(10+6\sqrt{3})}=1+\sqrt{3}$.

Soit encore $8+4\sqrt{5}$; on a $a^2-b=-16$; on fera $z=4$, $k=-1$; d'où $4x^3+3x=2$, et $x=\frac{1}{2}$, $y=\frac{5}{4}$; enfin, $\frac{1}{2}\sqrt[3]{4}\,.\,(1+\sqrt{5})$ est racine cubique de $8+4\sqrt{5}$.

En posant $\sqrt[n]{(a+\sqrt{b})}=(x+\sqrt{y})\sqrt[n]{z}$,

et raisonnant de même, on déterminerait x, y et z, dans le cas où $a+\sqrt{b}$ est une puissance n^e exacte.

577. Dans toute autre formule, il ne suffit pas de substituer, pour les radicaux qui s'y trouvent, leur valeur approchée, parce qu'on néglige ainsi toutes valeurs imaginaires dont ces radicaux sont susceptibles. On doit remplacer $\sqrt[n]{A}$, par $\alpha\sqrt[n]{A}, \alpha^2\sqrt[n]{A}\ldots$ (n°569), en prenant $1, \alpha, \alpha^2\ldots.$ pour les racines de l'équ. $y^n-1=0$.

Si l'on a $x=a\sqrt[n]{g}+b\sqrt[n]{g^2}+c\sqrt[n]{g^3}+\ldots.$, il suffit de poser

$$y^n=g, \quad x=ay+by^2+cy^3\ldots,$$

et d'éliminer y entre ces deux équ.; toutes les racines de l'équ. finale en x seront les valeurs cherchées de x.

Quand on a une fonct. fx compliquée de radicaux, $\sqrt[n]{A}$, $\sqrt[m]{B}\ldots.$

pour obtenir toutes les valeurs de fx, posez $y^n = A$, $t^m = B$, et introduisez pour vos radicaux, les n valeurs de y, les m de t...., combinées entre elles de toutes les manières possibles.

Quand des radicaux fonctions de x entrent dans une équ. on l'en dégage en représentant chaque radical par une nouvelle inconnue, qu'on élimine ensuite par les procédés ordinaires. Ainsi pour l'équ. $x - \sqrt[3]{x} - 2\sqrt{(x+1)} = 0$, on pose $x = z^3$, $x + 1 = y^2$, d'où $x - z - 2y = 0$: éliminant y, il vient

$$4x + 4 = x^2 - 2xz + z^2, \text{ avec } z^3 - x = 0.$$

Enfin, éliminant z, on obtient l'équ. finale

$$x^6 - 12x^5 + 34x^4 + 8x^3 - 167x^2 - 192x - 64 = 0;$$

on trouve d'abord $x = 8$ et -1, qui sont les solutions réelles demandées; quant aux quatre autres racines, elles se rapportent aux combinaisons des valeurs des racines imaginaires des radicaux carré et cubique de la proposée.

Équations du troisième degré.

578. Pour résoudre l'équ. $kx^3 + ax^2 + bx + c = 0$, chassons le 2e terme et le coefficient du premier, en posant (page 43)

$$x = \frac{x' - a}{3k},$$

d'où, $$x'^3 + 3x'(3kb - a^2) + 2a^3 - 9abk + 27ck^2 = 0.$$

Ainsi toute équ. du 3e degré est réductible à

$$x^3 + px + q = 0. \quad . \quad . \quad . \quad . \quad . \quad (1)$$

Posons $x = y + z$; d'où, $x^3 = 3yz(y + z) + y^3 + z^3$;

ainsi la proposée devient

$$(3yz + p)(y + z) + y^3 + z^3 + q = 0.$$

Or, le partage de x en deux nombres y et z peut se faire d'une infinité de manières, et l'on a le droit de se donner leur produit, ou leur différence, ou leur rapport, etc.... Posons donc que le 1er facteur est nul, ou

$$yz = -\tfrac{1}{3}p, \quad y^3 + z^3 = -q.$$

Le cube de la 1re équ. $y^3z^3 = -(\frac{1}{3}p)^3$ montre que y^3 et z^3 ont $-q$ pour somme, et $-(\frac{1}{3}p)^3$ pour produit, c'est-à-dire que les inconnues y^3 et z^3 sont les racines t et t' de l'équ. du 2e degré (n° 137, 5°)

$$t^2 + qt = (\tfrac{1}{3}p)^3, \quad \ldots \ldots \ldots \quad (2)$$

qu'on nomme *la Réduite*. Connaissant t et t', on a $y^3 = t$, $z^3 = t'$; 1, α, α^2, étant les trois racines cubiques de l'unité (n° 569), on a donc

$$y = \sqrt[3]{t},\ \alpha\sqrt[3]{t},\ \alpha^2\sqrt[3]{t}, \quad z = \sqrt[3]{t'},\ \alpha\sqrt[3]{t'},\ \alpha^2\sqrt[3]{t'}.$$

Mais il ne faut pas, pour obtenir $x = y + z$, ajouter toutes ces valeurs deux à deux, puisqu'on aurait 9 racines au lieu de 3. Comme, au lieu de l'équ. $yz = -\frac{1}{3}p$, on en a employé le cube, on a triplé le nombre des racines; il ne faut donc ajouter que celles de ces valeurs de y et de z dont le produit est $-\frac{1}{3}p$, ou $\sqrt[3]{(tt')}$, puisque le 2e membre de l'équ. (2) étant $= -t.t'$, la racine cubique est $= \frac{1}{3}p$. Il est facile de voir, à cause de $\alpha^3 = 1$, que des 9 combinaisons, on ne doit admettre, avec $x = \sqrt[3]{t} + \sqrt[3]{t'}$, que

$$x = \alpha\sqrt[3]{t} + \alpha^2\sqrt[3]{t'}, \quad \text{et} \quad \alpha^2\sqrt[3]{t} + \alpha\sqrt[3]{t'}.$$

Substituant pour α et α^2 leurs valeurs $-\frac{1}{2}(1 \pm \sqrt{-3})$, n° 568, et faisant, pour abréger,

$$\left.\begin{array}{l} s = \sqrt[3]{t} + \sqrt[3]{t'}, \quad d = \sqrt[3]{t} - \sqrt[3]{t'} \\ x = s, \quad x = -\frac{1}{2}(s \pm d\sqrt{-3}) \end{array}\right\} \quad \ldots \quad (3)$$

on a (3).

Donc, pour résoudre l'équ. du 3e degré (1), il faut d'abord résoudre la réduite (2); et connaissant t et t', on introduira leurs valeurs dans les formules (3).

Par ex., $x^3 + 6x = 7$ donne $p = 6$, $q = -7$, et la réduite $t^2 - 7t = 8$; d'où $t = \frac{7}{2} \pm \frac{9}{2}$, $t = 8$, $t' = -1$; les racines cubiques sont 2 et -1; donc,

$$s = 1,\ d = 3,\ x = 1,\ \text{et} -\tfrac{1}{2}(1 \pm 3\sqrt{-3}).$$

Soit $y^3 - 3y^2 + 12y = 4$; on pose $y = x + 1$ pour chasser le 2e terme, et l'on a $x^3 + 9x + 6 = 0$, $p = 9$, $q = 6$, et la réduite

$t^2 + 6t = 27$; donc $t = 3$, $t' = -9$, et

$$s = \sqrt[3]{3} - \sqrt[3]{9} = -0{,}637835 = x, \quad d = 3{,}522333,$$

puis, $y = 0{,}362165$, et $1{,}318918 \pm 1{,}761167\sqrt{-3}$.

L'équ. $x^3 - 3x = 18$ donne $t^2 - 18t + 1 = 0$, $t = 9 \pm 4\sqrt{5}$; la racine cubique est (p. 136) $\frac{3}{2} \pm \frac{1}{2}\sqrt{5}$; ainsi $s = 3$, $d = \sqrt{5}$; enfin, $x = 3$, et $-\frac{1}{2}(3 \pm \sqrt{-15})$.

$x^3 - 27x + 54 = 0$ donne $t^2 + 54t + 729 = 0$, ou $(t + 27)^2 = 0$,

$t = -27$: ainsi $x = -6$ et 3 (racine double).

On peut résoudre l'équ. du 3e degré à l'aide des tables de log., en se servant du procédé décrit *Géom. Anal.*, n. 365, II, pour obtenir les racines t et t' de la réduite.

Si p *est positif*, on pose $\qquad \tan\varphi = \dfrac{2\sqrt{(\frac{1}{3}p)^3}}{q}$,

d'où $t = \sqrt{(\frac{1}{3}p)^3}\,\tan\frac{1}{2}\varphi$, $\qquad t' = -\dfrac{\sqrt{(\frac{1}{3}p)^3}}{\tan\frac{1}{2}\varphi}$,

puis $\sqrt[3]{t} = \sqrt{(\frac{1}{3}p)} \times \sqrt[3]{\tan\frac{1}{2}\varphi}$, $\sqrt[3]{t'} = -\dfrac{\sqrt{(\frac{1}{3}p)}}{\sqrt[3]{\tan\frac{1}{2}\varphi}}$.

Si p *est négatif*, on pose $\qquad \sin\varphi = \dfrac{2\sqrt{(\frac{1}{3}p)^3}}{q}$;

d'où $\qquad \sqrt[3]{t} = -\sqrt{(\frac{1}{3}p)} \times \sqrt[3]{\tan\frac{1}{2}\varphi}$, $\qquad \sqrt[3]{t'} = -\dfrac{\sqrt{(\frac{1}{3}p)}}{\sqrt[3]{\tan\frac{1}{2}\varphi}}$.

Une fois qu'on a trouvé les racines cubiques de t et t', on en tire les valeurs de s et de d, et par suite celles de x.

Par ex., pour l'équ. $x^3 + 9x + 6 = 0$ de la p. 138, on a $p = 9$, $q = +6$; c'est le 1er cas ci-dessus ;

2.	0.3010300				
3.	0.4771213				
$\sqrt{3}$.	0.2385606		0.2385606.		0.2385606 —
6.	— 0.7781513	$\sqrt[3]{\text{tang.}}$	$\bar{1}$.9204798.		— $\bar{1}$.9204798
Tang φ	0.2385606	1er. .	0.1590404	2e. . .	0.3180808 —

$\varphi = 60°$, $\frac{1}{2}\varphi = 30°$ log tang $= \bar{1}.7614394$

1er terme. . . . 1,442250

2e . . . . — 2,080083

$s = x = -0{,}637833$, $\qquad d = 3{,}522333$

$x = +0{,}318916 \pm 1{,}761166 \,.\, \sqrt{-3}$

De même, pour $x^3 - 2x - 5 = 0$ (page 81), on a $p = 2$, $q = -5$; on est dans le 2e cas, et on a

2	0.3010300				
$\frac{2}{3}$	$\bar{1}.8239087$				
$\sqrt{}$	$\bar{1}.9119543$	. . . .	$\bar{1}.9119543-$	. . . .	$\bar{1}.9119543-$
5	$-0.6989700-$	$\sqrt[3]{}$ . . .	$\bar{1}.6807114-$	. . .	$-\bar{1}.6807114-$
Sin φ	$\bar{1}.5379230-$,	1er. . .	$\bar{1}.5926657+$,	2e. . .	$0.2312429+$

$\varphi = -12^\circ\, 34'\, 33''\, 18$, $\frac{1}{2}\varphi = -6^\circ\, 17'\, 16''\, 59$ log tang $= \bar{1}.0421543$

1er terme. . . . $+ 0{,}391441$

2e. . . . . $+ 1{,}703111$

$s = x = + 2{,}094552 \qquad d = 1{,}311670$

$x = - 1.047276 \pm 0{,}655835 \,.\, \sqrt{-3}$

579. Tant que *les deux racines* t *et* t' *de la réduite sont réelles*, $\sqrt[3]{t}$, $\sqrt[3]{t'}$ le sont, ainsi que s et d; il suit des formules (3) que *la proposée n'a qu'une racine réelle*. Cependant, si $t = t'$, on a $d = 0$, et les trois valeurs de x sont réelles, deux étant égales à la moitié de la 3e en signe contraire. C'est ce qu'on voit dans l'exemple p. 139.

Mais *si la réduite a ses racines imaginaires*, c'est-à-dire si $27q^2 + 4p^3 < 0$, ce qui emporte la condition que p soit négatif, les expressions (3) restant compliquées d'imaginaires, il semble qu'aucune des trois racines ne soit réelle, contre ce qu'on sait d'ailleurs (n° 533, II). Cette circonstance, qui n'arrive que quand précisément *les trois racines sont réelles*, a beaucoup embarrassé les algébristes, qui ne savaient pas trouver ces racines, et ils l'ont nommée *cas irréductible*. Ce cas se rencontre quand p est négatif, et que $4p^3 > 27q^2$, relations que nous avons exprimées en une seule condition.

Les valeurs de t et t' étant représentées par $a \pm b\sqrt{-1}$, la racine cubique, ou la puissance $\frac{1}{3}$, se développe (page 15) en série. Sans exécuter ce calcul, il est visible qu'on n'y peut trouver d'imaginaires que dans les termes où $b\sqrt{-1}$ est affecté d'exposants impairs; et comme l'une de ces séries se déduit de l'autre en changeant b en $-b$, il est clair qu'elles sont toutes deux comprises dans la forme $P \pm Q\sqrt{-1}$, dont la somme est $s = 2P$, et la différence $d = 2Q\sqrt{-1}$. Ainsi, les formules (3) se réduisent à ces expressions réelles,

$$x = 2P, \text{ et } -P \pm Q\sqrt{3}. \quad . \quad . \quad . \quad . \quad (4)$$

Nos racines sont donc réelles, précisément lorsque les équ. (3) les donnent sous forme imaginaire. Ce cas singulier vient de ce qu'en posant $x = y + z$, et $yz = -\frac{1}{3}p$, rien n'exprime que y et z soient en effet réels; et notre calcul prouve même qu'ils sont imaginaires quand les trois racines sont réelles. Pour les obtenir, on dévéloppera la puissance $\frac{1}{3}$ de $a + b\sqrt{-1}$ sous la forme $P + Q\sqrt{-1}$; et P et Q seront connus dans les équ. (4).

Ce procédé ne serait guère propre à faire connaître les trois racines; les suivants sont préférables.

Lorsqu'on connaît l'une a des racines de x, pour obtenir les deux autres, on divise la proposée par $x - a$; le reste $a^3 + ap + q$ est nul par hypothèse, et le quotient du 2ᵉ degré $x^2 + ax + a^2 + p$, égalé à zéro, donne

$$x = -\tfrac{1}{2}a \pm \sqrt{-p - \tfrac{3}{4}a^2}. \quad . \quad . \quad . \quad . \quad (5)$$

Si la 1ʳᵉ racine a est réelle; pour que les deux autres le soient aussi, il est nécessaire et il suffit que p soit négatif et $> \frac{3}{4}a^2$. Changeons donc p en $-p$, et désignons par δ la différ. positive $\delta = p - \frac{3}{4}a^2$. Pour examiner le cas dont il s'agit, éliminons a entre cette équ. et $q = -a^3 + ap$, afin de rendre la comparaison de p à q exempte de a. L'équ. finale peut s'écrire sous la forme

$$4p^3 - 27q^2 = 4\delta(4\delta - 3p)^2;$$

et comme δ a le signe $+$ dans le cas actuel, on voit que les racines ne sont réelles qu'autant que p est négatif, et que $4p^3 > 27q^2$, ce qui rend imaginaires les racines de la réduite, et s'accorde avec ce qu'on vient de dire.

Pour obtenir les racines dans ce cas, on réduira d'abord à -1 le coefficient du 2ᵉ terme de l'équ. (1) en posant $x = \pm z\sqrt{p}$; on doit préférer ici le signe négatif. En divisant par $\sqrt{p^3}$, la transformée est

$$z^3 - z - \frac{q}{\sqrt{p^3}} = 0.$$

Or la supposition que $4p^3 > 27q^2$, ou $\frac{4}{27} > \frac{q^2}{p^3}$, ou enfin $\frac{2}{\sqrt{27}} > \frac{q}{\sqrt{p^3}}$, prouve que si l'on fait $z = \sqrt{\frac{4}{3}}$ le résultat est positif : il a le signe $-$, pour $z = 1$; il y a donc une racine de z entre 1 et $\sqrt{\frac{4}{3}} = 1{,}1547$. Faisons $z = 1 + v$, v sera $< 0{,}1547$, et on pourra négliger v^3, pour une 1re approximation; savoir, $2v + 3v^2 = \frac{q}{\sqrt{p^3}}$; résolvant cette équ. on a z, et, par suite,

$$x = \pm \tfrac{1}{3} \sqrt{p} \left(2 + \sqrt{1 + \frac{3q}{p\sqrt{p}}}\right) \; . \; . \; . \; . \qquad (6)$$

On donne à cette valeur approchée de x un signe contraire à celui du dernier terme q; on procède ensuite à une approximation ultérieure par les procédés ordinaires (n° 538); l'expression (5), qui revient à $x = -\frac{1}{2} a \pm \sqrt{\delta}$, donne ensuite les deux autres racines.

Ainsi pour l'équation $x^3 - 5x + 3 = 0$, on a $x = -z\sqrt{5}$; d'où $z^3 - z = \frac{3}{5\sqrt{5}}$; d'où

$$x = -\tfrac{1}{3}\sqrt{5}\left(2 + \sqrt{1 + \frac{9}{5\sqrt{5}}}\right) = -\tfrac{1}{3}\sqrt{5} \,.\, 3{,}343 = -2{,}492;$$

puis par suite, $x = -2{,}490862$, $1{,}834245$ et $0{,}6566166$.

580. Mais si l'on veut recourir aux logarithmes, on préfère se servir du procédé suivant. Il suit du théorème (2), n° 572, en faisant $n = 3$, que le rayon étant un,

$$y^2 - 2y \cos \tfrac{1}{3} \varphi + 1 \textit{ divise } y^6 - 2y^3 \cos \varphi + 1.$$

Soit fait $x = m(y + y^{-1})$, dans $x^3 - px + q = 0$; nous mettons $-p$, parce que nous ne traitons ici que le cas où $27q^2 + 4p^3$ est négatif;

d'où, $$m^9 (y^3 + y^{-3}) + (3m^3 - pm)(y + y^{-1}) + q = 0.$$

On chasse le deuxième terme en posant $3m^2 = p$; d'où, $m = \sqrt{\tfrac{1}{3}p}$. Donc $y^6 + \frac{qy^3}{\sqrt{(\frac{1}{3}p)^3}} + 1 = 0$. Mais dans le cas que nous traitons, t est imaginaire dans l'équ. (2), ou $(\tfrac{1}{2}q)^2 < (\tfrac{1}{3}p)^3$: on peut donc trouver un arc φ dont le cos soit la moitié du facteur de y^3, puisque cette moitié est < 1;

$$\cos \varphi = \frac{-q}{2 \,.\, \frac{1}{3}p\sqrt{(\frac{1}{3}p)}}; \; . \; . \; . \; . \; . \; . \; . \qquad (7)$$

alors la proposée, se trouvant réduite à notre 2e trinôme, est divisible par $y^2 - 2y \cos \tfrac{1}{3} \varphi + 1 = 0$; divisant par y, on a

$y + y^{-1} = 2\cos\frac{1}{3}\varphi$; et comme $x = m\,(y + y^{-1})$, on a

$$x = 2\sqrt{(\tfrac{1}{3}p)}\,.\,\cos\tfrac{1}{3}\varphi. \quad . \quad . \quad . \quad . \quad . \quad . \quad (8)$$

L'arc φ sera donné par un calcul logarithmique : on en prendra le tiers, auquel on ajoutera 120° et 240°, parce qu'on peut prendre, outre l'arc trouvé dans la table, les arcs $\varphi + 2\pi$, $\varphi + 4\pi$, qui ont le même cosinus. L'équ. (8), où $\cos\frac{1}{3}\varphi$ prend trois valeurs, déterminera les trois racines réelles.

Soit, par ex., $x^3 - 5x - 3 = 0$; on a $p = 5$, $q = -3$, $\cos\varphi = \dfrac{3}{2\,.\,\frac{5}{3}\sqrt{\frac{5}{3}}}$. Le calcul ci-contre donne $\varphi = 45°48'9''$, dont le tiers est 15° 16′ 3″. On y ajoutera 120° et 240°, et l'on prendra les cosinus, qui sont

5 . . .	0,6989700
3 . . . —	0,4771213
diff. . . .	0,2218487
moitié . . .	0,1109243
2 . . .	0,3010300
dén. . . . —	0,6338030
3. . . . +	0.4771213
cos φ . . .	$\bar{1}$,8433183

cos 15° 16′ 3″ — sin 45° 16′ 3″, — cos 75° 16′ 3″.

On prend ci-contre,

$2\sqrt{\frac{5}{3}}$ . . .	0,4119543	0,4119543	0,4119543
$\cos\frac{1}{3}\varphi$	$\bar{1}$,9843955	$\bar{1}$,8515032—	$\bar{1}$,4053376—
x	0,3963498,	0,2634575—,	$\bar{1}$,8173119—,
$x =$	2,490862	—1,834245	—0,6566166

Pour l'équ. $x^3 - 5x + 3 = 0$, il suffit de changer x en $-x$, et l'on retombe sur l'équ. précédente ; on a donc les mêmes racines en signes contraires. Au reste, en traitant directement cet ex., l'équ. (5) donnant $\cos\varphi$ négatif, l'arc φ est $> 90°$, et le supplément du précédent : le calcul se continue de même.

Soit l'équ. $x^3 - 4x + 1 = 0$: d'où $\cos\varphi = \dfrac{-1}{2\,.\,\frac{4}{3}\sqrt{\frac{4}{3}}}$. Le calcul donne $\varphi = 108°57'3'',5$, et l'on obtient enfin. . . . .
$x = 1,860807$ . . . . . — 2,114907 . . . . 0,254099 . . . .

Equations du quatrième degré.

581. Soit proposée l'équ. $x^4 + px^2 + qx + r = 0$; pour la résoudre, employons la même marche que pour le 3ᵉ degré; regar-

dons x comme formé de deux parties y et z, $x=y+z$; d'où

$$y^4+(6z^2+p)y^2+(z^4+pz^2+qz+r)$$
$$+4zy^3+(4z^3+2pz+q)y=0.$$

Mais nous pouvons poser une relation à volonté entre y et z : égalant à zéro la 2e ligne qui renferme les puissances impaires de y, nous avons

$$y^2=-z^2-\frac{p}{2}-\frac{q}{4z}. \quad . \quad . \quad . \quad . \quad . \quad (1)$$

La transformée devient, en éliminant y^2,

$$z^6+\tfrac{1}{2}pz^4+\tfrac{1}{16}(p^2-4r)z^2-\tfrac{1}{64}q^2=0,$$

équ. qui n'a que des puissances paires de z. Faisons donc, pour simplifier, $z^2=\frac{1}{4}t$, et nous aurons

$$t^3+2pt^2+(p^2-4r)t-q^2=0. \quad . \quad . \quad . \quad (A)$$

C'est *la réduite* qui est du 3e degré, et a nécessairement au moins une racine réelle et positive * : désignons par t cette racine ; nous avons $z=\pm\frac{1}{2}\sqrt{t}$, où le signe est arbitraire. Substituant dans $x=y+z$ et dans (1), il vient

$$x=y\pm\tfrac{1}{2}\sqrt{t},\ y^2=\tfrac{1}{4}\left(-t-2p\mp\frac{2q}{\sqrt{t}}\right). \quad . \quad . \quad . \quad (2)$$

On trouve enfin, en ayant égard à la correspondance des signes, et éliminant y,

$$\left.\begin{aligned} x&=\tfrac{1}{2}\sqrt{t}\pm\tfrac{1}{2}\sqrt{\left(-t-2p-\frac{2q}{\sqrt{t}}\right)} \\ x&=-\tfrac{1}{2}\sqrt{t}\pm\tfrac{1}{2}\sqrt{\left(-t-2p+\frac{2q}{\sqrt{t}}\right)} \end{aligned}\right\} \quad . \quad . \quad . \quad (B)$$

Ainsi l'on résoudra la réduite (A) ; et prenant une racine positive t, on la substituera dans les formules (B), qui donneront les quatre valeurs de x.

Soit, par ex., $2x^4-19x^2+24x=\frac{23}{8}$; $p=-\frac{19}{2}$, $q=12$, etc. ;

* Il faut dégager cette équ. de son 2e terme, en posant $t=\frac{1}{3}(u-2p)$; d'où

$$u^3-3u(p^2+12)+12pr-2p^3-27q^2=0.$$

la réduite est $t^3 - 19t^2 + 96t = 144$. L'une des racines $t = 3$ donne

$$x = \frac{1}{2}\sqrt{3} \pm \sqrt{(4 - 2\sqrt{3})}, \text{ et } -\frac{1}{2}\sqrt{3} \pm \sqrt{(4 + 2\sqrt{3})};$$

et comme (p. 135) $\sqrt{(4 \pm 2\sqrt{3}} = 1 \pm \sqrt{3}$,

on a $\qquad x = 1 \pm \frac{1}{2}\sqrt{3}, \quad x = -1 \pm \frac{3}{2}\sqrt{3}.$

L'équation $x^4 - 25x^2 + 60x - 36 = 0$ a pour réduite, $t^3 - 50t^2 + 769t = 3600$; prenons $t = 9$, et nous aurons $x = 3, 2, 1$ et -6.

Pour $x^4 - x + 1 = 0$, on a $t^3 - 4t = 1$; d'où $t = 2,114907....$ (*voy.* p. 144); on en tire

$$x = -0,7271360 \pm 0,934099 \sqrt{-1},$$
$$x = +0,727136 \pm 0,4300139 \sqrt{-1},$$

Enfin, l'équation $x^4 - 3x^2 - 42x = 40$ donne

$$t^3 - 6t^2 + 169t = 1764;$$

d'où $\qquad t = 9$; puis $x = 4, \; -1$ et $\frac{1}{2}(3 \pm \sqrt{-31})$.

582. Si l'on mettait pour t, dans les équ. B, toute autre racine de la réduite, on n'obtiendrait pas des valeurs différentes pour x, et l'on ne préfère la racine positive t aux deux autres t' et t'', que pour la commodité des calculs. En effet, exprimons ces valeurs B en fonction des trois racines. On a

$$t + t' + t'' = -2p, \quad t \,.\, t' \,.\, t'' = q^2;$$

la 1re donne $\qquad t' + t'' = -2p - t,$

la 2e $\qquad \sqrt{(t'\,t'')} = \frac{q}{\sqrt{t}} \; \ldots\ldots\ldots \; (3)$

d'où $\qquad x = \frac{1}{2}\sqrt{t} \pm \sqrt{(\frac{1}{4}t' + \frac{1}{4}t'' - \frac{1}{2}\sqrt{t'\,t''})},$

ou bien $\qquad x = \frac{1}{2} \quad (\sqrt{t} \pm \sqrt{t'} \mp \sqrt{t''})$
de même $\qquad x = \frac{1}{2}(-\sqrt{t} \pm \sqrt{t'} \pm \sqrt{t''})$ $\Big\} \ldots\ldots (4)$

Ces équ. ne conviennent qu'autant que q est positif; car il faut observer que la réduite ne contenant pas q, mais q^2, convient à la proposée quel que soit le signe de q, bien que les racines x soient différentes pour $+q$ et pour $-q$. Mais dans les équ. B, comme on doit substituer la valeur de q avec son signe, cette circonstance rétablit les données telles qu'elles sont. Il n'en est pas de même dans les équ. (4) où q n'entre plus ; aussi faut-il avoir égard au signe de q dans l'équ. (3), et prendre $\sqrt{t}$ en $-$, quand q est négatif, pour que les deux membres y aient le même signe ; les radicaux des deux parts, devant recevoir le $\pm$. Ainsi, quand q sera négatif, il faudra poser $\sqrt{(t'\,t'')} = -\frac{q}{\sqrt{t}}$, ce qui donne aux valeurs B la forme

$$\left.\begin{array}{l} x = \frac{1}{2}\ \ (\sqrt{t} \pm \sqrt{t'} \pm \sqrt{t''}) \\ x = \frac{1}{2}(-\sqrt{t} \pm \sqrt{t'} \mp \sqrt{t''}) \end{array}\right\} \ldots \quad (5)$$

Or remarquons que, dans l'un ou l'autre de ces deux cas, les équ. 4 et 5 sont symétriques en t, t' et t'', c'est-à-dire que les expressions donnent les quatre mêmes valeurs, lorsqu'on change l'une de ces lettres en l'autre. Ainsi ces équ. 4 et 5 étant les mêmes que B sous une autre forme, les équ. B ne donnent que 4 racines.

Les formes 4 et 5 sont d'ailleurs propres à faire reconnaître la nature des racines de x : car

1° *Si la réduite a ses trois racines réelles*, il ne peut arriver que deux cas; comme leur produit $t\,.\,t'\,.\,t'' = q^2$ est positif, ou deux sont négatives, ou aucune ne l'est. Dans ce dernier cas, $\sqrt{t}$, $\sqrt{t'}$, $\sqrt{t''}$ sont réels, et nos quatre racines de x sont réelles. Dans l'autre cas, au contraire, $\sqrt{t'}$ et $\sqrt{t''}$ sont imaginaires, et les quatre valeurs de x le sont aussi. Donc, *quand la réduite tombe dans le cas irréductible, la proposée a ses quatre racines ensemble réelles ou imaginaires, selon que* t *a trois valeurs positives ou une seule*. On en a vu des exemples ci-dessus.

Cependant s'il arrive, dans ce 2° cas, que $t' = t''$, comme deux de nos valeurs de z contiennent la différence des radicaux $\sqrt{t'}$, $\sqrt{t''}$, les imaginaires s'entre-détruisent, et la proposée a deux racines réelles et égales, et deux imaginaires.

2° *Si la réduite n'a qu'une seule racine réelle* t, comme t est alors positif, $\sqrt{t}$ est réelle. D'ailleurs, désignons t' et t'' par $a \pm b\sqrt{-1}$, d'où

$$\sqrt{t'} \pm \sqrt{t''} = \sqrt{(a+b\sqrt{-1})} \pm \sqrt{(a-b\sqrt{-1})};$$

le carré est $\quad (\sqrt{t'} \pm \sqrt{t''})^2 = 2a \pm 2\sqrt{(a^2+b^2)}$.

Ce dernier radical est visiblement réel et $> a$; ainsi, notre carré a deux valeurs réelles, l'une positive, l'autre négative : en extrayant la racine, qui est $\sqrt{t'} \pm \sqrt{t''}$, on a donc une quantité réelle $\sqrt{A}$ d'une part, et une imaginaire $\sqrt{-B}$ de l'autre. Remontant aux valeurs précédentes de x, on voit clairement que *si la réduite n'a qu'une seule racine réelle* t, *celle-ci est positive, et la proposée a deux racines réelles et deux imaginaires.*

CHAPITRE IV.

FONCTIONS SYMÉTRIQUES.

Puissances des racines des Equations.

583. On dit qu'une fonction est *symétrique* ou *invariable*, quand elle n'éprouve aucune altération, en y échangeant toutes les lettres qui s'y trouvent l'une en l'autre : telles sont $a^2 + b^2$, $\sqrt{a} + \sqrt{b}$, $a + b + \sin a . \sin b$, etc., qui demeurent les mêmes lorsqu'on met b pour a, et a pour b. Les coefficients des divers termes d'une équ. $fx = 0$ sont des fonctions symétriques des racines $a, b, c \ldots$ (nº 502).

Nous représenterons à l'avenir, par $[a^\alpha b^\beta c^\gamma \ldots]$, la fonction symétrique dont $a^\alpha b^\beta c^\gamma \ldots$ est un terme, et dont on obtient les autres termes en échangeant chaque lettre $a, b, c \ldots$ en toutes les autres successivement : par S_m la somme des puissances m de ces racines, ou $S_m = a^m + b^m + c^m \ldots$ Or, sans connaître ces racines, prouvons qu'on peut toujours trouver les quantités S_m et $[a^\alpha b^\beta c^\gamma \ldots]$, quels que soient les entiers $m, \alpha, \beta, \gamma \ldots$, en fonction des coefficients $p, q \ldots$ de la proposée,

$$fx = x^m + px^{m-1} + qx^{m-2} \ldots + tx + u = 0.$$

fx est identique avec $(x-a) . (x-b) . (x-c) \ldots$, et l'on a vu (nº 520, 2º) que la dérivée $f'x$ est

$$mx^{m-1} + (m-1)\, px^{m-2} \ldots + t = (x-b)\,(x-c) \ldots + (x-a)\,(x-c) \ldots \text{ etc.}$$

En divisant par fx, on trouve

$$\frac{mx^{m-1} + (m-1)\, px^{m-2} \ldots + t}{x^m + px^{m-1} + qx^{m-2} \ldots + u} = \frac{1}{x-a} + \frac{1}{x-b} + \frac{1}{x-c} \ldots$$

En développant $(x-a)^{-1}$, on a (page 15, I)

$$\frac{1}{x-a}=\frac{1}{x}+\frac{a}{x^2}+\frac{a^2}{x^3}+\frac{a^3}{x^4}+\ldots.$$

Changeant a en $b, c \ldots$; et prenant la somme de tous ces résultats, notre second membre est

$$=\frac{m}{x}+\frac{S_1}{x^2}+\frac{S_2}{x^3}+\frac{S_3}{x^4}+\text{etc.}$$

Multipliant donc l'équ. par $x^m+px^{m-1}+qx^{m-2}+rx^{m-3}\ldots$

$$mx^{m-1}+(m-1)\,px^{m-2}+(m-2)\,qx^{m-3}\ldots+t=$$

$$\begin{array}{rl|rl|rl|l|rl|l}
mx^{m-1} & +S_1 & x^{m-2} & +S_2 & x^{m-3} & +S_3 & x^{m-4}\ldots\text{etc.} & \ldots & +S_l & x^{m-l-1}\ldots \\
 & +mp & & +pS_1 & & +pS_2 & \ldots & \ldots & +pS_{l-1} & \ldots \\
 & & & +mq & & +qS_1 & \ldots & \ldots & +qS_{l-2} & \ldots \\
 & & & & & +mr & \ldots & \ldots & +rS_{l-3} & \ldots
\end{array}$$

Le 1er membre a m termes; le second va à l'infini, chaque ligne ayant son 1er terme reculé d'un rang de plus à droite que dans la ligne qui précède; il y a $m+1$ lignes. En comparant les coefficients des mêmes puissances de x dans cette identité, on obtient une infinité d'équ. Les m 1res équ. ont chacune un terme de plus que la précédente; elles sont (en supprimant mp, $mq\ldots$, aux deux membres)

$$S_1+p=0,\quad S_2+pS_1+2q=0,\quad S_3+pS_2+qS_1+3r=0\ldots,$$
$$S_k+pS_{k-1}+qS_{k-2}+rS_{k-3}\ldots+kv=0,\ \ldots\ (A)$$

k étant un entier $< m$, et v le coefficient de x^{m-k} dans fx. Au delà de ces m équ., le 1er membre ne donne plus de terme à comparer avec ceux du 2e, et l'on trouve

$$S_l+pS_{l-1}+qS_{l-2}+rS_{l-3}\ldots+uS_{l-m}=0,\ \ldots\ (B)$$

l étant un entier $>$ ou $=m$. On a $S_0=a^0+b^0\ldots=m$.

584. Ces équ. sont dues à Newton : en voici l'usage.

La 1re donne $S_1=-p$, valeur qui, introduite dans la 2e, donne S_2; on a ensuite $S_3\ldots$

$$S_1=-p,\quad S_2=-pS_1-2q,\quad S_3=-pS_2-qS_1-3r\ldots;$$

et ainsi de proche en proche. En général, la valeur de S_l conduit à cette règle. Sous les m termes qui, dans la série des S, précèdent celui S_l qu'on veut calculer, écrivez les coefficients de fx en ordre inverse, avec des signes contraires ; multipliez chaque terme par celui qui est au-dessous, ajoutez, et vous aurez le terme suivant S_l:

$$\begin{array}{ccccc} S_{l-m}, & S_{l-m-1}\ldots & S_{l-3}, & S_{l-2}, & S_{l-1}, \\ -u, & -t\ldots & -r, & -q, & -p. \end{array}$$

Soit, par ex., l'équ. $x^3 - 3x^2 + 2x - 1 = 0$, où $p = -3$, $q=2$, $r = -1$; les facteurs seront $1, -2$ et 3. Ainsi, on trouve d'abord $S_0=3$, $S_1 = 3$, $S_2 = 5$; la série des S se continue comme il suit, chaque terme étant formé du produit des trois qui le précèdent, multipliés respectivement par $1, -2$ et 3,

$$3, 3, 5, 12, 29, 68, 158, 367, 853, 1983, 4610, 10717, 24914, 57918.$$

Pour $x^3 - 3x^2 + 12x = 4$, les facteurs sont $4, -12$ et 3, et l'on obtient

$$3,\ 3,\ -15,\ -69,\ -15,\ 723,\ 2073,\ -2517,\ -29535\ldots$$

Enfin, pour $x^3 - 2x = 5$, les multiplicateurs sont $5, 2$ et 0 ; on trouve $3, 0, 4, 15, 8, 50, 91, 140, 432\ldots$

En appliquant ce théorème à $x^m - 1 = 0$, on trouve, comme page 128,

$$S_1 = S_2 = S_3 = \ldots = 0,\quad S_m = S_{2m} = \ldots = m.$$

Il est donc facile d'obtenir la somme de toutes les puissances entières des racines d'une équ. sans connaître ces racines. S'il s'agissait des puissances négatives, on changerait x en $\frac{1}{y}$, et l'on appliquerait nos formules à la transformée en y ; on aurait les sommes demandées. Pour l'équ. $x^3 - 3x^2 + 2x = 1$, on aurait les facteurs $1, -3$ et 2 de la transformée ; d'où les sommes des puissances positives, qui sont les négatives demandées,

$$3,\ 2,\ -2,\ -7,\ -6,\ 7,\ 25,\ 23,\ -22,\ -88\ldots$$

585. *Cherchons à exprimer toute fonction symétrique* $[a^\alpha b^\beta c^\gamma \ldots]$, *à l'aide de* $S_1\ S_2\ S_3\ldots$, le nombre des racines $a, b, c\ldots$ comprises dans chaque terme étant n. Cette fonction s'obtiendrait en permu-

tant les m lettres $a, b, c \ldots$ de toutes les manières possibles, n à n, donnant à la 1re lettre l'exposant α, β à la 2e....; le nombre des termes sera $[mPn]$. Cependant, s'il arrivait que deux exposants fussent égaux, $\alpha = \beta$, comme les initiales ab, ba n'apporteraient aucune modification au terme résultant a^2, le nombre des termes ne serait que la moitié du précédent : il serait le 6e dans le cas de trois exposants égaux, etc. (*voy.* n° 493).

Pour obtenir la valeur de $[a^\alpha b^\beta]$, dont les termes ne contiennent que deux des m racines, opérons les permutations, comme n° 492, en multipliant

$$S_\alpha = a^\alpha + b^\alpha + c^\alpha \ldots \text{ par } S_\beta = a^\beta + b^\beta + c^\beta \ldots$$

Si les facteurs partiels contiennent la même racine, le produit partiel a la forme $a^{\alpha+\beta}$; sinon ce produit est tel que $a^\alpha b^\beta$. Ainsi le résultat sera $S_{\alpha+\beta} + [a^\alpha b^\beta]$; donc

$$[a^\alpha b^\beta] = S_\alpha \times S_\beta - S_{\alpha+\beta} \ldots\ldots \quad (C)$$

De même, pour la fonction $[a^\alpha b^\beta c^\gamma]$, multiplions $[a^\alpha b^\beta]$ par S_γ; (C) deviendra $= S_\alpha \times S_\beta \times S_\gamma - S_{\alpha+\beta} \times S_\gamma$. Formons le produit

$$(a^\alpha b^\beta + a^\alpha c^\beta + b^\alpha c^\beta + \ldots) \times (a^\gamma + b^\gamma + c^\gamma \ldots).$$

1° Si les facteurs partiels n'ont pas de racine commune, le produit partiel est tel que $a^\alpha b^\beta c^\gamma$; ces résultats réunis forment la fonction $[a^\alpha b^\beta c^\gamma]$ dont on cherche la valeur.

2° Si les facteurs partiels comprennent une racine commune, le terme est tel que $a^{\alpha+\gamma} b^\beta$, ou $a^\alpha b^{\beta+\gamma}$, suivant que cette racine est le 1er facteur ou le 2e. De là résultent les fonctions $[a^{\alpha+\gamma} b^\beta]$, $[a^\alpha b^{\beta+\gamma}]$, dont l'équ. C donne les valeurs :

$$S_{\alpha+\gamma} \times S_\beta - S_{\alpha+\beta+\gamma}, \quad S_\alpha \times S_{\beta+\gamma} - S_{\alpha+\beta+\gamma};$$

on a donc. . . . . (D)

$$[a^\alpha b^\beta c^\gamma] = S_\alpha \cdot S_\beta S_\gamma - S_{\alpha+\beta} S_\gamma - S_{\alpha+\gamma} \cdot S_\beta - S_{\beta+\gamma} S_\alpha + 2S_{\alpha+\beta+\gamma}.$$

L'esprit de ce genre de calcul est facile à saisir, et l'on peut l'appliquer aux fonctions symétriques formées de quatre facteurs et au delà. On sait donc évaluer ces fonctions à l'aide des seuls coefficients de la proposée, puisque les S sont connues par ce qu'on a exposé précédemment.

Observez que si la fonction symétrique proposée était fractionnaire, en la réduisant au même dénominateur, elle formerait une fraction dont chaque terme serait une fonction invariable. C'est ainsi que

$$\left[\frac{a}{b}\right], \text{ ou } \frac{a}{b}+\frac{b}{a}+\frac{a}{c}+\frac{c}{a}+\frac{b}{c}+\frac{c}{b}\ldots : \frac{a}{b}=\frac{[a^2b]}{abc\ldots}.$$

Appliquons ces préceptes généraux.

Résolution numérique des Équations.

586. Plus a sera grand par rapport aux autres racines $b, c\ldots$, plus S_k approchera d'être égal à son 1er terme a^k, et S_{k-1} à a_{k-1} : ces S sont d'ailleurs connues d'avance. Donc, en divisant, on trouve $a=S_k : S_{k-1}$. Ainsi, après avoir formé la série des nombres S_0, S_1, $S_2,\ldots$, le quotient de chaque terme par celui qui le précède, approchera de plus en plus de la racine supérieure a, à mesure que l'indice de S sera plus élevé. On pourrait de même obtenir la moindre racine (n° 507, 2°).

Les imaginaires peuvent modifier notre proposition; car soit $x=\alpha\pm\beta\sqrt{-1}$: faisons $\alpha=\lambda\cos\varphi$, $\beta=\lambda\sin\varphi$, ce qui est toujours permis, puisqu'il en résulte

$$\lambda^2=\alpha^2+\beta^2,\quad \tang\varphi=\frac{\beta}{\alpha},$$

équ. d'où l'on peut conclure λ et l'arc φ dans tous les cas. On a $x=\lambda(\cos\varphi\pm\sin\varphi.\sqrt{-1})$; d'où (note, page 129)

$$(\alpha\pm\beta\sqrt{-1})^k=\lambda^k(\cos k\varphi\pm\sin k\varphi.\sqrt{-1}).$$

Nos deux racines imaginaires supposées, introduisent donc dans S_k le terme $2\lambda^k\cos k\varphi$. Il faut donc que λ, ou $\sqrt{(\alpha^2+\beta^2)}$ soit moindre que la plus grande racine a, pour que le théorème précédent soit vérifié.

Pour le 1er ex. de la page 148, on a $S_{13}=57918$, $S_{12}=24914$;

le quotient $\frac{57918}{24914} = 2{,}3247177$ est une valeur approchée de x.

587. Cherchons l'équation au carré des différences,

$$Fz = z^n + Pz^{n-1} + Qz^{n-2} \ldots + U = 0,$$

où les inconnues sont $P, Q \ldots U$. Nous avons

$$(x-a)^l = x^l - lax^{l-1} + A'\,a^2x^{l-2} - A''a^3x^{l-3} \ldots \pm a^l,$$
$$(x-b)^l = x^l - lbx^{l-1} + A'\,b^2x^{l-2} - A''b^3x^{l-3} \ldots \pm b^l,$$
$$(x-c)^l = x^l - lcx^{l-1} + A' \text{ etc.}$$

Ces équ. sont en nombre m; l, A', A''.... sont les coefficients du binôme pour la puissance l. Ajoutons, le 2e membre sera

$$mx^l - lS_1x^{l-1} + A'S_2x^{l-2} - A''S_3x^{l-3} \ldots \pm S_l.$$

Changeons successivement x en $a, b, c \ldots,$

$$(a-b)^l + (a-c)^l \ldots = ma^l - lS_1a^{l-1} + \ldots \pm S_l,$$
$$(b-a)^l + (b-c)^l \ldots = mb^l - lS_1b^{l-1} + \ldots \pm S_l,$$
$$(c-a)^l + \text{etc.}$$

En ajoutant toutes ces équ., le 1er membre est *la somme des puissances* l *des différences de toutes les racines, retranchées deux à deux.* Le 2e membre est

$$mS_l - lS_1S_{l-1} + A'S_2S_{l-2} - A''S_3S_{l-3} + \ldots \pm mS_l.$$

Or, si l est impair, on ne peut rien tirer de cette formule, car les différences sont égales deux à deux en signes contraires, et leurs puissances l s'entre-détruisent. Le 2e membre est formé de termes dont ceux qui sont à égale distance des extrêmes ont même coefficient, mêmes indices pour S, avec des signes contraires ; ces termes se détruisent donc aussi : de là $0 = 0$.

Mais si l est pair, $(a-b)^l$, $(b-a)^l$.... sont égaux deux à deux, et chaque terme du 1er membre est double ; d'ailleurs, les parties du 2e sont encore égales deux à deux, mais ont même signe : elles se doublent donc aussi, excepté le terme moyen, qui ne s'accouple avec aucun autre. Prenant la moitié des deux membres, chaque terme redevient simple, et il faut réduire le terme moyen à moitié. Ainsi, d'une part, faisant $l = 2i$, le 1er membre devient la somme des puissances $2i$ des diff. des racines, ou celle des puissances i des carrés de ces diff., somme que nous représenterons par f_i. D'une autre part $2i$, A', A''.... désignant les coefficients du binôme, pour l'exposant $2i$ il vient (p. 5)

$$f_i = mS_{2i} - 2iS_{2i}.\, S_{2i-1} + A'S_2S_{(2i-2)} - A''S_3S_{(2i-3)} \ldots$$

$$\pm \frac{1}{2} \cdot \frac{2i(2i-1)(2i-2)\ldots(i+1)}{2.3.4\ldots 2i} \times (S_i)^2 \ldots\ldots (N)$$

Les coefficients $2i$, A' A''.... ont pour valeurs les nombres de la ligne $2i$ dans le tableau, p. 7 ; on doit s'arrêter au terme du milieu dont on prend la moitié. Ces facteurs sont pour

$i = 1$ . . . 1, 1
$i = 2$ . . . 1, 4, 3
$i = 3$ . . . 1, 6, 15, 10
$i = 4$ . . . 1, 8, 28, 56, 35
$i = 5$ . . . 1, 10, 45, 120, 210, 126
$i = 6$ . . . 1, 12, 66, 220, 495, 792, 462, etc.

D'où l'on tire

$$f_1 = mS_2 - (S_1)^2 \qquad f_4 = mS_8 - 8S_1S_7 \ldots + 35(S_4)^2$$
$$f_2 = mS_4 - 4S_1S_3 + 3(S_2)^2 \qquad f_5 = mS_{10} - 10S_1S_9 \ldots - 126(S_5)^2$$
$$f_3 = mS_6 - 6S_1S_5 + 15S_2S_4 - 10(S_3)^2 \quad f_6 = mS_{12} - 12S_1S_{11} \ldots + 462(S_6)^2.$$

Cela posé, si l'on a calculé la série $S_0S_1S_2\ldots$, on pourra tirer de cette équ. les valeurs de $(a-b)^2 + (a-c)^2\ldots$, en faisant $i = 1$; ce sera la somme f_1 des puissances 1 des racines de $Fz = 0$; $i = 2$ donnera de même $(a-b)^4 + (a-c)^4\ldots$, ou f_2, etc. En général, l'équ. (N) donnera la somme f_i des puissances i des racines de l'équ. au carré des différences. Or, d'après les équ. (A) p. 148, appliquées à cette équ., on a

$$P = -f_1,\ Q = -\tfrac{1}{2}(Pf_1 + f_2),\ R = -\tfrac{1}{3}(Qf_1 + Pf_2 + f_3)\ldots$$

Le calcul des f devra être poussé jusqu'à l'indice $n = \frac{1}{2}m(m-1)$, degré de Fz, et celui des S jusqu'à un indice double.

Pour $x^3 + qx + r = 0$, les $S_0S_1\ldots$ sont

$$3,\ 0,\ -2q,\ -3r,\ 2q^2,\ 5qr,\ -2q^3 + 3r^2;$$

d'où $$f_1 = -6q,\ f_2 = 18q^2,\ f_3 = -66q^3 - 81r^2;$$
$$P = 6q,\quad Q = 9q^2,\quad R = 27r^2 + 4q^3;$$

Ce sont les coefficients de l'équ. au carré des différences pour le 3e degré. On trouvera les formules pour le 4e et le 5e degré dans la *Résolution numér.* de Lagrange, nos 38, 39 et note III.

Equations du second degré.

588. L'équ. $x^2 + px + q = 0$ ayant a et b pour racines inconnues, cherchons la valeur $z = c + mb$, m étant un nombre arbitraire. Comme $a + b = -p$, ces deux équ. feront connaître a et b, quand z sera obtenu. Mais on ne peut trouver cette valeur de $a + mb$, sans obtenir aussi celle de $b + ma$; z, ayant ces deux racines, est donné par cette autre équ. du 2ᵉ degré

$$[z - (a + mb)] \times [z - (b + ma)] = 0.$$

Il est donc impossible de tirer parti de ce calcul, tant que m demeure quelconque. Mais si cette équ. en z est privée du 2ᵉ terme, ce qui arrive quand $m = -1$, on a

$$z^2 = (a - b)^2 = a^2 + b^2 - 2ab = S_2 - 2q;$$

et comme (p. 148) $S_2 = p^2 - 2q$, on trouve

$$z = a - b = \pm \sqrt{(p^2 - 4q)}, \quad a + b = -p,$$

d'où l'on tire enfin les deux racines a et b.

Équations du troisième degré.

589. Les racines de $x^3 + px + q = 0$ étant a, b, c, la quantité $z = a + mb + nc$ est susceptible de 6 valeurs (équ. 2 ci-après), quand m et n sont quelconques : et comme on ne peut trouver l'une de ces valeurs, sans que le calcul donne en même temps les 5 autres, z doit être racine d'une équ. du 6ᵉ degré : il est donc inutile d'espérer qu'on trouvera z avant x. Cependant si l'on admet que m et n peuvent recevoir des valeurs telles, que cette équ. en z soit $z^6 + Az^3 + B = 0$, résoluble par le 2ᵉ degré (nᵒ 575, on en tire bientôt z, et ensuite x. En effet, posant $z^3 = u$, on a

$$u = -\tfrac{1}{2}A \pm \sqrt{(\tfrac{1}{4}A^2 - B)} = z^3. \quad . \quad . \quad . \quad . \quad (1)$$

Désignant par z' et z'' les deux racines cubiques de u, et par 1, α, α^2 celles de l'unité (nᵒ 569), les six valeurs de z doivent résulter de tous les changements de place entre a, b, c, dans le trinôme $a + mb + nc$: posons

$$\begin{array}{ll|ll} z' &= a + mb + nc & z'' &= a + nb + mc, \quad \ldots (2) \\ \alpha z' &= b + mc + na & \alpha^2 z'' &= b + nc + ma, \\ \alpha^2 z' &= c + ma + nb & \alpha z'' &= c + na + mb. \end{array}$$

Chaque lettre passe ici d'un rang à celui qui est à gauche, et le 1er terme à la dernière place. Il reste donc à déterminer les arbitraires m et n, de manière à ce que ces six équ. soient réalisées. Multiplions $\alpha z'$ par α^2 ; il vient, à cause de $\alpha^3 = 1$,

$$z' = \alpha^2 b + m\alpha^2 c + n\alpha^2 a = a + mb + nc.$$

L'identité exige que les coefficients respectifs de a, b, c, soient égaux, ou $\alpha^2 = m$, $m\alpha^2 = n$, $n\alpha^2 = 1$; donc $m = \alpha^2$, $n = \alpha$. En substituant dans les six équ. (2), on trouve qu'elles sont une conséquence de

$$z' = a + \alpha c + \alpha^2 b, \quad z'' = a + \alpha b + \alpha^2 c. \quad . \quad . \quad (3)$$

Ainsi, en prenant $m = \alpha^2$, $n = \alpha$, notre trinôme a six valeurs, qui ne forment que deux cubes différents z'^3, z''^3 ; car en multipliant les équations (3) par α et α^2, on reproduit les 6 équations (2) dont les 1ers membres n'ont visiblement pour cubes que z'^3 et z''^3.

Il est donc certain que les 6 valeurs de z sont racines d'une équ. de la forme $z^6 + Az^3 + B = 0$, ou

$$(z^3 - z'^3)(z^3 - z''^3) = z^6 - (z'^3 + z''^3)z^3 + z'^3 z''^3 = 0 ;$$

il reste à déterminer A et B, savoir :

$$A = -(z'^3 + z''^3), \quad B = (z' . z'')^3 ;$$

car une fois A et B connus en fonction des coefficients p et q, l'équ. (1) donnera les valeurs de z^3, dont les racines cubiques z' et z'' seront connues. Les équ. (3) donneront ensuite a, b, c, comme nous le montrerons.

Développons le cube de $z' = a + \alpha c + \alpha^2 b$, en mettant 1 pour α^3 chaque fois qu'il se rencontre,

$$z'^3 = S_3 + 6abc + 3\alpha(a^2 c + b^2 a + c^2 b) + 3\alpha^2 (a^2 b + c^2 a + b^2 c).$$

On obtient z''^3 en changeant ici b en c ; ajoutons ces deux résultats, il vient

$$-A = 2S_3 - 12q + 3(\alpha + \alpha^2)[a^2b] = 5S_3 - 12q,$$

à cause de $abc = -q$, $S_1 = 0$, $\alpha + \alpha^2 = -1$, et de la formule (C, p. 150) qui donne $[a^2b] = S_1S_2 - S_3$; et comme $S_3 = -3q$, on a $A = 27q$.

D'un autre côté, $z'z'' = S_2 + (\alpha + \alpha^2)[ab] = -3p$, à cause de $S_2 = -2p$, $[ab] = p$, $\alpha + \alpha^2 = -1$, le cube est $B = -27p^3$.

Ainsi, $$u = -27(\tfrac{1}{2}q \pm \sqrt{\tfrac{1}{4}q^2 + \tfrac{1}{27}p^3}) = z^3.$$

Comme ici les facteurs de 27 sont les racines t' et t'' de l'équation $t^2 + qt = (\frac{1}{3}p)^3$, on a $z^3 = 27t$.

Éliminant a, b, c, entre les équ. (3) et $a + b + c = 0$, qui provient de ce que la proposée n'a pas de 2ᵉ terme, on a

$$3a = z' + z'', \quad 3b = \alpha z' + \alpha^2 z'', \quad 3c = \alpha^2 z' + \alpha z'';$$

et puisque $z' = 3\sqrt[3]{t'}$, $z'' = 3\sqrt[3]{t''}$, on retrouve les valeurs du n° 578.

Equations du quatrième degré.

590. Pour résoudre l'équ. $x^4 + px^2 + qx + r = 0$, nous ne chercherons pas à former les valeurs de $z = a + lb + mc + nd$, qui sont au nombre de 24 ; mais de $z = a + b + m(c + d)$, qui n'en a que 6 : et même faisant $m = -1$, nous poserons

$$z = a + b - c - d,$$

dont les six valeurs sont égales deux à deux avec des signes contraires. La racine z sera donc donnée par une équ. du 6ᵉ degré, telle que $z^6 + Az^4 + Bz^2 + C = 0$, qui n'a que des puissances paires, en sorte que ces 6 valeurs n'ont que trois carrés différents. Posant $z^2 = t$, on retombera sur une équ. du 3ᵉ degré, qui donnera t, par suite z, et enfin x.

En développant le carré, on a

$$(a + b - c - d)^2 = (a + b + c + d)^2 - 4(ac + ad + bc + bd).$$

La 1re partie est nulle, puisque le 2e terme manque dans la proposée : ajoutant et ôtant 4 $(ab + cd)$, on a

$$(a + b - c - d)^2 = -4\,[ab] + 4\,(ab + cd).$$

Changeant b en c, puis en d, comme $[ab] = p$, on a

$$(a + c - b - d)^2 = -4p + 4\,(ac + bd),$$
$$(a + d - c - b)^2 = -4p + 4(ad + bc);$$

telles sont les valeurs de nos trois carrés z^2. Il est clair que les calculs seront plus simples, si l'on prend pour inconnue .... $u = \frac{1}{4} z^2 + p$, puisque les valeurs de u seront

$$ab + cd, \quad ac + bd, \quad ad + bc :$$

formons l'équ. qui a ces trois racines. Comme on a

$$S_1 = 0,\ S_2 = -2p,\ S_3 = -3q,\ S_4 = 2p^2 - 4r,$$
$$S_5 = 5pq,\ S_6 = -2p^3 + 6pr + 3q^2,$$

on trouve, d'après la formule D, et en divisant par 2 ou 6 (p. 150), s'il y a lieu, que,

1° La somme des binômes est $[ab] = p$;

2° La somme de leurs produits 2 à 2 est

$$[a^2bc] = S_4 - \tfrac{1}{2}S_2{}^2 = -4r;$$

3° Le produit des trois binômes est $abcd \times S_2 + [a^2b^2c^2]$,

ou $\qquad rS_2 + \frac{1}{6}S_2{}^3 - \frac{1}{2}S_4 \,.\, S_2 + \frac{1}{3}S_6 = -4pr + q^2;$

ainsi, on a $\qquad u^3 - pu^2 - 4ru + 4pr - q^2 = 0,$

ou $\qquad z^6 + 8pz^4 + 16z^2(p^2 - 4r) - 64q^2 = 0,$

en mettant $\frac{1}{4}z^2 + p$ pour u. Une fois connues les trois valeurs de z^2, puis leurs racines $\pm\,(z,\ z'$ et $z'')$, il faudra tirer $a,\ b,\ c,\ d$ des équations

$$-S_1 = a + b + c + d = 0, \quad a + c - b - d = z',$$
$$a + b - c - d = z, \quad a + d - b - c = z''.$$

Ajoutées 2 à 2, ces équ. donnent

$$a + b = \tfrac{1}{2}z, \quad a + c = \tfrac{1}{2}z', \quad a + d = \tfrac{1}{2}z'',$$

dont la somme $a = \frac{1}{4}(z + z' + z'')$: par suite, on a b, c et d. Or

z, z', z'' étant prises en $\pm$, on a 8 racines au lieu de 4 : et en effet, l'équ. en z dépendant de q^2 et non de q, notre calcul laisse le signe de q arbitraire. Le produit des trois dernières équ. est

$$\tfrac{1}{8}\, zz'z'' = a^3 + a^2(b+c+d) + [abc] = -q,$$

à cause de $-a = b+c+d$. Le produit $zz'z''$ a donc un signe contraire à q, d'où suivent ces deux systèmes, comme p. 144,

$$q \text{ positif},\ x = \tfrac{1}{4}(z \pm z' \mp z''),\ \text{ et } \tfrac{1}{4}(-z \pm z' \pm z'');$$
$$q \text{ négatif},\ x = \tfrac{1}{4}(z \pm z' \pm z''),\ \text{ et } \tfrac{1}{4}(-z \mp z' \pm z'').$$

Élimination.

591. Soient $Z = 0$, ou $kx^m + px^{m-1} + \text{etc.} + u = 0$,
$T = 0$, ou $k'x^n + p'x^{n-1} + \ldots + u' = 0$;

deux équ. en x et y. Si la 2e équ. est supposée résolue par rapport à x, savoir, $x = a, b, c\ldots$ on pourra substituer ces valeurs, qui sont en fonction de y dans $Z = 0$; il en résultera autant d'équations $A = 0$, $B = 0$, $C = 0\ldots$, en y seul. Si la 1re est resolue, les valeurs $y = \alpha, \alpha', \alpha''\ldots$ étant mises dans $x = a$, donneront les valeurs correspondantes $x = \beta, \beta', \beta''\ldots$; de là les couples (α, β), $(\alpha', \beta')\ldots$, qui rendront Z et T nuls. On en dira autant pour $B = 0$ et $x = b$, $C = 0$ et $x = c\ldots$

En posant le produit $A \times B \times C\ldots = 0$, cette équ. aura pour racines toutes les valeurs de y ainsi obtenues ; ce sera donc *l'équation finale* en y, dégagée de toute racine étrangère. Il s'agit de composer le produit $ABC\ldots$

Mais comme ce produit ne doit pas varier quand on change a en b, en $c\ldots$, les coefficients sont fonctions symétriques de ces lettres, qu'on suppose être racines de l'équ. $T = 0$, résolue par rapport à x. On saura donc exprimer ces coefficients en $S_1, S_2, S_3\ldots$ tirés de $T = 0$, c'est-à-dire, en fonction des coefficients de T, qui sont en y. Dès lors le produit $ABC\ldots$ se trouvant dégagé, d'abord de x, et ensuite de $a, b, c, \ldots$ ne contiendra que l'inconnue y.

Donc, mettez successivement pour x dans $Z = 0$, les lettres a, $b, c\ldots$ en nombre n égal au degré de x dans T; multipliez les polynômes résultants, les coefficients du produit seront des fonctions symétriques de $a, b, c\ldots$; tirez ensuite de $T = 0$ les valeurs de

S_1, S_2.... en y; et exprimez vos fonctions symétriques en S_1, S_2....: vous aurez l'équ. finale demandée.

Soient $x^3y - 3x + 1 = 0$, $x^2(y-1) + x - 2 = 0$;
d'où $(a^3y - 3a + 1)(b^3y - 3b + 1) = 0$,

$$a^3b^3y^2 + yS_3 - 3aby\ S_2 + 9ab - 3S_1 + 1 = 0.$$

Mais on tire de la deuxième équation proposée

$$S_1 = \frac{-1}{y-1},\ ab = \frac{-2}{y-1},\ S_2 = \frac{1}{(y-1)^2} + \frac{4}{y-1} \dots;$$

enfin, on obtient la même équation finale que p. 64.

Ajoutant les exposants qui, dans chaque terme de Z, affectent x et y, désignons par m la plus grande de ces sommes ; m est ce qu'on nomme le *degré* de l'équ. $Z = 0$; y ne doit entrer qu'au premier degré au plus dans le coefficient p de x^{m-1} ; au 2e dans celui q de x^{m-2}, etc. Soit n le degré de $T = 0$; prouvons que *le degré de l'équ. finale ne peut excéder le produit* mn *des degrés des équ. proposées.*

On sait que la valeur de S_1 ne contient d'autre coefficient que p' ; celle de S_2 contient q', etc.... S_1, S_2, S_3.... ont donc leur degré en y, exprimé par leurs indices respectifs. D'un autre côté, un terme du produit $ABC \dots$, tel que $y^i\,[a^\alpha b^\beta c^\gamma \dots]$, a son degré $i + \alpha + \beta + \gamma \dots = mn$ au plus, puisque chaque terme de A est au plus du degré m, et qu'il y a n facteurs A, B, C.... Il suit d'ailleurs des formules du n° 585, qui expriment des fonctions invariables, que $[a^\alpha b^\beta c^\gamma \dots]$ sera en y du degré $\alpha + \beta + \gamma$.... Donc, le terme sera lui-même du degré mn au plus : C. Q. F. D.

Voyez un Mémoire de M. Poisson, 11e *Journal polytechnique.*

CHAPITRE V.

FRACTIONS CONTINUES.

Génération et Propriétés.

592. Pour approcher d'une racine de l'équ. $fx = 0$, soit y l'entier immédiatement moindre, et x' une nouvelle inconnue > 1, d'où $x = y + \frac{1}{x'}$: substituant dans $fx = 0$, on a une transformée

$Fx' = 0$. Soit y' l'entier au-dessous de x', on fera $x' = y' + \frac{1}{x''}$; puis $x'' = y'' + \frac{1}{x'''} \ldots x''$, x''' étant > 1; on obtiendra ainsi les équ. (A), et, par substitution, la valeur de x sous la forme (B) qu'on appelle une *fraction continue*.

$$\begin{aligned} x &= y + \frac{1}{x'} \\ x' &= y' + \frac{1}{x''} \quad (A) \\ x'' &= y'' + \frac{1}{x'''} \quad \text{etc.} \end{aligned} \qquad x = y + \cfrac{1}{y' + \cfrac{1}{y'' + \cfrac{1}{y''' + \cfrac{1}{y^{\text{IV}} + \text{etc.}}}}} \quad (B)$$

Les entiers $y, y', y'', y''', \ldots$ sont les *termes de la fraction continue*, que, pour abréger, nous écrirons ainsi :

$$x = y, y', y'', y''', y^{\text{IV}}, \ldots$$

L'évaluation de x en fraction ordinaire se fait par le procédé suivant. Soit, par exemple,

$$= 2, 1, 3, 2, 4 = 2 + \cfrac{1}{1 + \cfrac{1}{3 + \cfrac{1}{2 + \cfrac{1}{4}}}}$$

Prenant d'abord la portion terminale $2 + \frac{1}{4}$, je la réduis à $\frac{9}{4}$: l'unité divisée par $\frac{9}{4}$ donne $\frac{4}{9}$, et x devient

$$x = 2 + \cfrac{1}{1 + \cfrac{1}{3 + \cfrac{4}{9}}}$$

de même $3 + \frac{4}{9} = \frac{31}{9}$; puis, $1 : \frac{31}{9} = \frac{9}{31}$, et $x = 2 + \cfrac{1}{1 + \frac{9}{31}}$, qui revient à $2 + 1 : \frac{40}{31} = 2 + \frac{31}{40}$; enfin $x = \frac{111}{40}$. La marche du calcul revient visiblement à celle de la p. 32, *Arithm.*, Dans les ex. suivants, la 1re ligne contient les termes de la fraction continue, et l'opération se fait ainsi : *Multipliez chaque terme par le nombre inscrit au-dessous, et ajoutez celui qui est à la droite de ce dernier; placez la somme au rang à gauche.*

$x =$	2,	1,	3,	2,	4	$x =$		3,	2,	1,	1,	3,	2,	4
111,	40,	31,	9,	4,	1	617,		182,	71,	40,	31,	9,	4,	1

On a donc $x = \frac{111}{40}$ d'une part, et $x = \frac{617}{182}$ de l'autre.

Lorsque la fraction continue va à l'infini, on l'arrête à l'un de ses termes, en négligeant tous les suivants; on n'a ainsi qu'une valeur approchée de x. Si l'on néglige x^{IV} dans les équ. (A), en posant $x''' = y'''$, x''' est rendu *trop petit;* cette valeur donne $x'' = y'' + \frac{1}{y'''}$, qui est *trop grand :* x^{I} est à son tour *trop petit,* etc. En général, *suivant qu'on limite une fraction continue à un terme de rang pair ou impair, la valeur est* $>$ *ou* $<$ x. En arrêtant la fraction successivement au 1er terme y, au 2e y', au 3e y'', ... les résultats sont alternativement $< x$ et $> x$, qui est *compris entre deux consécutifs.* Ces résultats, qu'on nomme *fractions convergentes ou réduites,* seront représentés ici par

$$\frac{a}{a'},\ \frac{b}{b'},\ \frac{c}{c'},\ \frac{d}{d'}\ \ldots\ \frac{m}{m'},\ \frac{n}{n'},\ \frac{p}{p'}\ \ldots \qquad (C$$

En prenant $\quad y,\ y',\ y'',\ y'''\ \ldots\ y^{i-2},\ y^{i-1},\ y^{i}\ldots$

pour dernier terme. On a

$$\frac{a}{a'} = \frac{y}{1},\ \frac{b}{b'} = \frac{yy'+1}{y'},\ \frac{c}{c'} = \frac{yy'y''+y''+y}{y'y''+1}\ \ldots$$

on voit que $\frac{c}{c'} = \frac{by''+a}{b'y''+a'}$. Pour avoir $\frac{d}{d'}$, remplaçons ici y'' par $y''+\frac{1}{y'''}$, et $x = y,\ y',\ y''$ deviendra $x = y,\ y',\ y'',\ y'''$. Or le numérateur c devient

$$by''+a+\frac{b}{y'''} = c+\frac{b}{y'''} = \frac{cy'''+b}{y'''},$$

le dénominateur d devient $\frac{c'y'''+b'}{y'''}$; d'où $\frac{d}{d'} = \frac{cy'''+b}{c'y'''+b'}$.

Et comparant ces valeurs de $\frac{c}{c'}$, $\frac{d}{d'}$, on voit que *le numérateur d'une convergente se déduit des deux précédents multipliés respectivement par* 1 *et par l'entier terminal, puis prenant la somme des produits le dénominateur suit la même loi.* Cette loi appartient, d'ailleurs à toutes les convergentes (C), puisqu'elle résulte d'un calcul semblable, aux accents près, pour chacune en particulier. Donc,

$$p = ny^i + m, \quad p^i = n'y^i + m' . \quad . \quad . \quad . \quad (D)$$

$$\frac{p}{p'} = \frac{ny^i + m}{n'y^i + m'} . \quad . \quad . \quad . \quad . \quad . \quad (E)$$

Il suffit donc de former les deux 1res convergentes, pour en déduire consécutivement toutes les autres, par ex.,

$$x = 2, 1, 3, 2, 4, \text{ donne } \tfrac{2}{1}, \tfrac{3}{1}, \tfrac{11}{4}, \tfrac{25}{9}, \tfrac{111}{40},$$

fractions tour à tour $<$ et $>$ x dont $\frac{111}{40}$ est la valeur exacte. Ce procédé offre un second moyen d'obtenir cette valeur.

593. En éliminant y^i entre les équ. (D), il vient

$$pn' - p'n = -(nm' - n'm),$$

c'est-à-dire que *la différence des produits en croix des termes de deux convergentes consécutives, est constamment la même en signes contraires :* et comme pour les deux premières $\frac{a}{a'} = \frac{y}{1}$, $\frac{b}{b'} = \frac{yy'+1}{y'}$, *cette différence est* 1, on en conclut que

$$pn' - p'n = \pm 1, \; \frac{p}{p'} - \frac{n}{n'} = \pm \frac{1}{p'n'}; \quad . \quad . \quad . \quad (F)$$

on prend $+$ quand y^i et $\frac{p}{p'}$ sont de rangs pairs, $\frac{p}{p'} > \frac{n}{n'}$, et $-$ quand les rangs sont impairs *. Donc,

* Les différences entre les convergentes successives sont

$$\frac{b}{b'} - \frac{a}{a'} = \frac{1}{a'b'}, \quad \frac{c}{c'} - \frac{b}{b'} = -\frac{1}{b'c'}, \ldots \quad \frac{p}{p'} - \frac{n}{n'} = \pm \frac{1}{p'n'} \ldots;$$

la somme de toutes ces équ. se réduit à

$$\frac{p}{p'} = \frac{a}{a'} + \frac{1}{a'b'} - \frac{1}{b'c'} + \frac{1}{c'd'} \ldots \pm \frac{1}{p'n'};$$

on obtient ainsi le développement de la valeur exacte de x, quand $\frac{p}{p'}$ est la dernière convergente, et une expression approchée de x lorsque la fraction continue va à l'infini. Dans notre ex.,

$$\frac{111}{40} = x = \frac{2}{1} + \frac{1}{1} - \frac{1}{4} + \frac{1}{36} - \frac{1}{360}.$$

1° Comme tout diviseur de p et p' devrait aussi diviser 1, p et p' sont premiers entre eux ; il en est de même de p et n, de p' et n'. *Les convergentes sont irréductibles ;*

2° Si dans l'équ. (E), on remplace y^i par la valeur totale z de la fraction continue, prise depuis le terme y^i jusqu'à la fin, $z = y^i$, y^{i+1}, y^{i+2}, ... il est clair qu'au lieu d'avoir une convergente, on aura la valeur exacte de x, savoir :

$$x = \frac{nz + m}{n'z + m'}, \quad \ldots\ldots\ldots \quad (G)$$

nous appellerons (G) une *fraction complète ;*

3° Retranchons $\frac{m}{m'}$ et $\frac{n}{n'}$ de x, pour obtenir les erreurs δ' et δ de chacune de ces convergentes :

$$\delta' = \frac{\pm z}{m'(n'z + m')}, \quad \delta = \frac{\mp 1}{n'(n'z + m')}. \quad \ldots \quad (H)$$

Les signes sont contraires, parce que x est compris entre les deux convergentes. Cette 2e différ. est moindre que la 1re, puisque $m' < n'$ et $z > 1$, z contenant la partie entière et positive y^i : ainsi x est plus près de $\frac{n}{n'}$ que de $\frac{m}{m'}$: *les convergentes (C) sont de plus en plus approchées de* x, *alternativement par défaut et par excès,* d'où résulte leur dénomination ;

4° Lorsqu'on limite la fraction continue pour en tirer deux convergentes consécutives $\frac{m}{m'}$, $\frac{n}{n'}$, les erreurs δ', δ ont les valeurs (H) ; et comme $z > 1$, si l'on pose $z = 1$ dans la 2e, on augmente la fraction, d'où

$$\delta = x - \frac{n}{n'} < \frac{\mp 1}{n'(n' + m')}. \quad \ldots\ldots \quad (K)$$

L'erreur de toute convergente $\frac{\text{n}}{\text{n}'}$ *est moindre que l'unité divisée par le produit de son dénominateur* n' *multiplié par la somme* n' + m' *de ce dénominateur et de celui de la fraction précédente.* Dans l'ex. cité, on a les fractions $\frac{11}{4}$ et $\frac{25}{9}$; celle-ci n'est pas fautive de $\frac{1}{117}$, 117 étant $= 9(9 + 4)$.

Souvent aussi on néglige le terme m', ce qui accroît encore la fraction (K), et on a $\delta < \frac{1}{n'^2}$; *toute convergente est approchée de* x *à moins de* 1 *divisé par le carré de son dénominateur :* $\frac{25}{9}$ n'est pas en erreur de $\frac{1}{81}$.

594. Soient $\frac{h}{h'}, \frac{k}{k'}, \frac{l}{l'}$ des fractions croissantes quelconques : la différ. entre les extrêmes surpasse celle de chacune avec l'intermédiaire. Supposons en outre que h, h', l, l' soient tels qu'on ait $lh' - l'h = 1$; on trouve que

$$\frac{l}{l'} - \frac{h}{h'} = \frac{1}{l'h'} > \frac{kh' - k'h}{k'h'} \text{ et} > \frac{lk' - kl'}{k'l'}.$$

Ces numérateurs étant entiers et positifs, sont au moins 1 ; remplaçons-les par 1 ; il vient $l'h' < h'k'$ et $< k'l'$; donc $k' > l'$ et h', en supprimant les facteurs communs. k' est le plus grand des trois dénominateurs. De même, en renversant les trois fractions, on voit que $k > h$ et l. Ainsi la fraction intermédiaire est plus compliquée que les deux extrêmes.

Or x est entre $\frac{m}{m'}$ et $\frac{n}{n'}$; pour que la fraction $\frac{k}{k'}$ fût plus voisine de x que ces convergentes, il faudrait qu'elle tombât entre elles, et par conséquent fût plus composée. Donc *chaque convergente approche de* x *plus que toute autre fraction conçue en termes plus simples.*

A l'aide de $\frac{m}{m'}, \frac{n}{n'}$, composons les deux fractions

$$\frac{h}{h'} = \frac{m + (t-1)\,n}{m' + (t-1)\,n'}, \quad \frac{l}{l'} = \frac{m + tn}{m' + tn'}.$$

t désigne ici 1, 2, 3.... jusqu'à y^i qui est l'entier contenu dans la convergente suivante ; d'où

$$\frac{m}{m'}, \frac{m + n}{m' + n'}, \frac{m + 2n}{m' + 2n'} \cdots \frac{m + y^i n}{m' + y^i n'} = \frac{p}{p'} \quad . \; . \; (L)$$

Or $\frac{l}{l'} - \frac{h}{h'} = \frac{\pm 1}{h'l'}$, quel que soit l'entier t : donc les fractions (L) sont irréductibles (1°) ; elles approchent de x plus que toute autre moins composée ; leurs différ. consécutives ayant même signe, ces fractions croissent de la 1re à la dernière, et toutes sont $< x$, si les extrêmes sont de rangs impairs ; dans le cas contraire, elles descendent vers x ; enfin l'erreur δ de l'une d'elles $\frac{l}{l'}$ est $< \frac{1}{h'l'}$, puisque x est entre les deux fractions $\frac{l}{l'}$ et $\frac{h}{h'}$.

On peut donc insérer entre nos *convergentes principales* (C), $y^i - 1$ fractions qui jouissent des mêmes propriétés qu'elles. Ces *convergentes intermédiaires* se partagent en deux séries ; les unes, insérées entre les rangs impairs, montent vers x, et les autres sont ascendantes vers x : on les forme en ajoutant terme à terme y^i fois successives, les convergentes $\frac{m}{m'}$, et $\frac{n}{n'}$.

Dans notre ex. on a. . . . . . $x = 2,\ 1,\ 3,\ 2,\ 4$
convergentes principales . . . . $\frac{2}{1},\ \frac{3}{1},\ \frac{11}{4},\ \frac{25}{9},\ \frac{111}{40}$.
Prenant $\frac{2}{1}$ et $\frac{3}{1}$, on en déduit $\frac{5}{2}$, $\frac{8}{3}$ et $\frac{11}{4}$, celle-ci est la 3e convergente principale, et on a fait 3 additions, à cause du terme 3. Partant de $\frac{11}{4}$ et $\frac{25}{9}$, je trouve $\frac{36}{13}$, $\frac{61}{22}$, $\frac{86}{31}$, $\frac{111}{40}$: les fractions de rangs pairs se traitent de même (cette série ne se limite pas), et on a

$$\left(\tfrac{2}{1}\right),\ \tfrac{5}{2},\ \tfrac{8}{3},\ \left(\tfrac{11}{4}\right),\ \tfrac{36}{13},\ \tfrac{61}{22},\ \tfrac{86}{31},\ < x = \left(\tfrac{111}{40}\right)$$
$$\left(\tfrac{3}{1}\right),\ \tfrac{14}{5},\ \left(\tfrac{25}{9}\right),\ \tfrac{136}{49},\ \tfrac{247}{89},\ \tfrac{358}{129},\ \tfrac{469}{169} \ldots > x.$$

Observons qu'on peut commencer la série des convergentes principales (C) par $\frac{0}{1}$ et $\frac{1}{0}$, qui remplissent toutes les mêmes conditions qu'elles.

Equations déterminées du premier degré.

595. Pour réduire en fraction continue la valeur de x dans l'équ. $Ax = B$, il faut, selon ce qu'on a dit n° 592, extraire l'entier y contenu dans $x = \frac{B}{A} = y + \frac{R}{A} = y + \frac{1}{x'}$, R étant le reste de la division de B par A :

$$\text{puis}\quad x' = \frac{A}{R} = y' + \frac{R'}{R},\quad x'' = \frac{R}{R'} = y'' + \frac{R''}{R'},\quad x''' = \text{etc.}$$

$$\text{donc}\quad x = y + \cfrac{1}{y' + \cfrac{1}{y'' + \cfrac{1}{y''', \text{ etc.}}}} = y,\ y',\ y'',\ y''',\ \text{etc.}$$

Cette opération donne pour termes de la fraction continue, les quotients successifs du calcul du commun diviseur entre A et B; cette fraction est toujours finie.

Par ex., pour l'équ. $2645\,x = 9752$; on a

$$9752 \left|\frac{2645}{3}\right|\frac{1817}{1}\left|\frac{828}{2}\right|\frac{161}{5}\left|\frac{23}{7}\right., \quad x = \frac{424}{115} = 3,\,1,\,2,\,5,\,7.$$

On en tire les convergentes principales et intermédiaires par les calculs (E) et (L), savoir :

$$\left(\tfrac{0}{1}\right),\ \tfrac{1}{1},\ \tfrac{2}{1},\ \left(\tfrac{3}{1}\right),\ \tfrac{7}{2},\ \left(\tfrac{11}{3}\right),\ \tfrac{70}{19},\ \tfrac{129}{35},\ \tfrac{188}{51}\ldots\ldots < x = \tfrac{424}{115}$$
$$\left(\tfrac{1}{0}\right),\ \left(\tfrac{4}{1}\right),\ \tfrac{15}{4},\ \tfrac{26}{7},\ \tfrac{37}{10},\ \tfrac{48}{13},\ \left(\tfrac{59}{16}\right),\ \tfrac{483}{131},\ \tfrac{907}{246}\ldots\ldots > x$$

la fraction $\frac{26}{7}$ est plus approchée de x que toute autre plus simple ; elle l'est à moins de $\frac{1}{49}$.

On trouve de même pour $x = \frac{409}{119} = 3,\,2,\,3,\,2,\,7$,

$$\left(\tfrac{3}{1}\right),\ \tfrac{10}{3},\ \tfrac{17}{5},\ \left(\tfrac{24}{7}\right),\ \tfrac{79}{23},\ \tfrac{134}{39}\ldots\ldots < x,\ \left(\tfrac{7}{2}\right),\ \tfrac{31}{9},\ \left(\tfrac{55}{16}\right),\ \tfrac{464}{135}\ldots\ldots > x;$$

on sait donc résoudre cette question : *Étant donnée une fraction, en trouver d'autres plus simples, et qui en approchent plus que toute fraction moins composée qu'elles.*

596. Voici quelques applications de cette doctrine :

I. On a trouvé $\pi = 3{,}1415926\ldots$ pour le *rapport de la circonférence au diamètre*; la fraction continue équivalente à la partie décimale donne

$\pi = 3,7,15,1,292,1,1,1,2,1,3,1,14\ldots$ (*voy. Compl. d'algèbre* de M. *Lacroix*, p. 288, 6e édit.) : on en tire les convergentes principales et intermédiaires, dont les rapports d'Archimède et d'Adrien Métius font partie :

$$\left(\tfrac{3}{1}\right),\ \tfrac{25}{8},\ \tfrac{47}{15},\ \tfrac{69}{22},\ \tfrac{91}{29},\ \tfrac{113}{36},\ \tfrac{135}{43},\ \tfrac{157}{50}\ldots\ldots \left(\tfrac{333}{106}\right)\ldots\ldots < \pi$$
$$\tfrac{4}{1},\ \tfrac{7}{2},\ \tfrac{10}{3},\ \tfrac{13}{4},\ \tfrac{16}{5},\ \tfrac{19}{6},\ \left(\tfrac{22}{7}\right),\ \left(\tfrac{355}{113}\right)\ldots\ldots \left(\tfrac{104348}{33215}\right)\ldots\ldots > \pi$$

II. *L'année solaire tropique,* ou le temps que le soleil emploie à revenir au même équinoxe, est de 365,2422181 jours (*voy.* mon *Astr. pratique,* p. 88). En ne donnant que 365 jours à l'année civile, l'équinoxe reviendrait à peu près un jour plus tard tous les quatre ans, en sorte que pour le ramener à la même date, il faudrait donner 366 jours à chaque 4e année, appelée *bissextile ;* c'est du moins ainsi que cela était ordonné dans le *Calendrier Julien,* réglé par Jules César, en supposant l'année de $365^j\frac{1}{4}$. L'erreur de cette supposition, qui fait anticiper à son tour l'année civile sur la solaire, a été en partie corrigée dans le calendrier grégorien, qui supprime trois bissextiles séculaires sur quatre, c'est-à-dire, n'intercale que 97 jours en 400 ans. Pour apprécier ce système, traitons par notre théorie la fraction $\frac{2422181}{10000000}$, qui se développe en

$$x = 0, 4, 7, 1, 3, 1, 1, 2, \ldots \frac{1}{4}, \frac{7}{29}, \frac{8}{33}, \frac{31}{128}, \frac{39}{161}, \frac{70}{289} \ldots$$

Prenons, par ex., la fraction $\frac{8}{33}$, c'est-à-dire supposons l'année solaire de $365\frac{8}{33}$ jours : il faudrait pour que l'année civile s'accordât avec cette durée, intercaler 8 jours en 33 ans ; on ferait chaque 4ᵉ année de 366 jours, en ne faisant revenir la 8ᵉ bissextile qu'au bout de cinq ans ; puis on recommencerait une période semblable de 33 ans. Telle était le système des anciens Perses.

On remarquera que les fractions $\frac{1}{4}$ et $\frac{97}{400}$ ne se trouvent pas parmi les convergentes soit principales, soit intermédiaires, et que l'on aurait pu adopter un mode d'intercalation plus approché que celles qu'on suit dans les calendriers Julien et Grégorien. Mais cet inconvénient est sans importance réelle (*voy.* mon *Uranographie*).

III. Le mois lunaire synodique est de $29^j,5305887$; le mois solaire de $30^j,4368515$; le rapport x de ces nombres étant converti en fraction continue, on en tire les convergentes

$$\left(\frac{1}{1}\right), \left(\frac{34}{33}\right), \frac{101}{98}, \left(\frac{168}{163}\right) \ldots < x, \left(\frac{33}{32}\right); \left(\frac{67}{60}\right), \frac{235}{228} \ldots > x;$$

si l'on regarde, par ex., $\frac{225}{228}$ comme valeur de x, ce sera supposer que 235 mois lunaires s'écoulent en 228, ou 19 fois 12 mois solaires ; la différence est 7 ; ainsi en 19 ans, il faudrait intercaler 7 mois lunaires de plus, pour que le soleil et la lune se retrouvent dans les mêmes positions relatives. Cela posé, qu'on forme 19 tables indiquant les phases de la lune à leurs dates, et ces tables en annonceront les retours pendant toutes les périodes de 19 années, en prenant ces tables dans leur ordre de succession. C'est ce que Méthon avait appris aux Grecs, dont le calendrier était luni-solaire, et qui avaient nommé *cycle solaire* cette période, et *nombre d'or* le numéro qui désignait celui des 19 calendriers qui s'appliquait à chaque année.

Equations indéterminées du premier degré.

597. Nous savons (n° 118) qu'il suffit de connaître une solution $x = \alpha$, $y = \beta$, en nombres entiers de l'équ. $ax + by = c$, pour en conclure toute autre ; les valeurs de x et de y forment des équi-différences dont la raison est b pour x, et $-a$ pour y, $x = \alpha + bt$, $y = \beta - at$. La théorie des fractions continues donne un moyen très-simple de trouver les nombres α et β.

Résolvons en convergentes $\frac{a}{b}$, et soit $\frac{p}{p'}$ l'avant-dernière, celle qui précède la proposée : on a vu (*D*, n° 592) que

$$ap' - bp = \pm 1, \text{ d'où } ap'c - bpc = \pm c,$$

le signe est $+$ ou $-$ selon que la fraction continue, prise en totalité, est *formée d'un nombre pair ou impair de termes*. Comparant avec $ax + by = c$, on voit que celle-ci est satisfaite en posant $\alpha = p'c$, $\beta = -pc$, dans le cas où les deux membres ont même signe, et $\alpha = -p'c$, $\beta = pc$ dans le cas contraire.

Rien n'est donc plus facile que d'obtenir une solution en nombres entiers de l'équ. $ax + by = c$: *On résout en continue la fraction* $\frac{\mathrm{a}}{\mathrm{b}}$; *on forme la convergente* $\frac{\mathrm{p}}{\mathrm{p'}}$ *qui en résulte quand on néglige le dernier terme ; on retranche ces deux fractions, et on a* $\mathrm{ap'} - \mathrm{pb} = \pm 1$; *on multiplie par* c, *et on compare terme à terme avec* $\mathrm{ax} + \mathrm{by} = \mathrm{c}$.

Soit, par ex., l'équ. $105x - 43y = 17$; la méthode du commun diviseur donne $\frac{105}{43} = 2, 2, 3, 1, 4$; $\frac{22}{9} = 2, 2, 3, 1$.

105	43	19	5	4	1
	2	2	3	1	4
22	9	4	1	1	

Cette dernière fraction s'obtient en supprimant le terme 4, et à l'aide du procédé exposé (n° 80) p. 31, *Arithm.* De $\frac{105}{43}$, ôtant $\frac{22}{9}$, on trouve $105 \cdot 9 - 43 \cdot 22 = -1$ (la fraction continue ayant 5 termes, on doit prendre le signe $-$; d'ailleurs les produits des chiffres des unités, prouvent que la différence est négative). On multiplie cette équation par -17, et comparant à la proposée, on trouve $x = -9 \cdot 17$, $y = 22 \cdot 17$, d'où

$$x = -153 + 43t, \quad y = -374 + 105t.$$

De même, pour l'équ. $424x + 115y = 539$, on a $\frac{424}{115} = 3, 1, 2, 5, 7$; supprimant 7, il vient $\frac{59}{16}$; retranchant ces fractions, on trouve $424 \cdot 16 - 115 \cdot 59 = -1$; multipliant par -539 et comparant à la proposée, il vient $x = -16 \cdot 539$; $y = 59 \cdot 539$; donc $x = -8624 + 115t$, $y = 31801 - 424t$. On simplifie ces équ. en observant que 424 est contenu 75 fois dans 31801; on change t et $t + 75$, et on trouve

$$x = 1 + 115t, \quad y = 1 - 424t.$$

L'équ. $19x + 7y = 117$ donne $\frac{19}{7} = 2, 1, 2, 2$; $\frac{8}{3} = 2, 1, 2$; retranchant, $19 \cdot 3 - 8 \cdot 7 = 1$; multipliant par 117, on a

$$x = 351 - 7t, \quad y = -936 + 19t, \quad \text{ou } x = 1 - 7t, \quad y = 14 + 19t.$$

On peut s'exercer sur les ex. cités à la fin du n° 119, *Alg. Elém.*

Le problème de chronologie qui consiste à trouver l'année x dont le *cycle solaire* est c, et le *nombre d'or* n, revient à chercher l'entier x qui divisé par 28 et 19, donne pour restes $c - 9$ et $n - 1$. Le procédé du n° 121 donne, pour cette année,

$$x = 56(c - n) + c + 75 + 532 \cdot t.$$

C'est tous les 532 ans que les mêmes nombres c et n reviennent périodiquement ensemble : cette durée est ce qu'on appelle la *période dyonisienne* (*voy.* l'*Uranographie*).

Et si l'on veut que l'année x ait en outre i pour *indiction*, c'est-à-dire que x divisé par 15 donne le reste $i - 3$, on a la période *julienne* de 7980 ans, imaginée par Scaliger. On trouve

$$x = 4845c + 4200n - 1064i + 3267 + 7980t.$$

Equations déterminées du second degré.

598. Résolvons en fractions continues les racines de l'équ.

$$Ax^2 - 2ax = k,$$

A, a et k sont entiers, A est positif; on suppose la racine irrationnelle et positive : car si x est négatif, il suffit de changer a en $-a$ pour donner à cette racine le signe $+$. Quand le coefficient du 2°

terme n'est pas un nombre pair, on doit multiplier toute l'équ. par 2. On a

$$x = \frac{\pm\sqrt{t}+\alpha}{A} \ldots (1) \quad \text{en faisant} \quad t = \alpha^2 + Ak, \ldots . (2)$$

t est supposé positif et non carré. Prenons d'abord $\sqrt{t}$ avec le signe $+$, et désignons par y le plus grand entier contenu dans x, d'où

$$x = y + \frac{1}{x'} = \frac{\sqrt{t}+\alpha}{A}, \quad x' = \frac{A}{\sqrt{t}+\alpha - Ay}.$$

Soit fait $$\beta = Ay - \alpha; \ldots \ldots (3)$$

Multiplions haut et bas la valeur de x' par $\sqrt{t} + \beta$, nous aurons $x' = \frac{A(\sqrt{t}+\beta)}{t-\beta^2}$. Mais il suit des équations (2) et (3) que $t - \beta^2 = A(k - Ay^2 + 2\alpha y)$, en sorte que A est facteur commun; posant

$$k - Ay^2 + 2\alpha y = B, \ldots \ldots (4)$$

il vient $$t - \beta^2 = AB, \quad x' = \frac{\sqrt{t}+\beta}{B}. \ldots \ldots (5)$$

Cette valeur de x' étant de même forme que celle de x, on en extrait l'entier y', et on procède selon la même marche de calcul qui donne $x'' = \frac{\sqrt{t}+\gamma}{C}$; on a ensuite $x''' = \frac{\sqrt{t}+\delta}{D}$, etc. Enfin

$$t = \alpha^2 + Ak \quad = \beta^2 + AB \quad = \gamma^2 + BC \quad = \delta^2 + CD = \ldots (a)$$

$$x = \frac{\sqrt{t}+\alpha}{A}, \quad x' = \frac{\sqrt{t}+\beta}{B}, \quad x'' = \frac{\sqrt{t}+\gamma}{C}, \quad x''' = \frac{\sqrt{t}+\delta}{D} \quad \ldots (b)$$

$$\beta = Ay - \alpha, \quad \gamma = By' - \beta, \quad \delta = Cy'' - \gamma \quad \ldots (c)$$

599. Omettons tous les raisonnements, pour ne conserver que le matériel du calcul; il faut dans chaque fraction complète (b) remplacer $\sqrt{t}$ par l'entier m qui y est contenu, puis effectuer les divisions $\frac{m+\alpha}{A}$, $\frac{m+\beta}{B}$, $\frac{m+\gamma}{C}$,.... qui donneront les quotients

entiers $y, y', y'', \ldots$ et les restes $r, r', r'', \ldots$ donc

$$m + \alpha = Ay + r,$$
$$m + \beta = By' + r',$$
$$m + \gamma = Cy'' + r'', \text{ etc.}$$

Or, les équ. (c) donnent $Ay = \alpha + \beta$, $By' = \beta + \gamma$, etc. Donc, en substituant,

$$\left.\begin{array}{l} \beta = m - r \\ \gamma = m - r' \\ \delta = m - r'', \text{ etc.} \end{array}\right\} \ldots\ldots (d)$$

Il faut en outre connaître les diviseurs $B, C, \ldots$ Les équations (a) donnent

$$AB = \alpha^2 - \beta^2 + Ak = (\alpha + \beta)(\alpha - \beta) + Ak = Ay(\alpha - \beta) + Ak,$$

donc, à cause de $(d) \ldots B = k + y(r + \alpha - m)$;

de même, $BC = \beta^2 - \gamma^2 + AB = By'(\beta - \gamma) + AB$,

$$C = A + y'(r' - r)$$
$$D = B + y''(r'' - r'), \text{ etc.}$$

Le tableau suivant offre un *algorithme* pour les opérations :

DIVIDENDES.	DIVISEURS.	QUOTIENTS.	RESTES.	DIFFÉR.
	k		$R = m - \alpha$	
$m + \alpha$	A	y	r	$r - R$
$2m - r$	$B = k + y\ (r - R)$	y'	r'	$r' - r$
$2m - r'$	$C = A + y'\ (r' - r)$	y''	r''	$r'' - r'$
$2m - r''$	$D = B + y''(r'' - r')$	y'''	r'''	$r''' - r''$
$2m - r'''$	$E = C + y'''(r''' - r'')$	y^{IV}	r^{IV}	$r^{\text{IV}} - r'''$
etc.	etc.	etc.	etc.	etc.

Ainsi, après avoir formé $R = m - \alpha$, le quotient y et le reste r de la division $\frac{m+\alpha}{A}$, on prendra les différences $r - R$, $2m - r$, et l'on calculera B; la fraction $\frac{2m - r}{B}$ donnera y' et r'; puis on formera $r' - r$, et $2m - r'$ et C, et la fraction $\frac{2m - r'}{C}$ donnera y'' et r'', etc.

Lorsqu'on sera conduit à retrouver l'une des fractions complètes précédentes, comme on en tire le quotient et le reste déjà trouvés, puis la même fraction subséquente, etc.; il est clair que la fraction continue est *périodique*.

Soit, par ex., l'équ. $9x^2 - 39x + 41 = 0$; on doublera pour que le 2e terme ait un coefficient pair : il vient $A = 18$, $\alpha = 39$, $k = -82$, et $x = \frac{39 \pm \sqrt{45}}{18}$. L'entier de $\sqrt{45}$ est $m = 6$, d'où $m - \alpha = R = -33$. On ne doit pas supprimer le facteur 3 qui est commun aux deux termes de la fraction. Prenons le radical en $+$, et nous aurons

$$k = -82, \quad R = m - \alpha = -33$$

$m + \alpha = 45$,	$A = 18$,	$\frac{45}{18}$,	$y = 2$,	$r = 9$	diff.	42
$2m - r = 3$,	$B = 2$,	$\frac{3}{2}$,	$y' = 1$,	$r' = 1$		-8
$2m - r' = 11$,	$C = 10$,	$\frac{11}{10}$*,	$y'' = 1$,	$r'' = 1$		0
$2m - r'' = 11$,	$D = 2$,	$\frac{11}{2}$,	$y''' = 5$,	$r''' = 1$		0
$2m - r''' = 11$,	$E = 10$,	$\frac{11}{10}$*,	fraction déjà obtenue.			

Donc $x = 2, 1\,[1, 5]$, *en renfermant entre deux crochets la partie qui revient périodiquement à l'infini.*

Prenons encore l'équ. $2x^2 - 14x + 17 = 0$, d'où $x = \frac{7 \pm \sqrt{15}}{2}$, $A = 2$, $\alpha = 7$, $k = -17$, $m = 3$, et

$$k = -17 \qquad m - \alpha = R = -4$$

$m + \alpha = 10$,	$A = 2$,	$\frac{10}{2}$,	$y = 5$,	$r = 0$,	diff.	4
$2m - r = 6$,	$B = 3$,	$\frac{6}{3}$*,	$y' = 2$,	$r' = 0$,		0
$2m - r' = 6$,	$C = 2$,	$\frac{6}{2}$,	$y'' = 3$,	$r'' = 0$,		0
$2m - r'' = 6$,	$D = 3$,	$\frac{6}{3}$*	fraction déjà obtenue;			

par conséquent $x = 5\,[2, 3]$.

Les équ. (d) font en outre connaître les nombres $\alpha, \beta, \gamma, \ldots$ qui sont nos dividendes diminués chacun de m; on trouve donc aussi les fractions complètes successives, ce qui est quelquefois utile.

Dans le 1er de nos exemples ces fractions sont $\frac{39+\sqrt{45}}{18}=2+$, $\frac{\sqrt{45}-3}{2}=1+$, $\frac{{}^*\sqrt{45}+5}{10}=1+$, $\frac{\sqrt{45}+5}{2}=5+$, etc.

600. Quant à la racine qui répond au signe — du radical, lorsqu'elle est négative, on l'écrit $x=-\frac{\sqrt{t}-\alpha}{A}$, et on traite cette fraction comme il a été dit, et si cette racine est positive, on a $x=\frac{\alpha-\sqrt{t}}{A}=v+\frac{1}{x'}$, v étant l'entier contenu, ou le 1er terme de la fraction continue ; on en tire

$$x=\frac{A}{\alpha-Av-\sqrt{t}}=\frac{A(\alpha-Av+\sqrt{t})}{(\alpha-Av)^2-t}=\frac{\sqrt{t}+\beta'}{B'},$$

attendu que A est encore facteur commun haut et bas, ce qu'il est aisé de voir, comme précédemment. $\sqrt{t}$ a ici le signe $+$, et on retombe sur le cas déjà traité.

Ainsi dans notre 1er ex. $x=\frac{39-\sqrt{45}}{18}=1+\frac{1}{x'}$,

$x'=\frac{21+\sqrt{45}}{22}$; or cette fraction est la plus grande racine de l'équ. $22x'^2-42x'+18=0$, qui donne $\alpha=21$, $m=6$,

	$k=-18$	$m-\alpha=R=-15$,		diff.	20
$m+\alpha=27$,	$A=22$,	$\frac{27}{22}$,	$y=1$,	$r=5$,	-4
$2m-r=7$,	$B=2$,	$\frac{7}{2}$,	$y'=5$,	$r'=1$,	0
$2m-r'=11$,	$C=10$,	$\frac{11}{10}{}^*$,	$y''=1$,	$r''=1$,	0
$2m-r''=11$,	$D=2$,	$\frac{11}{2}$,	$y'''=5$,	$r'''=1$,	0
$2m-r''=11$,	$E=10$,	$\frac{11}{10}{}^*$,	fraction déjà trouvée.		

donc la 2e racine est $x=1, 1, 3\,[1, 5]$.

Une fois que les deux racines sont réduites en fractions, on peut former les convergentes qui en sont des valeurs approchées à des degrés connus. Tout ce qu'on a dit p. 161 s'applique ici.

601. Soit pris une fraction complète quelconque $z=\frac{\sqrt{t}+\pi}{P}$, dont y^i est l'entier approché ; la convergente correspondante

$\frac{p}{p'} = y, y', \ldots y^i$; $\frac{m}{m'}$, $\frac{n}{n'}$ les deux convergentes précédentes : on sait (p. 168) que $x = \frac{nz + m}{n'z + m'}$.

Substituant pour z et x les fractions complètes qui les expriment, il vient $\frac{\sqrt{t} + \alpha}{A} = \frac{n(\sqrt{t} + \pi) + Pm}{n'(\sqrt{t} + \pi) + Pm'}$: Réduisons au même dénominateur, et égalons séparément entre eux les termes irrationnels,

$$\pi n' = An - \alpha n' - Pm', \quad \pi(An - \alpha n') = P\alpha m' - APm + n't; \text{ éli-}$$

minant π, il vient, à cause de $m'n - mn' = \pm 1$,

$$(An - \alpha n')^2 = \pm PA + n'^2 t,$$

ou
$$A\left(\frac{n}{n'}\right)^2 - 2\alpha\left(\frac{n}{n'}\right) - k = \pm \frac{P}{n'^2}. \quad \ldots \quad (f)$$

Ce calcul revient à éliminer m et m' entre les trois équ. ci-dessus, en sorte que *l'équ.* (f) *exprime que la fraction* $\frac{n}{n'}$ *est une des convergentes vers* x : le signe est $+$ ou $-$ selon que cette fraction est de rang pair ou impair.

Il se présente ici deux cas :

1° Si z est de rang impair, il faut préférer le signe $+$; mais alors $\frac{n}{n'}$ est de rang pair et $> x$; substituée pour x dans $Ax^2 - 2\alpha x - k$, le résultat doit être positif. Il faut donc que P soit un nombre positif, ce qui prouve que *tous les dénominateurs des fractions complètes de rangs impairs sont positifs.*

2° Quand le rang de z est pair, on doit préférer le signe $-$: or si $\frac{n}{n'}$ est compris entre les deux racines de x, $Ax^2 - 2\alpha x - k$ devient négatif pour cette valeur de x, ce qui exige encore que P ait le signe $+$. Mais quand cette convergente est moindre que les deux racines, P a le signe $-$. *Les dénominateurs des fractions complètes de rang pair sont donc positifs ou négatifs, selon que les convergentes de rangs impairs correspondantes sont entre les deux racines plus petites qu'elles.*

Ces dénominateurs ne sont donc négatifs que dans les rangs pairs, et encore faut-il que les deux racines de x soient assez rapprochées l'une de l'autre pour tomber ensemble entre les deux convergentes successives correspondantes : alors les termes initiaux des deux fractions continues sont les mêmes. Mais l'approximation devenant de plus en plus serrée, on arrive bientôt à une convergente de rang pair qui tombe entre les racines; dès lors, on ne peut plus trouver de dénominateurs négatifs jusqu'à l'infini. Comme *chaque fraction complète est* > 1, si le dénominateur P est négatif, le numérateur doit aussi l'être : donc π est négatif et $> \sqrt{t}$, en sorte que cette complète a la forme $\frac{\sqrt{t}-\pi}{-P}$.

602. Soient $\frac{\sqrt{t}+\delta}{D}$, $\frac{\sqrt{t}+\varepsilon}{E}$, $\frac{\sqrt{t}+\varphi}{F}$,.... des fractions prises parmi celles qui n'ont pas de dénominateurs négatifs, ce qui a lieu dès la 1re de toutes, quand les deux racines de x n'ont pas leur partie entière commune. Les équ. (a) donnent $DE+\varepsilon^2=t$; donc D, E, ε^2 sont $< t$;

$$D, E, F,\ldots < t; \quad \varepsilon, \varphi\ldots < \sqrt{t}.$$

Supposons, s'il se peut, que l'on ait $\frac{\sqrt{t}-\varphi}{F}$, d'où $EF=t-\varphi^2$, $Ey^{\text{IV}}=\varepsilon-\varphi$, d'après les équ. ($a$), etc.; la 1re donne

$$EF=(\sqrt{t}+\varphi)(\sqrt{t}-\varphi), \quad \frac{\sqrt{t}-\varphi}{F}=\frac{E}{\sqrt{t}+\varphi};$$

par la 2e, $Ey^{\text{IV}} < \varepsilon$, d'où $E < \sqrt{t}$, et notre complète < 1, ce qui est impossible. Donc, tant qu'on aura des dénominateurs négatifs, les parties α, β,.... peuvent bien être négatives aussi ; mais au delà, elles auront toutes le signe $+$, et dès lors $Ey^{\text{IV}}=\varepsilon+\varphi$ donne $E < \varepsilon+\varphi$, ou $E < 2\sqrt{t}$: *les dénominateurs ne peuvent donc atteindre le double de* $\sqrt{t}$.

Et puisque ces constantes ε, φ,.... D, E,.... sont toutes positives, entières et en nombre infini, qu'elles ne peuvent dépasser les limites assignées, on devra tôt ou tard retrouver quelque fraction complète déjà obtenue, et par suite les complètes subséquentes, avec les mêmes entiers contenus : les termes de la fraction continue reviendront dans le même ordre. Donc, *après un certain nombre de termes initiaux, la fraction continue sera périodique*, ce qu'on a déjà remarqué dans les ex. cités.

Observez que si la période est $[a, b, c \dots g, h]$, on peut lui donner la forme $a[b, c \dots g, h, a]$, $a, b\,[c \dots g, h, a, b]$, etc., en commençant par tel terme qu'on veut, pourvu qu'on rejette à la fin de la période les termes initiaux retranchés. La période se trouve, il est vrai, composée des mêmes termes ; mais ces termes observent une disposition différente.

Suivons les détails de ces calculs sur l'équ. $59x^2 - 319x + 431 = 0$, qu'on doublera pour que le 2ᵉ coefficient soit un nombre pair. On obtient les résultats successifs

$$=\frac{\sqrt{45}+319}{118}=2+,\quad \frac{\sqrt{45}-83}{-58}=1+,\quad \frac{\sqrt{45}+25}{10}=3+,$$

$$\frac{{}^*\sqrt{45}+5}{2}=5+,\quad \frac{\sqrt{45}+5}{10}=1+,\quad \frac{{}^*\sqrt{45}+5}{2}=5+,\text{ etc.}$$

Donc $x = 2, 1, 3\,[5, 1]$. Pour l'autre racine,

$$x=\frac{319-\sqrt{45}}{118}=2+,\quad \frac{\sqrt{45}+83}{58}=1+,\quad \frac{\sqrt{45}-25}{-10}=1+,$$

$$\frac{\sqrt{45}+15}{18}=1+,\quad \frac{\sqrt{45}+3}{2}=4+,\quad \frac{\sqrt{45}+5}{10}\text{ ci-dessus ;}$$

on retrouve l'une des fractions complètes de la 1ʳᵉ racine, et on a $x = 2, 1, 1, 1, 4\,[1, 5]$.

L'équ. $1801\,x^2 - 3991\,x + 2211 = 0$ donne

$$x=\frac{\sqrt{37}+3991}{3602}=1+,\quad \frac{\sqrt{37}-389}{-42}=9+,\quad \frac{\sqrt{\ }+11}{2}=8+,$$

$$\frac{{}^*\sqrt{\ }+5}{6}=1+,\quad \frac{\sqrt{\ }+1}{6}=1+,\quad \frac{\sqrt{\ }+5}{2}=5+,\quad \frac{{}^*\sqrt{\ }+5}{6};$$

donc $x = 1, 9, 8\,[1, 1, 5]$. L'autre racine s'obtient de même ; elle est $x = 1, 9, 2, 2\,[5, 1, 1]$.

603. Supposons que la période commence au premier terme $x = [a, b, c, d]$, ce qui revient à $x = a, b, c, d, x$, d'où l'on tire, en transposant,

$$a - x = -\left(\frac{1}{b}+\frac{1}{c}+\frac{1}{d}+\frac{1}{x}\right),\quad \frac{1}{a-x}=-\left(b+\frac{1}{c}+\frac{1}{d}+\frac{1}{x}\right).$$

$$b+\frac{1}{a-x}=-\left(\frac{1}{c}+\frac{1}{d}+\frac{1}{x}\right);\ \cfrac{1}{b+\cfrac{1}{a-x}}=-\left(c+\frac{1}{d}+\frac{1}{x}\right),$$

$$d+\cfrac{1}{c+\cfrac{1}{b+\cfrac{1}{a-x}}}=-\frac{1}{x},\quad -x=\cfrac{1}{d+\cfrac{1}{c+\cfrac{1}{b+\cfrac{1}{a-x}}}}$$

En substituant continuellement pour $-x$ cette même valeur dans $a-x$, on trouve enfin $-x=0, d, c, b, a, d, c\ldots=0\,[d, c, b, a]$. Ainsi, *lorsque la période de l'une des racines commence dès le 1er terme, l'autre racine est comprise entre 0 et — 1, et sa période est formée des mêmes termes écrits en ordre rétrograde.*

Réciproquement, si l'une des racines de x *est* >1, *et que l'autre soit entre* 0 *et* — 1, *ces racines ont les formes*

$$x=[a, b, c\ldots g, h],\qquad -x=0\,[h, g\ldots c, b, a].$$

En effet, $x=y+\frac{1}{x'}$, avec $x'>1$; d'où $x'=\frac{1}{x-y}$; l'une des racines de x est supposée entre 0 et — 1 ; donc les deux valeurs de x' sont dans les mêmes conditions que celles de x, savoir, l'une >1, l'autre entre 0 et — 1. Il en faut dire autant de x'', x''', ... dans $x'=y'+\frac{1}{x''}$, etc.

Or, s'il se pouvait qu'on eût $x=y\,[a, b\ldots g, h]$, le 1er terme y étant seul étranger à la période, on aurait $x'=[a, b\ldots g, h]$, et par conséquent aussi $-x'=0\,[h, g\ldots b, a]$, en vertu de ce qu'on a démontré : d'où $\frac{1}{x'}=-\left(h+\frac{1}{g+\text{etc.}}\right)$; ainsi la 2e valeur de

x serait $$x=y+\frac{1}{x'}=y-h-\left(\frac{1}{g+\text{etc.}}\right).$$

Pour que cette quantité fût entre 0 et — 1, ainsi qu'on le suppose, il faudrait qu'on eût $y=h$, et la 1re racine de x serait $h, a, b\ldots g$, en sorte que h ferait partie de la période, contre l'hypothèse, $x=[h, a, b\ldots g]$. On voit que la période de x ne peut commencer au 2e terme de la fraction continue. Par la même raison, on ne peut supposer $x'=y'\,[a, b\ldots h]$, d'où $x=y\,.\,y'\,[a, b\ldots]$, en faisant commencer la période au 3e terme ; et ainsi de suite.

Par ex., l'équ. $10x^2 - 14x = 5$ donne $x = \frac{7 \pm \sqrt{99}}{10}$, les racines sont $x = [1, 1, 2, 3]$, $-x = 0\,[3, 2, 1, 1]$.

Pour $5x^2 - 7x = 3$, on trouve $x = \frac{7 \pm \sqrt{109}}{10}$,

$$x = [1, 1, 2, 1, 9, 1, 2], \text{ et } -x = 0\,[2, 1, 9, 1, 2, 1, 1].$$

604. Lorsqu'il arrive que la période commence dès le 1er terme, et de plus est *symétrique*, c'est-à-dire qu'elle reste la même quand on la lit en sens inverse, *les termes à égale distance des extrêmes sont égaux*, les deux racines ont la même période. Alors x et $-\frac{1}{x}$ sont égaux, c'est-à-dire que la proposée ne change pas quand on remplace x par $-\frac{1}{x}$; la forme de cette équ. est donc $Ax^2 - Bx = A$.

C'est ainsi que $7x^2 - 8x = 7$ a pour racines $x = [1, 1, 2, 1, 1]$ et $-x = 0\,[1, 1, 2, 1, 1]$, valeurs de $x = \frac{4 \pm \sqrt{65}}{7}$.

605. Supposons que la proposée soit $x^2 - 2ax = k$; faisant $A = 1$ dans les formules p. 170, il vient $x = a \pm \sqrt{t}$. Si l'entier m contenu dans $\sqrt{t}$ se trouve être précisément $= a$, l'une des racines est > 1, et la 2e entre 0 et -1 ; ainsi ces racines ont la forme $x = [2m, a, b \ldots g, h]$, $-x = 0\,[h, g \ldots a, 2m]$. Retranchons m de x, et nous aurons pour les deux valeurs de $\pm\sqrt{t}$,

$$\sqrt{t} = m\,[a, b \ldots g, h, 2m], \quad -\sqrt{t} = -m\,[h, g \ldots b, a, 2m].$$

Mais on sait que ces deux expressions doivent être égales en signes contraires, d'où $a = h$, $b = g \ldots$, en sorte que la forme de la fraction continue est $\sqrt{t} = m\,[a, b \ldots b, a, 2m]$. Donc

1° La période de $\sqrt{t}$ commence au 2e terme;

2° Le dernier terme de cette période est double de l'initial m qui n'en fait pas partie ;

3° Au dernier terme près $2m$, la période est symétrique, c'est-à-dire qu'elle est la même quand on la lit en ordre rétrograde.

On trouve $\sqrt{61} = 7\,[1, 4, 3, 1, 2, 2, 1, 3, 4, 1, 14]$.

$$\sqrt{19} = 4\,[2, 1, 3, 1, 2, 8].$$

Le terme du milieu 2 de $\sqrt{61}$ se répète, circonstance qui n'arrive pas à $\sqrt{19}$; cela vient de ce que le nombre des termes de la période est impair dans un cas, et pair dans l'autre.

La table I, page 184, donne les périodes des racines carrées des nombres entiers < 79 : on n'y a souvent indiqué que la moitié de la période, en marquant le terme moyen de $''$ quand il se répète, et de $'$ quand on ne doit l'écrire qu'une seule fois. On a quelquefois supprimé l'entier initial m contenu dans $\sqrt{t}$.

Pour trouver par approximation la valeur de $\frac{\alpha \pm \sqrt{t}}{A}$, on mettra pour $\sqrt{t}$, l'une des convergentes qu'on tire de son développement en fraction continue, telle que la donne notre table I, ou qu'on l'obtient directement, en observant que la forme symétrique de cette période permet de n'en calculer que la moitié des termes (*voy.* l'Algorithme, p. 171).

Ainsi, pour l'exemple de la page 172, $x = \frac{39 \pm \sqrt{45}}{18}$, comme $\sqrt{45} = 6\,[1, 2, 2, 2, 1, 12]$, on trouve $\sqrt{45} = \frac{658806}{98209}$, valeur exacte jusqu'à la 10ᵉ décimale : d'où $x = \frac{39}{18} \pm \frac{1}{18}\sqrt{45} = 2,16666.... \pm 0,37267799625....$ Enfin

$$x = 2,53934466291, \text{ et } x = 1,79398867041.$$

606. Nous aurons besoin plus tard de connaître dans le développement de $\sqrt{t}$, les fractions complètes dont le dénominateur est *un*, savoir, $z = \frac{\sqrt{t} + \pi}{P}$, et $P = 1$. L'entier contenu dans le numérateur est $m + \pi$, savoir, $\frac{\sqrt{t} + \pi}{1} = (m + \pi) + \frac{1}{z'}$, d'où $z' = \frac{1}{\sqrt{t} - m} = \frac{\sqrt{t} + m}{t - m^2}$. Or cette fraction est précisément celle qui donne l'entier a initial de la période, et par suite ses autres termes : d'où l'on voit qu'il ne peut y avoir, dans le développement de $\sqrt{t}$, d'autre fraction complète dont le dénominateur soit un, que la 1ʳᵉ $x = \frac{\sqrt{t} + 0}{1} = m +$, et celle $\frac{\sqrt{t} + m}{1} = 2m +$, qui produit le dernier terme $2m$ de la période à chacun de ses retours. Comme π doit être $< \sqrt{t}$, $\pi = m$ est la plus grande valeur que cette constante puisse prendre ; $2m$ est aussi le plus grand terme de la fraction, et ne peut résulter que d'un dénominateur $P = 1$.

Il est maintenant facile de déduire l'une des racines de la proposée de l'autre, qu'on suppose connue. Car soit donné $x = p, q, \ldots u\,[a, b, \ldots f, g, h]$; faisons $z = [a, b, \ldots f, g, h]$: on a en outre $-z = 0\,[h, g, f, \ldots b, a]$; en substituant pour z l'une ou l'autre de ces valeurs dans $x = p, q \ldots u, z$, on obtient les deux racines de x. Mais comme la 2ᵉ fraction continue est composée d'un terme 0, et de parties négatives, on l'en délivre en se servant des relations suivantes, qu'il est aisé de vérifier :

$$(e) \ldots \quad \frac{1}{0+\frac{1}{s}} = s, \qquad -\frac{1}{\varphi} = -1 + \frac{1}{1+\frac{1}{\varphi - 1}} \quad \ldots (f)$$

Ainsi la 2ᵉ racine $x = p, q, \ldots u, o, -[h, g \ldots b, a]$ devient

$$x = p, q, \ldots (u-h) - \left(\frac{1}{g} + \frac{1}{f} \text{ etc.}\right);$$

on chasse ensuite les signes $-$, en faisant $\varphi = g + \frac{1}{f}$ etc., dans l'équation (f).

Soit, par ex., $x = 1, 6\,[3, 2, 2] = 1, 6, z$, et $z = [3, 2, 2]$ avec $-\frac{1}{z} = [2, 2, 3]$; on a, pour la 2ᵉ racine,

$$x = 1 + \frac{1}{6} - (2 + \frac{1}{2} + \frac{1}{3} \text{ etc.}) \qquad = 1 + \frac{1}{4} - (\frac{1}{2} + \frac{1}{3} \text{ etc.})$$

faisant dans (f), $\varphi = 2 + \frac{1}{3}$ etc., il vient

$$x = 1 + \frac{1}{3} + \frac{1}{1} + \frac{1}{1} + \frac{1}{3} + \frac{1}{2} \text{ etc.} \qquad = 1, 3, 1, 1\,[3, 2, 2]$$

La période est ici la même que pour la 1ʳᵉ racine; si l'on veut la mettre sous forme rétrograde (*voy.* p. 176), on écrira

$$x = 1, 3, 1, 1, 3\,[2, 2, 3].$$

Prenons encore $x = 1, 7\,[1, 1, 1, 3, 3, 2] = 1, 7, z$, en faisant $z = [1, 1, 1, 3, 3, 2]$, et par suite $-z = 0\,[2, 3, 3, 1, 1, 1]$: on a

$$x = 1 + \cfrac{1}{7 - 2 - \left(\cfrac{1}{3 + \cfrac{1}{3\ \text{etc.}}}\right)} = 1 + \cfrac{1}{5 - \left(\cfrac{1}{3 + \cfrac{1}{3\ \text{etc.}}}\right)}.$$

Posant $\varphi = 3 + \cfrac{1}{3 + \text{etc.}}$, $\quad -\cfrac{1}{\varphi} = -1 + \cfrac{1}{1 + \cfrac{1}{2 + \cfrac{1}{3\ \text{etc.}}}}$,

$$x = 1 + \cfrac{1}{4 + \cfrac{1}{1 + \cfrac{1}{2 + \cfrac{1}{3\ \text{etc.}}}}} = 1, 4, 1, 2\,[3, 1, 1, 1, 2, 3].$$

Il suit de là que *les fractions continues qui sont racines d'une même équ. du 2e degré ont toujours leurs périodes formées des mêmes termes en ordre rétrograde*. Dans le dernier exemple, il faut écrire 1, 4, 1, 2, 3, 1, 1, 1 en avant de la période, savoir,

$$x = 1, 4, 1, 2, 3, 1, 1, 1\,[2, 3, 3, 1, 1, 1].$$

607. Étant donnée une fraction continue périodique, proposons-nous de remonter à l'équation dont elle est racine.

1er CAS. *La période commençant dès le 1er terme*, $z = [a, b \ldots g, h]$. Cherchons les deux convergentes terminales de la partie périodique,

$$\frac{h}{h'} = a, b, \ldots\ldots\, g, \quad \frac{i}{i'} = a, b \ldots\ldots\, g, h,$$

on a (*G* p. 162)

$$z = \frac{iz + h}{i'z + h'}, \quad i'z^2 - (i - h')\,z = h. \quad . \quad . \quad . \quad (1)$$

Par ex., $z = [1, 1, 2, 1]$, donne $\frac{5}{3} = 1, 1, 2$, et $\frac{7}{4} = 1, 1, 2, 1$; d'où $z = \dfrac{7z + 5}{4z + 3}$, $4z^2 - 4z = 5$, qui a en effet pour racines $z = [1, 1, 2, 1]$ et $-z = 0\,[1, 2, 1, 1]$.

Quand la période n'a qu'un seul terme $z = [p]$, d'où $z = p + \frac{1}{z}$, on a $z^2 - pz = 1$. Si elle n'a que deux termes $z = [p, q]$, ou $z = p + \cfrac{1}{q + \cfrac{1}{z}}$, on a $qz^2 - pqz = p$; le coefficient du 2e terme est (en —) le produit des deux coefficients extrêmes; et en effet, on tire de cette équ. $qz(z - p) = p$,

$$z - p = \frac{p}{qz}, \quad z = p + \frac{p}{qz} = p + \cfrac{1}{q + \cfrac{1}{z}},$$

en substituant pour qz sa valeur $pq + \frac{p}{z}$.

IIe cas. *La période étant précédée d'une partie irrégulière*, $x = y, y', y'' \ldots [a, b, \ldots g, h]$, on représentera la période par z, ce qui donnera l'équ. (1) : puis on aura $x = y, y', y'' \ldots z$. Calculant les deux convergentes $\frac{m}{m'}$, $\frac{n}{n'}$, valeurs terminales de la partie irrégulière $y, y', y'' \ldots$, il viendra

$$x = \frac{nz + m}{n'z + m'}, \quad \text{d'où } z = -\frac{m'x - m}{n'x - n}.$$

Il reste à substituer cette valeur de z dans l'équ. (1), et on aura l'équ. du 2e degré en x, dont l'une des racines est la fraction continue donnée. Ainsi *toute fraction continue périodique est racine d'une équ. du 2e degré.*

Soit $x = 1, 1, 3\ [1, 1, 2, 1] = 1, 1, 3, z$; on a d'abord les convergentes $\frac{2}{1}$ et $\frac{7}{4}$, d'où $x = \frac{7z + 2}{4z + 1}$, $z = -\frac{x - 2}{4x - 7}$. Substituant dans $4z^2 - 4z = 5$, équation qu'on a trouvée pour $z = [1, 1, 2, 1]$, il vient $60x^2 - 204x + 173 = 0$. Et en effet, la plus grande racine $x = \frac{102 + \sqrt{24}}{60}$ a pour développement la fraction continue proposée. La 2e racine est

$$x = \frac{102 - \sqrt{24}}{60} = 1, 1, 1, 1, 1\ [1, 1, 1, 2].$$

Prenons encore l'expression $x = 1, 6\ [3, 2, 2]$; et posons $z = [3, 2, 2]$, d'où l'on tire les convergentes $\frac{7}{2}$ et $\frac{17}{5}$, puis $5z^2 - 15z = 7$. On a d'ailleurs $x = 1, 6, z$, et les convergentes $\frac{1}{1}$ et $\frac{7}{6}$, d'où $z = -\frac{x-1}{6x-7}$: en substituant cette valeur dans l'équ. précédente, il vient

$$5(x-1)^2 + 15(x-1)(6x-7) = 7(6x-7)^2$$

ou $157x^2 - 383x + 233 = 0$. En effet on trouve que cette équ. donne $x = \frac{383 \pm \sqrt{365}}{314}$, et les calculs précédemment exposés montrent que si l'on prend le signe —, on a pour valeur de x la fraction continue proposée : en prenant + on trouve pour l'autre racine, $x = 1, 3, 1, 1\ [3, 2, 2]$.

Ire TABLE des Périodes de $\sqrt{t}$ (*voyez* page 179).

t.	Période.	t.	Période.	t.	Période.	t.	Période.	t.	Période.
2	1 (2)	19	2.1.3′	34	(1.4.1.10)	50	7 (14)	65	8 (16)
3	1 (1.2)	20	4 (2.8)	35	5 (1.10)	51	7 (7.14)	66	8 (8.16)
5	2 (4)	21	1.1.2′	37	6 (12)	52	4.1.2′	67	5.2.1.1.7′
6	2 (2.4)	22	1.2.4′	38	6 (6.12)	53	(3.1.1.3.14)	68	8 (4.16)
7	2 (1.1.1.4)	23	1.3′	39	6 (4.12)	54	2.1.6′	69	3.3.1.4′
8	2 (1.4)	24	4 (1.8)	40	6 (3.12)	55	(2.2.2.14)	70	2.1.2′
10	3 (6)	26	5 (10)	41	6 (2.2.12)	56	7 (2.14)	71	2.2.1.7′
11	3 (3.6)	27	5 (5.10)	42	6 (2.12)	57	1.1.4′	72	8 (2.16)
12	3 (2.6)	28	3.2′	43	1.1.3.1.5′	58	1.1.1″	73	1.1.5″
13	(1.1.1.1.6)	29	2.1″	44	1.1.1.2′	59	1.2.7′	74	(1.1.1.1.16)
14	(1.2.1.6)	30	5 (2.10)	45	1.2.2′	60	1.2′	75	(1.1.1.16)
15	3 (1.6)	31	1.1.3.5′	46	1.3.1.1.2.6′	61	1.4.3.1.2″	76	1.2.1.1.5.4′
17	4 (8)	32	1.1′	47	6 (1.5.1.12)	62	7 (1.6.1.14)	77	1.3.2′
18	4 (4.8)	33	1.2′	48	6 (1.12)	63	7 (1.14)	78	(1.4.1.16)

IIe TABLE des Périodes des restes de x^2 : m (*voyez* page 185).

m	Périodes.	m	Pér. 1.4.9.16.	m	Périodes 1.4.9.16.25.36.
5	(1.4.4.1.0)	17	8.2.15.13″	37	12.27.7.26.10.33.21.11.3.31.30.28″...
6	(1.4.3.4.1.0)	19	6.17.11.7.5″		
7	1.4.2″...	21	4.15.7.1.18.16″	41	8.23.40.18.39.21.5.32.20.10.2.37.33.31″...
8	1.4.1.0′...	23	2.13.3.18.12.8.6″		
9	1.4.0.7″...	25	0.11.24.14.6.0.21.19″...	43	6.21.38.14.35.15.40.24.10.41.31.23.17.13.11″...
10	1.4.9.6.5′...				
11	1.4.9.5.3″...	27	25.9.22.10.0.19.13.9.7″...	47	2.17.34.6.27.3.28.8.37.21.7.42.32.24.18.14.12″...
12	1.4.9.4.1.0′				
13	1.4.9.3.12.10″	29	25.7.20.6.23.13.5.28.24.22″...	49	0.15.32.2.23.46.22.0.29.11.44.30.18.8.0.43.39.37″...
14	1.4.9.2.11.8.7′				
15	1.4.9.1.10.6.4″	31	25.5.18.2.19.7.28.20.14.10.8″	53	49.11.28.47.15.38.10.37.13.44.24.6.43.29.17.7.52.46.42.40″
16	1.4.9.0.9.4.1.0′				

Equations indéterminées du second degré.

608. Résolvons d'abord, en nombres entiers, l'équ. $my = x^2 \pm a$, c'est-à-dire rendons entière la quantité $\frac{x^2 - r}{m}$, r étant le reste négatif $< m$ de la division de a par m. Si l'on fait $x = 1, 2, 3, 4 \ldots$, x^2 étant divisé par m, les restes présenteront une propriété bien remarquable.

Si m *est pair,* soit pris $x = \frac{1}{2} m \pm \alpha$, d'où

$$\frac{x^2}{m} = \frac{\frac{1}{4}m^2 \pm m\alpha + \alpha^2}{m} = \pm \alpha + \frac{\frac{1}{4}m^2 + \alpha^2}{m};$$

les restes de $\frac{x^2}{m}$, lorsqu'on prend pour x les deux nombres $\frac{1}{2} m \pm \alpha$, sont donc les mêmes : ainsi, lorsqu'on passe $x = \frac{1}{2} m$, jusqu'à $x = m$, on retrouve les mêmes restes en sens inverse.

C'est ainsi que, pour le diviseur 14, on trouve les restes suivants :

$$1 . 4 . 9 . 2 . 11 . 8 . 7 . 8 . 11 . 2 . 9 . 4 . 1 .$$

Si m *est impair,* les nombres $\frac{1}{2} (m \pm 1)$ sont entiers; faisant $x = \frac{1}{2} (m \pm 1) \pm \alpha$, on a $x^2 = \frac{1}{4} (m \pm 1)^2 \pm \alpha (m \pm 1) + \alpha^2$; les $\pm$ se correspondent ; divisant par m, on trouve, qu'on prenne le signe supérieur ou l'inférieur, que le reste de la division est le même que pour $\frac{1}{4} (m^2 + 1) + \alpha + \alpha^2$: ainsi, pour les deux valeurs de x, les restes de x^2 divisés par m sont encore égaux ; passé $x = \frac{1}{2} (m - 1)$ on retrouve les mêmes restes en ordre rétrograde. Ici le terme moyen se répète.

On trouve, par exemple, que, pour le diviseur 17, les restes successifs sont

$$1 . 4 . 9 . 16 . 8 . 2 . 15 . 13 . 13 . 15 . 2 . 8 . 16 . 9 . 4 . 1 .$$

Quand $x > m$, savoir $x = tm + \alpha$, comme

$$\frac{x^2}{m} = t^2m + 2\alpha t + \frac{\alpha^2}{m},$$

le reste est le même que si l'on eût pris $x = \alpha < m$.

Concluons de là que, 1° *si l'on prend* x = 1, 2, 3 ...., *jusqu'à l'infini, les restes de la division de* x^2 *par* m *se reproduisent et forment une période symétrique de* m *termes.*

La table II donne ces périodes pour les diviseurs les plus simples.

On ne peut rendre $\frac{x^2 - r}{m}$ un entier, qu'autant que r est un des termes de cette période; et si α est le rang de ce terme, $x = \alpha$ donne r pour reste de la division de x^2 par m : on a cette infinité de solutions, $x = tm \pm \alpha$, t étant un entier quelconque. Chaque fois que r entre dans la période, on a une valeur de α, et une équ. semblable donnant un système de solutions. Mais il ne sera nécessaire d'avoir égard qu'à la demi-période, puisque le retour du reste r se fait aux rangs α et $m - \alpha$, également distants des extrêmes, et qu'il ne résulte pas de cette dernière valeur de solution nouvelle.

Par ex., $13y = x^2 + 40$ donne $\frac{x^2 + 40}{13}$, ou $\frac{x^2 - 12}{13}$ = entier. Dans la demi-période du diviseur 13, le reste 12 ne se trouve qu'au 5e rang; ainsi $x = 13t \pm 5$.

L'équ. $x^2 = 17y + 7$ est impossible en nombres entiers, parce que 7 ne se trouve pas dans la période du diviseur 17.

Enfin, pour $x^2 - 4 = 12y$, comme 4 entre aux rangs 2 et 4, dans la demi-période du diviseur 12, on a

$$x = 12t \pm 2 \text{ et } \pm 4.$$

Observez que quand le diviseur m est un produit pp', $x^2 - r$ n'est divisible par m qu'autant qu'il l'est par p et par p'; on rendra donc entiers $\frac{x^2 - r}{p}$ et $\frac{x^2 - r}{p'}$ par des valeurs telles que $x = tp \pm \alpha$, $x = t'p' \pm \alpha'$. Il restera ensuite à accorder ces solutions entre elles, car les valeurs de t et t' doivent être choisies de manière à donner le même nombre x. Ainsi, on posera (n° 123)

$$\frac{x^2 - r}{p}, \quad \frac{x^2 - r}{p'}, \quad \text{et} \quad \frac{x \pm \alpha}{p}, \quad \frac{x \pm \alpha'}{p'} = \text{entiers}.$$

Quand p est lui-même décomposable en deux facteurs, la 1re fraction peut être remplacée par deux autres, et ainsi de suite.

Par exemple, pour résoudre en nombres entiers l'équation

$315y = x^2 - 46$, comme $315 = 9 . 7 . 5$, je rendrai $x^2 - 46$ divisible par 9, 7 et 5; savoir, en extrayant les entiers,

$$\frac{x^2-1}{9},\ \frac{x^2-4}{7},\ \frac{x^2-1}{5} = \text{entiers}.$$

Les périodes de ces diviseurs donnent $\alpha = 1$, $\alpha' = 2$, $\alpha'' = 1$; ainsi, il faut rendre (sans dépendance mutuelle entre les $\pm$)

$$\frac{x \pm 1}{9},\ \frac{x \pm 2}{7},\ \frac{x \pm 1}{5} = \text{entiers}.$$

On trouve enfin que si k désigne l'un quelconque des quatre nombres 19, 89, 26 et 44, on a $x = 315\,t \pm k$, d'où

$\pm x = 19, 26, 44, 89, 226, 271\ldots$, $y = 1, 2, 6, 25, 162, 233\ldots$.

Pour résoudre en nombres entiers l'équ. $my = ax^2 + 2bx + c$, multiplions par a,

$$ay = \frac{(ax+b)^2 - (b^2 - ac)}{m} = \frac{z^2 - D}{m};$$

en faisant $\quad ax + b = z, \quad b^2 - ac = D.$

On cherchera les solutions $z = mt \pm \alpha$ qui rendent cette fraction un nombre entier : puis on devra résoudre l'équ. du 1er degré $ax + b = mt \pm \alpha$, c.-à-d. qu'on ne prendra que les valeurs entières de t, qui rendront x entier. Si a et m sont premiers entre eux, $z^2 - D$ sera multiple de a et de m (puisqu'on a multiplié par a); ainsi on divisera le résultat par a, et l'on aura y. Quand a et m ont un facteur commun θ, il doit aussi l'être de $2bx + c$: on cherche d'abord la forme générale des valeurs de x, qui remplissent cette condition, $x = \theta x' + \gamma$, et substituant dans la proposée, θ disparaît.

Soit $7y = 3x^2 - 5x + 2$; on multipliera par 2, pour que le coefficient de x soit pair; d'où $a = 6$, $b = -5$, $c = 4$, $D = 1$. On rend $z^2 - 1$ multiple de 7, en faisant $z = 7u \pm 1$, qui est ici $z = 6x - 5$; on en tire

$$x = 7t + 1, \quad \text{et} + 3.$$

L'équ. $11y = 8x^2 - 5x + 6$ est absurde en nombres entiers.

Pour $15y = 6x^2 - 2x + 1$, on rend d'abord $2x - 1$ multiple du facteur 3, commun à 15 et 6, savoir, $x = 3x' + 2$, d'où $5y = 18x'^2 + 22x' + 7$; extrayant les entiers, il reste à rendre $3x'^2 + 2x' + 2$ multiple de 5; on trouve $z = 5t = 3x' + 1$; donc $x' = 3$, $x = 11$, puis $x = 15t' + 11$.

609. Soit l'équation

$$az^2 + 2byz + cy^2 = M,$$

qu'il s'agit de résoudre en nombres entiers.

1er CAS. Si $b^2 - ac = 0$; multipliant le 1er membre par a, il devient un carré exact, $(az + by)^2 = aM$; ainsi aM doit aussi être un carré h^2, sans quoi le problème serait absurde. Il reste donc à résoudre en nombres entiers l'équ. $az + by = h$. On prend z et y avec le signe $\pm$, attendu que h doit en être affecté.

Pour $4z^2 - 20zy + 25y^2 = 49$, on pose $2z - 5y = \pm 7$, d'où $y = 2t \mp 1$, $z = 5t \pm 1$.

2e CAS. Si $b^2 - ac < 0$, la proposée revient à

$$(az + by)^2 + Dy^2 = aM, \quad u^2 + Dy^2 = aM,$$

en faisant $b^2 - ac = -D$, $az + by = u$. Ainsi, M doit être positif. On fera $y = 0, 1, 2 \ldots$, et l'on ne conservera que les valeurs qui rendent $aM - Dy^2$ un carré. Ces essais sont en nombre limité, puisque $Dy^2 < aM$. Une fois y et u déterminés, on ne prendra que ceux de ces nombres qui rendront z entier.

Pour $3z^2 - 2zy + 7y^2 = 27$, on trouve

$$(3z - y)^2 + 20y^2 = 81, \quad u^2 = 81 - 20y^2;$$

$$\text{avec } 3z - y = u; \text{ donc } \pm y = 0 \text{ et } 2, \pm u = 9 \text{ et } 1,$$

$$\pm z = 3 \text{ et } 1.$$

3e CAS. Si $b^2 - ac$ est un carré positif k^2, multipliant encore par a, et égalant le 1er membre à zéro, pour en obtenir les facteurs, on trouve que la proposée revient à

$$[az + y(b + k)] \cdot [az + y(b - k)] = aM.$$

Soient f et g deux facteurs produisant aM; posons-les égaux à ceux du 1er membre, il viendra

$$y = \frac{f - g}{2k}, \quad z = \frac{f - y(b + k)}{a}.$$

Ainsi, après avoir décomposé aM en deux facteurs de toutes les manières possibles, on les prendra tour à tour, l'un pour f, l'autre pour g, et l'on ne conservera que les systèmes qui rendent entiers, d'abord y, puis z. On prend y et z en $\pm$, parce qu'on peut donner à f et g le signe $+$ ou $-$. Ainsi, $2z^2 + 9yz + 7y^2 = 38$, étant doublée pour rendre pair le coefficient de yz, donne $a = 4, b = 9, c = 14, k = 5, aM = 304$; les produisants de 304 sont

$$2 \times 152 = 8 \times 38 = 4 \times 76 = 1 \times 304 = 16 \times 19;$$

les deux 1ers systèmes conviennent seuls et donnent

$$\pm y = 15 \text{ et } 3, \quad \mp z = 53 \text{ et } 1.$$

4e CAS. Si $b^2 - ac$ est positif non carré, pour comparer ce qui nous reste à dire avec ce qu'on a vu, nous écrirons la proposée sous la forme $Az^2 - 2azy - ky^2 = P$. Les racines de l'équ. $Ax^2 - 2ax = k$ sont irrationnelles (ou $t = a^2 + Ak$ est positif non carré); développons-les en fractions continues. Il suit de l'équ. (f) (n° 601), que la convergente qui précède la fraction complète $\frac{\sqrt{t} + \pi}{P}$ est $\frac{n}{n'}$, quand on a cette condition

$$An^2 - 2ann' - kn'^2 = \pm P.$$

Le signe de P dépendant du rang pair ou impair de cette convergente. En comparant cette équ. à la proposée, on reconnaît que si le signe des 2es membres est le même, on a cette solution

$$z = n, \quad y = n'.$$

Donc, pour trouver y et z, développez les racines x en fractions continues; si parmi les convergentes $\frac{\sqrt{t} + \alpha}{A}$, $\frac{\sqrt{t} + \beta}{B}$ .... il s'en trouve dont le dénominateur soit le second membre P de la proposée, on limitera la continue à l'entier donné par la complète précédente, puis on cherchera la convergente correspondante $\frac{n}{n'}$; et l'on aura $z = n$, $y = n'$; mais il faut que cette convergente soit de rang pair quand le 2e membre P est positif, impair quand P est négatif, si le développement est celui de la plus grande racine; et que le contraire ait lieu pour la plus petite racine. Chaque complète qui vient en rang utile donne une solution, en sorte que si elle fait partie de la période, on a une infinité de valeurs pour z et y.

Soit, par ex., $2z^2 - 14yz + 17y^2 = 5$; on a trouvé (p. 172) que $2x^2 - 14x + 17 = 0$ a pour moindre racine $x = 1, 1, 1$ (3, 2), et que la 2ᵉ complète a 5 pour dénominateur; donc la convergente $\frac{1}{1}$ vient en rang impair, et donne cette solution unique $z = 1$, $y = 1$, parce que la période n'entre pour rien.

Si le 2ᵉ membre, au lieu de 5, était $+3$, il n'y aurait pas de solution entière, parce que les complètes, dont 3 est le dénominateur, étant toutes de rangs pairs dans la grande racine x, et impairs dans la petite, ne sont pas en rangs utiles.

Mais si le 2ᵉ membre est -3, développant la grande racine $x = 5$ (2, 3), on l'arrêtera aux rangs 1, 3, 5, 7...., parce que les complètes suivantes ont 3 pour dénominateur; de là les convergentes $\frac{5}{1}, \frac{38}{7}, \frac{299}{55}\ldots.$, qui donnent autant de solutions. La moindre racine $x = 1, 1, 1$, (3, 2), arrêtée aux termes 2ᵉ, 4ᵉ, 6ᵉ...., donne de même $\frac{2}{1}, \frac{11}{7}, \frac{86}{55}\ldots.$, donc, avec $\pm y = 1, 7, 55\ldots.$, on prendra $\pm z = 5, 38, 299\ldots.$ ou $2, 11, 86\ldots$

Enfin, quand le deuxième membre est 2, on trouve de même $\pm y = 0, 2, 16, 126, 992$, avec $\pm z = 1, 11, 87, 685, 5393\ldots.$ ou $1, 3, 25, 197, 1551\ldots.$

Comme les convergentes sont toujours irréductibles, on n'obtient ainsi que les solutions qui sont premières entre elles : supposons que la proposée en admette qui aient un facteur commun θ, $z = \theta z'$, $y = \theta y'$: on aurait alors

$$\theta^2 (az'^2 + 2bz'y' + cy'^2 = P.$$

P est donc multiple de θ^2; soit P' le quotient, il reste à tirer z' et y' d'une équ. semblable à la proposée, le 2ᵉ membre étant P'; donc, autant P aura de facteurs carrés θ^2, autres que 1, autant on aura de valeurs de θ et d'équ. à traiter, dont le 2ᵉ membre est seul différent, $P' = P : \theta^2$.

Soit, par ex., l'équ. $z^2 + 2zy - 5y^2 = 9$, qui n'admet pas de solutions premières entre elles; comme 9 est $= 3^2$, résolvons $z'^2 + 2z'y' - 5y'^2 = 1$; l'équ. $x^2 + 2x = 5$ donne

$$x = \frac{\sqrt{6} - 1}{1} = 1, \frac{\sqrt{6} + 2}{2} = 2, \frac{\sqrt{6} + 2}{1} = 4, \frac{\sqrt{6} + 2}{2}, \text{ etc.};$$

$x = 1$ (2, 4), et les convergentes $\frac{1}{0}, \frac{3}{2}, \frac{26}{20}, \frac{287}{198}\ldots.$ Les termes de ces fractions sont les valeurs de z' et y'; multipliant haut et bas par 3, on trouve enfin

$$\pm z = 3,\ 9,\ 87,\ 861\ldots\ \pm y = 0,\ 6,\ 60,\ 594\ldots$$

La deuxième racine de x ne donne aucune solution nouvelle.

Les dénominateurs des complètes sont $< 2\sqrt{t}$ (page 175). Quand le 2e membre P dépasse cette limite, on ne peut espérer que P se trouve parmi ces dénominateurs, et notre procédé ne fait plus connaître les solutions; mais f désignant un facteur de P, $P = fP'$, n un entier quelconque, posons $y = nz + fy'$;

$$\text{d'où}\quad \left(\frac{a + 2bn + cn^2}{f}\right) z^2 + 2y'z\,(b + cn) + cfy'^2 = P'.$$

Qu'on rende entier ce 1er coefficient, par une valeur convenable de n (p. 185); chaque fois que $b^2 - ac$ entrera dans la demi-période du diviseur f, on aura des valeurs de $\pm n$, et autant d'équ. à résoudre, telles que $Az^2 + 2By'z + Cy'^2 = P'$, où C et P' sont les mêmes (ainsi que $B^2 - AC$). Ainsi on peut réduire P à être $P' < 2\sqrt{t}$, et même jusqu'à $P' = \pm 1$.

Ainsi l'équ. $66z^2 - 18yz + y^2 = 34$, en prenant $f = 17$, conduit à rendre $\dfrac{66 - 18n + n^2}{17} =$ entier; d'où $n = 2$ et 16, puis

$$y = 17y' + 2z \text{ ou } + 16z,\quad 2z^2 \pm 14y'z + 17y'^2 = 2.$$

L'une de ces transformées a été résolue (p. 190); l'autre n'en diffère que par le signe de y'; on en tire donc

$$\pm z = 1,\ 11,\ 87,\ldots 3,\ 25\ldots \text{ avec } \pm y = 2,\ 56,\ 446,\ldots 40,\ 322\ldots,$$

$$\text{ou avec}\qquad \pm y = 16,\ 142,\ 1120,\ldots 14,\ 128\ldots,$$

Nous supprimerons la démonstration qui établit que ce procédé fait obtenir toutes les solutions entières.

610. Ces calculs s'appliquent à l'équ. $z^2 - ty^2 = \pm 1$; mais ils deviennent alors très-faciles. On développe $\sqrt{t}$ en fraction continue $z = \sqrt{t} = u\,(u', u'' \ldots u'', u', 2u)$, et l'on ne s'arrête qu'aux complètes dont le dénominateur est 1, en rang impair pour $+1$, et pair pour -1. Or, il est prouvé (n° 606) que les seules complètes dont 1 est dénominateur (excepté la 1re $\sqrt{t}$), sont celles qui

donnent le dernier entier $2u$ de la période, lesquelles ont la forme $\frac{\sqrt{t}+u}{1}$. Les convergentes $\frac{n}{n'}$, qui répondent à tous les retours du terme u' qui précède $2u$, si elles sont en rangs utiles, donnent donc $\pm z = n$, $\pm y = n'$, ces signes étant indépendants l'un de l'autre. Quand la période a un nombre pair de termes, chaque période donne une solution, dans le cas de $+1$, et il n'y en a aucune dans celui de -1. Lorsque la période a ses termes en quotité impaire, les retours aux périodes 1re, 3e, 5e.... conviennent lorsque le 2e membre est -1 ; s'il est $+$, on prend les 2es, 4es, 6es....

Pour l'équ. $z^2 - 14y^2 = \pm 1$, on a (p. 184) $\sqrt{14} = 3\,(1, 2, 1, 6)$; le terme 1, qui précède 6, ne vient jamais qu'aux rangs pairs ; ainsi, la proposée est absurde en nombres entiers, dans le cas de -1. Dans celui de $+1$, on prend les convergentes $\frac{1}{0}$, $\frac{15}{4}$, $\frac{449}{120}$, $\frac{13455}{3596}$...., et l'on a, les signes étant d'ailleurs quelconques,

$$\pm z = 1,\ 15,\ 449\ldots,\qquad \pm y = 0,\ 4,\ 120\ldots$$

Soit $z^2 - 13u^2 = \pm 1$: comme $\sqrt{13} = 3\,(1, 1, 1, 1, 6)$, les convergentes correspondantes au retour du terme 1 qui précède 6, sont $\frac{1}{0}$, $\frac{18}{5}$, $\frac{649}{180}$, $\frac{23382}{6485}$.... : d'où $z = 1, 649\ldots$, $y = 0, 180\ldots$ pour $+1$; et $z = 18, 23382\ldots$ $y = 5, 6485\ldots$ pour -1.

Soit $z^2 - 3y^2 = 1$; comme $\sqrt{3} = 1\,(1, 2)$, toutes les convergentes $\frac{1}{0}$, $\frac{2}{1}$, $\frac{7}{4}$, $\frac{26}{15}$, $\frac{97}{56}$, $\frac{362}{209}$...., donnent des solutions ; il n'y en a aucune, quand le 2e membre est -1.

L'équ. $z^2 - 5y^2 = \pm 1$ a ses solutions dans les fractions alternes $\frac{1}{0}$, $\frac{9}{4}$, $\frac{38}{17}$, $\frac{161}{72}$, $\frac{682}{305}$, $\frac{2889}{1292}$....

Étant donné un nombre impair $N = 2m + 1$; qu'il soit partagé en m et $m + 1$, ses deux moitiés inégales et entières, et qu'on décompose chaque partie en deux autres ; on pourra toujours choisir ces parties telles que leurs produits respectifs soient égaux, savoir :

$$x + x' = m,\qquad y + y' = m + 1,\qquad xx' = yy'.$$

En effet, éliminant x' et y', il vient $y^2 - x^2 = (m + 1)\,y - mx$. On résout cette équ., comme on l'a dit, en posant

$$x = \tfrac{1}{2}(z + m),\qquad y = \tfrac{1}{2}(t + m + 1),$$

d'où $$t^2 - z^2 = (m + 1)^2 - m^2 = 2m + 1 = N.$$

Ainsi, pour trouver t et z, on décomposera N en deux parties telles que ce nombre soit la différence de leurs carrés. Soient α et β, deux facteurs impairs produisant N, $N=\alpha\beta$, il viendra $(t+z)(t-z)=\alpha\beta$, $t+z=\alpha$, $t-z=\beta$; d'où

$$t=\frac{\alpha+\beta}{2},\ z=\frac{\alpha-\beta}{2},\ x=\frac{\frac{1}{2}(\alpha-\beta)+m}{2},\ y=\frac{\frac{1}{2}(\alpha+\beta)+m+1}{2}.$$

Comme α et β sont impairs, $\frac{1}{2}(\alpha\pm\beta)$ sont entiers, et il est aisé de voir que l'un de ces deux nombres est pair et l'autre impair : mais pour que x soit entier, il faut que m soit pair ou impair avec $\frac{1}{2}(\alpha-\beta)$, condition qui rend y entier.

Ainsi pour $N=105=2.52+1$, en décomposant 105 en 35×3, on a $t=19$, $z=16$, $m=52$, $x=34$, $y=36$, $x'=18$, $y'=17$: et en effet, $34\times 18=36\times 17=612$.

Observez qu'en prenant $\beta=1$ pour l'un des facteurs de N, et $\alpha=2m+1$ pour l'autre, on trouve $t=m+1$, $z=m$, $x'=y'=0$: les quatre parties de N se réduisent donc à deux ; alors il suit de ce qu'on vient de dire que *tout nombre impair* $2m+1$, *est la différence des deux carrés* $(m+1)^2-m^2$, ainsi qu'on le fait (n° 134, 2°). *Cette décomposition en deux carrés peut se faire de plusieurs manières* en prenant pour facteurs α et β produisant $2m+1$, des nombres tels que $\frac{1}{2}(\alpha-\beta)$ soit pair ou impair avec m : *mais si le nombre* $2m+1$ *est premier, il n'y a qu'une seule manière de faire la décomposition.*

611. L'équation

$$az^2+2byz+cy^2+dz+ey+f=0,$$

la plus générale du 2ᵉ degré, se ramène à la précédente, en la dégageant des termes de 1ʳᵉ dimension. Soit fait

$$z=kz'+\alpha,\quad y=ly'+\beta;$$

d'où $$2a\alpha+2b\beta+d=0,\quad 2\beta c+2\alpha b+e=0, \ldots \quad (1)$$

$$\alpha=\frac{cd-be}{2D},\quad \beta=\frac{ae-bd}{2D},$$

en posant $b^2-ac=D$. Tous nos coefficients sont supposés entiers. Or, il est clair que cette transformation n'est utile qu'autant que z' et y' sont entiers, en même temps que z et y. Faisons donc les indéterminées $k = l = \frac{1}{2D}$, savoir,

$$z = \frac{z' + cd - be}{2D}, \quad y = \frac{y' + ae - bd}{2D} \quad \ldots\ldots (2)$$

Les valeurs cherchées de y' et z' répondront à des entiers pour z et y : mais la réciproque n'a pas lieu, et l'on devra rejeter les solutions entières de z' et y', qui ne rendent pas z et y entiers. On aura ainsi toutes les valeurs demandées, en ne conservant pour x' et y' que les solutions trouvées, qui ont la forme convenable (n° 597). Maintenant, multiplions les équ. (1) respectivement par α et β, puis ajoutons ; nous avons

$$-(a\alpha^2 + 2b\alpha\beta + c\beta^2) = \frac{d\alpha + e\beta}{2} = \frac{ae^2 - 2bed + cd^2}{4D}.$$

Nous désignerons le numérateur par N : la transformée est

$$az'^2 + 2bz'y' + cy'^2 + 4D^2f + ND = 0; \quad \ldots\ldots (3)$$

équ. qu'on sait résoudre.

Lorsque $b^2 - ac = 0$, ce calcul ne peut plus se faire ; mais multipliant par a, les trois premiers termes forment le carré de $az + by$; posant ce binôme $= z'$, le reste du calcul est facile.

Soit $$7z^2 - 2zy + 3y^2 - 30z + 10y + 8 = 0;$$

les équ. (2) deviennent $z = \frac{z' - 80}{-40}$, $y = \frac{y' + 40}{-40}$; mais y et z ne sont entiers qu'autant que 40, facteur commun des constantes, l'est aussi de z' et y', qu'on peut changer en $40z'$ et $40y'$; ainsi ce facteur 40 s'en va, et l'on pose

$$z = z' + 2, \quad y = y' - 1, \quad 7z'^2 - 2z'y' + 3y'^2 = 27.$$

Cette équ. a été traitée (p. 188) et a donné $\pm z' = 0$ et 2, $\pm y' = 3$ et 1; donc on a

$$z = 4,\ 0,\ 2 \text{ et } 2, \quad \text{avec} \quad y = 0,\ -2,\ 2 \text{ et } -4.$$

Des Équ. indéterminées de degré supérieur.

612. Pour résoudre en nombres entiers l'équ.

$$my = a + bx + cx^2 + \ldots + kx^n,$$

observons que si $x = \alpha$, on a aussi $x = \alpha + mt$, t étant un nombre entier quelconque, puisqu'en substituant, le 2ᵉ membre prend la forme $a + b\alpha + c\alpha^2 \ldots + mT$, qui est visiblement divisible par m. Lorsque $\alpha > m$, si l'on prend pour t, l'entier contenu dans $\frac{\alpha}{m}$, la valeur $x = \alpha \pm mt$ se trouve comprise entre $+\frac{1}{2}m$ et $-\frac{1}{2}m$. Donc *s'il existe des solutions entières de la proposée, il y en a toujours une infinité, et l'une au moins des valeurs de* x *est* $< \frac{1}{2}$ m, *dans chaque système* $x = \alpha \pm mt$.

Lorsqu'on divise par m ceux des coefficients $a, b, c\ldots$ qui sont $> m$, on extrait les parties entières, et on simplifie le problème. Du reste il suffit, pour résoudre l'équ., d'essayer pour x tour à tour, tous les entiers $< \frac{1}{2}m$, ce qui donnera les nombres simples α, et par suite toutes les valeurs de $x = \alpha + mt$.

Ainsi, pour l'équ. $7y = 17 + 9x - 3x^2 + 5x^3$, on posera $y = 2 + x + \frac{3 + 2x - 3x^2 + 5x^3}{7}$; puis, prenant $x = 0, 1, 2, 3$ et 4, tant en + qu'en −, on reconnaîtra que $x = 2$ et ± 1 conviennent seuls ; ce seront les valeurs de α dans $x = \alpha + 7t$, qui comprend toutes les solutions, et permet d'en conclure les valeurs correspondantes de y.

L'équ. la plus générale à deux inconnues x et y, dont l'une n'est qu'au 1ᵉʳ degré, est

$$y\,(a' + b'x + c'x^2 \ldots) = a + bx + cx^2 \ldots;$$

pour obtenir toutes les solutions entières, posons

$$a' + b'x + c'x^2 \ldots = m', \quad a + bx + cx^2 \ldots = m,$$

d'où $m'y = m$. Éliminons x, puis m, entre ces trois équ. ; il viendra d'abord une équ. de la forme

$$A + Bm + Cm' + Dm'^2 + Emm' + Fm'^2 \ldots = 0,$$

puis
$$A + Bm'y + Cm' + Dm'^2y^2 + \ldots = 0:$$

et comme tout est ici divisible par m', le 1ᵉʳ terme A doit aussi l'être, sans quoi la proposée n'admettrait aucune solution entière. On cherchera donc tous les diviseurs de A, tels que $\alpha, \beta, \gamma \ldots$ Ce seront les seules valeurs que m' puisse avoir : en faisant successivement

$$\alpha = a' + b'x + c'x^2 \ldots, \quad \beta = a' + b'x + \ldots, \quad \gamma = a' + \ldots \text{ etc.}$$

on prendra les racines entières de x; celles de ces racines qui rendront m multiple de m' pourront seules résoudre la question; mais il faudra en outre que le quotient $\dfrac{m}{m'} = y$ soit entier, afin d'avoir la valeur correspondante de y.

Observez que le long calcul de l'élimination dont on a parlé ne servant qu'à faire connaître le nombre A, on l'abrége beaucoup, en prenant m' et m nuls, c'est-à-dire, en cherchant le commun diviseur entre les polynômes $a' + b'x + \ldots$, et $a + bx +$ etc.; seulement il faut avoir l'attention de ne pas supprimer les facteurs numériques qui pourraient affecter tous les termes de l'un des restes, ainsi qu'on est en droit de le faire dans le calcul ordinaire. Cette opération donne A pour *reste final*, car s'il existait un commun diviseur numérique, on le supprimerait dans l'équ. proposée.

Par ex., soit $y(x^3 - 3) = x^2 + 1$, la recherche du commun diviseur entre $x^3 - 3$ et $x^2 + 1$, conduit au reste final 10, dont les diviseurs sont 1, 2, 5 et 10, en $+$ et en $-$: prenons ces huit valeurs successivement pour m' dans les équ. $x^3 - 3 = m'$, $x^2 + 1 = m$, et nous verrons qu'on ne peut admettre que

$$m' = -2, \quad \text{d'où} \quad x = 1, \quad m = 2, \quad y = -1,$$
$$m' = +5, \qquad\qquad x = 2, \quad m = 5, \quad y = +1:$$

telles sont les deux seules solutions du problème.

Nous ne traiterons pas les équ. où les deux inconnues entrent à des degrés supérieurs, parce qu'on n'a aucune méthode générale pour les résoudre; on n'y parvient dans chaque cas particulier, que par des procédés spéciaux. *Voy.* les *Recherches arithm. de Gauss*, les *Mémoires de Berlin*, etc.

Résolution des Équations numériques.

613. Soit $fx = 0$ une équ. qui ait été préparée de manière à n'avoir aucunes racines commensurables, ou égales, ou comprises plusieurs ensemble entre deux nombres entiers successifs (n° 542); admettons qu'on connaisse pour chaque racine irrationnelle l'entier α qui est immédiatement moindre (n° 541), et procédons à l'approximation ultérieure.

D'après la règle donnée (nº 592), soit fait $x = \alpha + \frac{1}{x'}$, $fx = 0$ deviendra $f_1x' = 0$. Or, par supposition, il y a une des valeurs de x' qui est > 1, et il n'y en a qu'une ; cette racine répond à la valeur de x dont α est la partie entière, et dont nous voulons approcher. Raisonnons de même pour $f_1x' = 0$, et soit β l'entier approché de x' ; on est assuré qu'il n'y a qu'une valeur de x' qui soit positive et > 1 ; on posera donc $x' = \beta + \frac{1}{x''}$, x'' ayant une racine > 1, et une seule ; de là une transformée $f_2x'' = 0$ dont x'' est l'inconnue. On voit donc que la racine x sera développée en fraction continue $x = \alpha, \beta, \gamma \ldots$; qu'on en tirera des convergentes de plus en plus approchées par excès et par défaut, alternativement ; que l'erreur résultante de chacune aura une limite connue, etc. . . .

Quant au calcul de f_1, f_2, il est très-facile ; car soit $fx = kx^i + px^{i-1} + qx^{i-2} \ldots + u = 0$; si l'on pose $x = \alpha + t$, la transformée est (nº 504)

$$f\alpha + t f'\alpha + \tfrac{1}{2} t^2 f''\alpha \ldots + kt^i = 0 :$$

mais ici $t = \frac{1}{x'}$; donc, en multipliant tout par x'^i,

$$f\alpha \,.\, x'^i + f'\alpha \,.\, x'^{i-1} + \tfrac{1}{2} f''\alpha \,.\, x'^{i-2} \ldots + k = 0.$$

$f\alpha$, $f'\alpha$, $f''\alpha \ldots$ sont les valeurs de fx et de ses dérivées, lorsqu'on y fait $x = \alpha$. Ainsi, après avoir calculé ces coefficients (*voy*. p. 42 *), il suffira de les substituer dans cette équ.

Soit proposée l'équ. $x^3 - 2x - 5 = 0$, dont une seule racine est réelle et comprise entre 2 et 3 (nº 560) ; appliquons notre méthode. En faisant $x = 2$, dans $x^3 - 2x - 5$, $3x^2 - 2$, $3x$ et 1, on trouve -1, 10, 6 et 1, pour coefficients de l'équ. en x'. Mais x' est entre 10 et 11, et l'on trouve de même pour les coefficients de l'équ.

* Voici le calcul prescrit p. 42 pour déduire f_2 de f_1 dans l'ex. suivant :

	$f_1x =$	-1	$+10$	$+6$	$+1 = 0$ entier 10
Facteur 10		-1	0	$+6$	$+61$
		-1	-10	-94	
		-1	-20		
d'où		-1	-20	-94	$+61$
	f_2x. . . .	$+61$	-94	-20	-1

en x'', 61, — 94, — 20, — 1; donc on obtient ces résultats, où l'on s'est dispensé d'écrire les puissances de x, x', x'', qui sont assez indiquées par les rangs des termes :

$fx =$	x^3	+	$0x^2$	—	$2x$	—	5	= 0	entier	2,
$f_1 = -$	1	+	10	+	6	+	1	= 0	....	10,
$f_2 =$	61	—	94	—	20	—	1	= 0	....	1,
$f_3 = -$	54	—	25	+	89	+	61	= 0	....	1,
$f_4 =$	71	—	123	—	187	—	54	= 0	....	2,
$f_5 = -$	352	+	173	+	303	+	71	= 0	....	1,
$f_6 =$	195	—	407	—	883	—	352	= 0	....	3,
etc.										

Donc $x = 2, 10, 1, 1, 2, 1, 3 \ldots = \frac{576}{275} = 2{,}09455 \ldots;$

valeur qui a 5 décimales exactes, puisqu'elle n'est pas en erreur de $\left(\frac{1}{275}\right)^2$.

L'équ. $x^3 - x^2 - 2x + 1 = 0$ a ses trois racines réelles, et comprises entre 1 et 2, 0 et 1, — 1 et — 2. Approchons d'abord de la 1re.

f	x^3	—	x^2	—	$2x$	+	1	= 0	entier	1,
f_1 .... —	1	—	1	+	2	+	1	= 0	....	1,
f_2	1	—	3	—	4	—	1	= 0	....	4,
f_3 .... —	1	+	20	+	9	+	1	= 0	....	20,
f_4	181	—	391	—	40	—	1	= 0	....	2,
f_5 .... —	197	+	568	+	695	+	181	= 0	....	3,
f_6	2059	—	1216	—	1205	—	197	= 0	....	1,
etc.										

$$x = 1, 1, 4, 20, 2, 3, 1, 6, 10, 5, 2 = \frac{1289054}{715371} = 1{,}8019377358.$$

La racine comprise entre 0 et 1 se trouve de même; et comme dès la 2e opération on retombe sur la transformée (2), on doit retrouver les équ. 3, 4, 5....; d'où

$$x = 0, 2, 4, 20, 2, 3, 1, 6, 10, 5, 2 = \frac{573683}{1289054} = 0{,}4450418679.$$

Enfin, pour la racine négative, il faut changer x en $-x$; et comme on a alors l'équ. (1), on pose de suite

$$-x = 1, 4, 20, 2, 3, 1, 6, 10, 5, 2 = \frac{715371}{573683} = 1{,}2469796037.$$

Nous rencontrons ici une particularité propre à l'exemple proposé, en sorte que les trois racines se trouvant formées des mêmes termes, on est dispensé du calcul des deux dernières.

Pour $fx =$	$2x^2$	$-\ 14x$	$+\ 17$	$= 0$ entier	5
on a $f_1 =$	$-\ 5$	$+\ 6$	$+\ 2$	$= 0$	2
$f_2 =$	$+\ 2$	$-\ 6$	$-\ 3$	$= 0$	3
$f_3 =$	$-\ 3$	$+\ 6$	$+\ 2$	$= 0$	2

On retrouve f_1; donc $x = 5\ [2, 3]$ comme p. 172.

614. Exposons maintenant les moyens d'abréger ces divers calculs.

La fraction continue ayant été poussée jusqu'à l'entier y^i, $x = \alpha, \beta, \gamma, \ldots\ \nu$, soient $\frac{m}{m'}$ et $\frac{n}{n'}$ les deux dernières convergentes; il suit de l'équ. (G, n° 593), ainsi qu'on a vu p. 182, que si z représente la valeur du reste de la fraction continue, on a

$$z = -\frac{m'x - m}{n'x - n} = -\frac{m'}{n'} \mp \frac{1}{n'(n'x - n)},$$

en commençant la division, et à cause de $m'n - mn' = \pm 1$. Soit δ la différence entre x et la convergente $\frac{n}{n'}$, ou $\delta = \frac{n}{n'} - x$, on a $n'x - n = -n'\delta$; d'où

$$z = -\frac{m'}{n'} \pm \frac{1}{\delta \,.\, n'^2}.$$

Ici x désigne, il est vrai, la racine dont on veut approcher, et z est une valeur qui en dépend; mais chacune des autres racines x', x''.... donne une équ. semblable; ainsi, z', z''.... étant les valeurs de z correspondantes, on a

$$z' = -\frac{m'}{n'} \pm \frac{1}{\delta' \,.\, n'^2},\quad z'' = -\frac{m'}{n'} \pm \frac{1}{\delta'' \,.\, n'^2}, \text{ etc.}$$

Ajoutons ces $(i - 1)$ équ. et faisons pour abréger $\Delta = \frac{1}{\delta'} + \frac{1}{\delta''} + \ldots$; nous avons

$$z' + z'' + z''' \ldots = -\frac{m'}{n'}(i - 1) \pm \frac{\Delta}{n'^2}.$$

La transformée en z étant représentée par $Az^i + Bz^{i-1} + \ldots = 0$, la somme des racines est $z + z' + z'' \ldots = -\frac{B}{A}$; retranchant l'équ. précédente,

$$z = \frac{m'}{n'}(i-1) - \frac{B}{A} \mp \frac{\Delta}{n'^2}; \quad \ldots \quad (a)$$

mais $\frac{n}{n'}$ ne tarde pas à approcher assez de x pour que δ soit fort petit; δ', $\delta''\ldots$, qui sont les différences des autres racines x', $x''\ldots$ à notre convergente, sont à peu près égales aux différences de ces racines à x; et plus ces différences sont grandes, plus Δ est petit; n' croît d'ailleurs de plus en plus : ainsi, le dernier terme de notre équ. est alors négligeable ; d'où

$$z = \frac{m'}{n'}(i-1) - \frac{B}{A}. \quad \ldots \quad (b)$$

Non-seulement cette équ. donne l'entier π, contenu dans z, mais même en résolvant en continue, par la méthode du commun diviseur, on peut prendre plusieurs termes successifs, comme composant la valeur de z et continuant celle de x; $z = \pi, \rho, \sigma\ldots$; d'où $x = \alpha, \beta, \ldots \nu, \pi, \rho, \sigma\ldots$ En arrêtant la fraction z à l'un de ses termes σ, soient $\frac{p}{p'}$, $\frac{q}{q'}$ les deux dernières convergentes, on a (équ. G, p. 168)

$$z = \frac{q\sigma + p}{q'\sigma + p'};$$

et substituant dans la transformée en z, on passe de suite à celle qui répond au terme σ, en supposant qu'en effet ce terme convienne à la valeur de x. Puisque $z = -\frac{m'x - m}{n'x - n}$, il suffira d'avoir deux limites rapprochées, entre lesquelles x soit compris, et de substituer ces limites dans cette fraction, pour avoir celles de z : ces dernières résolues en continues, leurs termes communs le seront aussi à z, et continueront x.

Pour la 1re racine du dernier ex., partons de la transformée f_4; les convergentes sont $\frac{9}{5} = 1, 1, 4$; $\frac{182}{101} = 1, 1, 4, 20$; d'où l'on tire $z = \frac{10}{101} + \frac{331}{181} = \frac{41301}{18281} = 2, 3, 1, 6\ldots$; on remarque que les quatre 1ers termes continuent la valeur de x, laquelle acquiert de suite 8 termes. On en tire les convergentes $\frac{9}{4}$ et $\frac{61}{27}$; d'où $z = \dfrac{61u + 9}{27u + 4}$, et par suite la transformée f_8, en substituant dans f_4; et ainsi de suite.

Quand la racine x est commensurable, la fraction continue se termine; sans cela elle va à l'infini. Si la proposée admet quelque facteur rationnel du 2e degré, on obtient une période, et le retour des mêmes termes annonce cette circonstance. Ainsi l'équation $x^4 - 2x^3 - 9x^2 + 22x - 22 = 0$, lorsqu'on veut poursuivre la racine qui est entre 3 et 4, donne

$$\begin{array}{llllllll} f_1 = & -\ 10 & +\ 22 & +\ 27 & +\ 10 & +\ 1 & = 0 & \text{entier} \quad 3, \\ f_2 = & 58 & -\ 314 & -\ 315 & -\ 98 & -\ 10 & = 0 & \ldots\ldots \quad 6, \\ f_3 = & -\ 4594 & +\ 12322 & +\ 6561 & +\ 1078 & +\ 58 & = 0 & \ldots\ldots \quad 3, \text{ etc.} \end{array}$$

Cette dernière équ. conduit à $z = \frac{9}{19} + \frac{12322}{14594} = \frac{275464}{87286} = 3, 6\ldots$ Le retour des chiffres (3, 6) fait présumer une période : en supposant qu'elle existe, on trouve que $x^2 - 11$ doit être diviseur de la proposée (n° 607); on essaye cette division, qui donne le quotient exact $x^2 - 2x + 2$.

La résolution de l'équ. $x^i = A$, ou l'extraction des racines, rentre dans cette méthode. Ainsi $x^3 = 17$ donne

$$x = 2, 1, 1, 3, 138 = \tfrac{2489}{968};$$

et formant la valeur de z, on arrive à $z = 1, 3, 2\ldots$; d'où

$$x = \tfrac{22527}{8761} = 2,5712818.$$

615. L'équation $10^x = 29$ se traite de la même manière. On trouve d'abord que x est entre 1 et 2; savoir,

$$x = 1 + \frac{1}{x'},\ 10^{1+\frac{1}{x'}} = 29;\ 10 \times 10^{\frac{1}{x'}} = 29;\ 10 = (2, 9)^{x'}.$$

On voit ensuite que x' est entre 2 et 3;

$$x' = 2 + \frac{1}{x''},\quad 10 = (2, 9)^2 \,.\, (2, 9)^{\frac{1}{x''}},\quad \left(\tfrac{1000}{841}\right)^{x''} = 2, 9;\ \text{et}$$

ainsi de suite. Donc

$$x = 1, 2, 6, 6, 1, 2, 1, 2\ldots = \tfrac{1439}{984} = 1,4623980.$$

Cette valeur $> x$ est approchée à moins de $(\frac{1}{984})^2$, avec six chiffres décimaux exacts.

$10^x = 23$ donne $x = 1, 2, 1, 3, 4, 17, 2 = \frac{2270}{1667} = 1,3617278.$

insi, on sait résoudre, par approximation, l'équ. $10^x = b$, et comme on peut prendre au lieu de 10, toute autre base, *on sait calculer le logarithme d'un nombre dans tout système.*

CHAPITRE VI.

MÉTHODE DES COEFFICIENTS INDÉTERMINÉS.

Décomposition des Fractions rationnelles.

616. F et φ étant des fonctions de x *identiques,* c'est-à-dire qui n'ont qu'une simple dissemblance provenue de la manière dont elles sont exprimées algébriquement, l'équ. $F = \varphi$ n'a pas besoin pour se vérifier qu'on attribue à x des valeurs convenables, et doit subsister, quel que soit le nombre qu'on juge à propos de mettre pour x. Supposons que, par des artifices d'analyse, on parvienne à ordonner F et φ par rapport à x, sous la même forme

$$a + bx + cx^2 + dx^3 \ldots = A + Bx + Cx^2 + Dx^3 \ldots;$$

puisqu'il n'y avait entre F et φ qu'une différence apparente due aux formes sous lesquelles ces fonctions étaient exprimées, cette différence de formes n'existant plus, on doit précisément trouver dans un membre tout ce qui entre dans l'autre ; donc

$$a = A, \quad b = B, \quad c = C \ldots$$

Et en effet, puisque l'équ. doit subsister pour toute valeur de x, si l'on prend $x = 0$, on a $a = A$. Ces deux constantes n'ont pas été rendues égales par cette supposition ; elles l'étaient sans cela, et l'hypothèse n'a été ici qu'un moyen de mettre cette vérité en évidence. Dès lors, quel que soit x, on a encore

$$bx + cx^2 + \ldots = Bx + Cx^2 \ldots;$$

divisant par x,

$$b + cx + \text{etc.} = B + Cx\ldots;$$

le même raisonnement prouve que $b = B$, puis $c = C\ldots$

Ainsi, étant donnée une fonction F, après s'être assuré directement qu'elle est susceptible d'être exprimée sous une forme désignée φ, contenant des coefficients constants $A, B, C\ldots$, il est aisé de trouver ces nombres. 1° On écrira l'identité $F = \varphi$, F étant la fonction proposée, et φ sa valeur mise sous une autre forme reconnue convenable, et contenant les *coefficients indéterminés* A, B, C....; 2° par des calculs appropriés, on *ordonnera* les deux membres F et φ selon les puissances de x; 3° on *égalera entre eux les termes affectés des mêmes puissances de* x; 4° enfin, on *éliminera* entre ces équ. pour en tirer les valeurs des constantes inconnues $A, B, C\ldots$

Appliquons ce principe à divers exemples.

617. N étant le numérateur d'une fraction rationnelle, D le dénominateur, proposons-nous de la décomposer en d'autres dont elle soit la somme. Par la division, on peut toujours abaisser le degré du polynôme N, par rapport à x, au-dessous de D; c'est dans cet état que nous prenons la fraction. Soit $D = P \times Q$, P et Q étant des polynômes premiers entre eux, des degrés p et q, posons

$$\frac{N}{D} = \frac{Ax^{q-1} + Bx^{q-2}\ldots + L}{Q} + \frac{A'x^{p-1} + B'x^{p-2}\ldots + L'}{P}.$$

Pour réduire au même dénominateur $D = P \times Q$, multiplions $Ax^{q-1} + \ldots$ par P, et $A'x^{p-1} + \ldots$ par Q; ces produits seront de degré $p + q - 1$, c'est-à-dire formeront un *polynôme complet* d'un degré moindre de 1 que D; et comme N est au plus de ce même degré, en comparant chaque terme de N à ceux des produits cidessus, on en tirera $p + q$ équations entre les coefficients inconnus $A, A', B, B'\ldots$, dont le nombre est visiblement $p + q$, puisque nos numérateurs ont q et p termes; ces inconnues ne seront qu'au 1er degré, et le calcul conduira bientôt à les trouver. Il est donc prouvé que la décomposition indiquée est légitime, et le calcul donne actuellement les valeurs de toutes les parties composantes.

Et si P et Q sont eux-mêmes décomposables en d'autres facteurs premiers entre eux, sans chercher à déterminer $A, A', B\ldots$, on remplacera chaque fraction par d'autres formées selon le même principe; c'est-à-dire que, *pour décomposer la fraction rationnelle proposée, il faut trouver les facteurs premiers entre eux de son dénominateur, et égaler cette fraction à une suite d'autres qui aient ces facteurs pour dénominateurs, et dont les numérateurs soient des polynômes respectivement d'un degré moindre d'une unité.*

On égalera donc D à zéro pour le résoudre en ses facteurs simples ; et il se présentera deux cas, selon que D n'aura que des facteurs inégaux, ou en aura d'égaux. Examinons ces deux cas séparément.

1er cas. Si $D = (x - a)(x - b)(x - c)\ldots$, on posera

$$\frac{N}{D} = \frac{A}{x - a} + \frac{B}{x - b} + \frac{C}{x - c} + \ldots,$$

et il s'agira de déterminer $A, B, C \ldots$ par le procédé qu'on vient d'exposer.

Par exemple, soit $D = (x - a)(x - b)$; on a

$$\frac{kx + l}{(x - a)(x - b)} = \frac{A}{x - a} + \frac{B}{x - b},$$

d'où
$$kx + l = A(x - b) + B(x - a)$$
$$= (A + B)\,x - Ab - Ba.$$

Ainsi
$$k = A + B, \quad -l = Ab + Ba ;$$

et enfin
$$A = -\frac{ka + l}{b - a}, \quad B = \frac{kb + l}{b - a}.$$

Pour $\frac{2 - 4x}{x^2 - x - 2}$, j'égale le dénominateur à zéro pour en obtenir les facteurs binômes ; $x^2 - x = 2$ donne $x = 2$ et -1 ; ce sont les valeurs de b et a. On a $k = -4$, $l = 2$; ainsi

$$\frac{2 - 4x}{x^2 - x - 2} = \frac{-2}{x + 1} - \frac{2}{x - 2}.$$

De même,
$$\frac{1}{a^2 - x^2} = \frac{1}{2a(a + x)} + \frac{1}{2a(a - x)}.$$

Soit encore
$$\frac{1}{x(a^2 - x^2)} = \frac{A}{x} + \frac{B}{a + x} + \frac{C}{a - x};$$

on trouve $1 = Aa^2 + ax(B + C) + x^2(C - A - B)$;

donc
$$1 = Aa^2, \quad B + C = 0, \quad C - A - B = 0,$$

Éliminant, on a A, B, C, puis

$$\frac{1}{x(a^2 - x^2)} = \frac{1}{a^2 x} - \frac{1}{2a^2(a + x)} + \frac{1}{2a^2(a - x)}.$$

Lorsque D a des facteurs binômes imaginaires, la même méthode peut s'appliquer, mais on préfère souvent ne décomposer D qu'en facteurs trinômes réels, tels que $x^2 + px + q$, et la proposée, qu'en fractions de la forme $\frac{Ax + B}{x^2 + px + q}$. C'est ainsi que pour

$$\frac{x^2 - x + 1}{(x + 1)(x^2 + 1)} = \frac{Ax + B}{x^2 + 1} + \frac{C}{x + 1},$$

on trouve $\qquad C = \frac{3}{2}, \quad B = A = -\frac{1}{2}.$

De même, $\quad \frac{x}{x^3 - 1} = \frac{Ax + B}{x^2 + x + 1} + \frac{C}{x - 1},$

donne $\qquad -A = B = C = \frac{1}{3}.$

2e cas. Chaque facteur de D, de la forme $(x - a)^i$, donne lieu à une composante telle que $\frac{Ax^{i-1} + Bx^{i-2} \dots}{(x - a)^i}$; mais comme celle-ci est elle-même décomposable, on pose de suite, au lieu de cette fraction, la somme équivalente

$$\frac{A}{(x - a)^i} + \frac{B}{(x - a)^{i-1}} + \frac{C}{(x - a)^{i-2}} \dots + \frac{L}{x - a}.$$

Et en effet, il est visible qu'en réduisant au même dénominateur, le numérateur a la même forme que ci-devant, et un égal nombre de constantes inconnues.

$$\frac{x^3 + x^2 + 2}{x(x - 1)^2(x + 1)^2} = \frac{A}{x} + \frac{B}{(x + 1)^2} + \frac{C}{x + 1} + \frac{D}{(x - 1)^2} + \frac{E}{x - 1}$$

donne $\quad = \frac{2}{x} - \frac{\frac{1}{2}}{(x + 1)^2} - \frac{\frac{5}{4}}{x + 1} + \frac{1}{(x - 1)^2} - \frac{\frac{3}{4}}{x - 1}.$

On trouvera de même

$$\frac{1}{x(x + 1)^2(x^2 + x + 1)} = \frac{1}{x} - \frac{1}{(x + 1)^2} - \frac{2}{x + 1} + \frac{x}{x^2 + x + 1}.$$

Si les facteurs égaux du dénominateur étaient imaginaires, quoique le même procédé puisse être appliqué, il sera préférable de les réunir en facteurs réels du 2e degré, sous la forme $(x^2+px+q)^i$; le numérateur est alors $Ax^{2i-1}+Bx^{2i-2}+\ldots$ ou plutôt on prend les fractions composantes

$$\frac{Ax+B}{(x^2+px+q)^i}+\frac{Cx+D}{(x^2+px+q)^{i-1}}+\ldots+\frac{Kx+L}{x^2+px+q}.$$

Par exemple, on fera

$$\frac{1}{(x+1)\,x^2(x^2+2)\,(x^2+1)^2}$$

$$=\frac{A}{1+x}+\frac{B}{x^2}+\frac{C}{x}+\frac{Dx+E}{x^2+2}+\frac{Fx+G}{(x^2+1)^2}+\frac{Hx+I}{x^2+1}.$$

Le calcul donnera

$$A=\tfrac{1}{12},\ B=-C=\tfrac{1}{2},\ D=-E=\tfrac{1}{6},\ F=-G=\tfrac{1}{2},$$
$$H=-I=\tfrac{1}{4}.$$

618. L'usage fréquent qu'on fait de la décomposition des fractions rationnelles, rend très-utile la méthode suivante, qui abrége les calculs.

1er cas. *Facteurs inégaux.* Soit $D=(x-a)\,S$, S étant un produit de facteurs tout différents de $x-a$. La dérivée est

$$D'=S+(x-a)\,S'; \text{ on pose *}$$

$$\frac{N}{D}=\frac{A}{x-a}+\frac{P}{S};\ \text{d'où}\quad N=AS+P\,(x-a).$$

* Si le facteur a la forme $px+q$, au lieu de $x-a$, la fraction composante est

$$\frac{A}{px+q}=\frac{1}{p}\ \frac{A}{x+\frac{q}{p}}=\frac{A'}{x+\frac{q}{p}},\quad A=A'p;$$

on fera donc $x=-\frac{q}{p}$ dans $\frac{N}{D'}$; mais pour avoir le numérateur A de la fraction, on devra multiplier le résultat par le coefficient p de x. Ainsi pour

$$\frac{6+23x}{2-x-6x^2}=\frac{A}{1-2x}+\frac{B}{3x+2},$$

il faut substituer $x=+\frac{1}{2}$ et $-\frac{2}{3}$ dans $\frac{N}{D'}=\frac{6+23x}{-1-12x}$; mais on multipliera les résultats par -2 et $+3$: d'où $A=5,\ B=-4$.

Il s'agit de déterminer la constante A, sans connaître le polynôme P. Si l'on fait $x = a$, et qu'on désigne par n, s et d ce que deviennent N, S et D, par cette hypothèse (nous ferons usage, dans ce qui suit, de cette notation), nous avons $d' = s$ et $n = As$; partant, $A = \frac{n}{s} = \frac{n}{d'}$. Donc *remplacez le dénominateur* D *de la fraction proposée par sa dérivée* D'; *puis changez* x *en* a, *vous aurez le numérateur* A *de la fraction composante dont* x — a *est le dénominateur*. On devra de même faire $x = b, c \ldots.$ dans $\frac{N}{D'}$, pour avoir les numérateurs de $\frac{B}{x-b}$, $\frac{C}{x-c} \ldots.$, en supposant

$$D = (x-a)(x-b)(x-c)\ldots.$$

Pour $\frac{-5x^2-5x+6}{x^4-2x^3-x^2+2x}$, posez $\frac{N}{D'} = \frac{-5x^2-5x+6}{4x^3-6x^2-2x+2}$;

or, vous avez $D = (x-1)(x+1)(x-2)x$; faites donc $x = 1$, $-1, 2$ et 0, et vous aurez $2, -1, -4$ et 3 pour résultats; la proposée revient à $\frac{2}{x-1} - \frac{1}{x+1} - \frac{4}{x-2} + \frac{3}{x}$.

Soit la fraction $\frac{1}{z^6-1}$; on a $\frac{N}{D'} = \frac{1}{6z^5}$; or (p. 131),

$$z^6 - 1 = (z+1)(z-1)(z^2-z+1)(z^2+z+1).$$

Pour les deux 1ers facteurs, on fait $z = \pm 1$, et l'on a $\pm \frac{1}{6}$; le facteur suivant donne $z = \frac{1}{2}(1 \pm \sqrt{-3})$; d'où l'on tire

$$\frac{2^5}{6(1\pm\sqrt{-3})^5} = \frac{32}{6(16 \mp 16\sqrt{-3})} = \frac{1\pm\sqrt{-3}}{12};$$

les deux fractions composantes sont faciles à trouver; réduites en une seule, on a $\frac{1}{6} \cdot \frac{z-2}{z^2-z+1}$. Enfin, le 4e facteur de D indique qu'il suffit de changer z en $-z$ dans ce dernier résultat. Donc,

$$\frac{1}{z^6-1} = \frac{1}{6}\left(\frac{1}{z-1} - \frac{1}{z+1} + \frac{z-2}{z^2-z+1} - \frac{z+2}{z^2+z+1}\right).$$

2° CAS. *Facteurs égaux*. Soit $D=(x-a)^i$, si l'on change x en $a+h$ dans N et D, ces polynômes deviennent (n° 504)

$$N=n+n'h+\tfrac{1}{2}n''h^2+\tfrac{1}{6}n'''h^3+\ldots,\ \text{et}\ D=h^i.$$

En divisant, et mettant $x-a$ pour h, on trouve

$$\frac{N}{D}=\frac{n}{(x-a)^i}+\frac{n'}{(x-a)^{i-1}}+\frac{\frac{1}{2}n''}{(x-a)^{i-2}}+\ldots.$$

Ainsi *la proposée se décompose en* i *fractions, dont les numérateurs sont ce que deviennent* N, N′, $\frac{1}{2}$ N″.... *en faisant* x = a.

Par exemple, $\dfrac{3x^2-7x+6}{(x-1)^3}$; comme le numérateur a pour dérivées $6x-7$ et 6, en faisant $x=1$, on obtient 2, — 1 et 3 pour numérateurs des fractions composantes, savoir,

$$\frac{3x^2-7x+6}{(x-1)^3}=\frac{2}{(x-1)^3}-\frac{1}{(x-1)^2}+\frac{3}{x-1}.$$

Mais si le dénominateur contient d'autres facteurs avec $(x-a)^i$, et qu'on ait $D=(x-a)^i.S$, S étant connu et non divisible par $x-a$, on pose

$$\frac{N}{D}=\frac{F}{(x-a)^i}+\frac{P}{S}; \quad \ldots\ldots \quad (1)$$

d'où $$N=P(x-a)^i+FS.$$

Changeons x en $a+y$ dans cette équ. identique, et développons (n° 504);

$$n+n'y+\tfrac{1}{2}n''y^2\ldots=y^i(p+p'y+\tfrac{1}{2}p''y^2\ldots$$
$$+(f+f'y+\tfrac{1}{2}f''y^2\ldots).(s+s'y+\tfrac{1}{2}s''y^2\ldots),$$

en conservant la notation employée ci-dessus pour n, d, s et f. Comparant des deux parts les coefficients des mêmes puissances de y (n° 616), nous avons

$$n=fs,\quad n'=f's+fs',\quad n''=f''s+2f's'+fs'',\ \ldots \quad (2)$$
$$n^{(l)}=sf^{(l)}+ls'f^{(l-1)}+\tfrac{1}{2}l(l-1)s''f^{(l-2)}\ldots+fs^{(l)}.$$

l désigne ici un entier quelconque $< i$. Ainsi, ces équ. donnent $f, f', f''\ldots$, et par conséquent le développement de la première partie,

$$\frac{F}{(x-a)^i}=\frac{f}{(x-a)^i}+\frac{f'}{(x-a)^{i-1}}+\frac{\frac{1}{2}f''}{(x-a)^{i-2}}\ldots,$$

précisément comme si la fraction proposée n'eût eu que $(x-a)^i$ au dénominateur. On tire de cette équ.

$$F = f + f' \cdot (x-a) + \tfrac{1}{2}f'' \cdot (x-a)^2 + \ldots \quad (3)$$

F est donc connu ; et l'on a dans l'équ. (1)

$$\frac{P}{S} = \frac{N - FS}{D} = \frac{N - FS}{(x-a)^i S}. \quad (4)$$

Cette identité exige que $(x-a)^i$ soit facteur de $N - FS$; il faut effectuer la division pour obtenir le quotient P; la 2ᵉ partie de notre fraction proposée est connue, et il faut la décomposer à son tour.

Soit, par ex., $\frac{N}{D} = \frac{5x^4 - 13x^3 + 14x^2 - 5x + 3}{(x-1)^3(x+1)x}$;

faites $x = 1$ dans $S = x^2 + x = 2$, $S' = 2x + 1 = 3$, $S'' = 2$,

$N = 5x^4 - 13x^3 + \ldots = 4$, $N' = 20x^3 \ldots = 4$, $N'' = 10$.

Donc, $4 = 2f$, $4 = 2f' + 3f$, $10 = 2f'' + 6f' + 2f$;

puis, $\quad f = 2, \quad f' = -1, \quad \tfrac{1}{2}f'' = 3,$

$$F = 2 - (x-1) + 3(x-1)^2 = 3x^2 - 7x + 6.$$

Le produit FS, retranché de N, donne

$$2x^4 - 9x^3 + 15x^2 - 11x + 3,$$

qui, divisé par $(x-1)^3$, donne $P = 2x - 3$.

Il reste à décomposer, par le premier procédé,

$$\frac{P}{S} = \frac{2x-3}{x^2+x}; \quad \text{d'où } \frac{P}{S'} = \frac{2x-3}{2x+1};$$

faisant $x = -1$ et 0, il vient 5 et -3; puis

$$\frac{N}{D} = \frac{2}{(x-1)^3} - \frac{1}{(x-1)^2} + \frac{3}{x-1} + \frac{5}{x+1} - \frac{3}{x}.$$

Observez que, dans cet ex., il eût été plus court de déterminer d'abord les deux dernières fractions, en faisant $x = -1$ et 0 dans N et D'; d'où

$$\frac{N}{D} = \frac{F}{(x-1)^3} + \frac{5}{x+1} - \frac{3}{x}.$$

Transposant ces deux dernières fractions et réduisant, on trouve aisément la première $\frac{F}{(x-1)^3} = \frac{3x^2-7x+6}{(x-1)^3}$, qui rentre dans ce qu'on a vu ci-devant, et est très-facile à décomposer.

De même, pour $\frac{N}{D} = \frac{x^3-6x^2+4x-1}{x^4-3x^3-3x^2+7x+6}$, comme $D=(x+1)^2(x-2)(x-3)$, on fera $x=2$ et 3 dans N et D'; on aura les fractions $\frac{1}{x-2}-\frac{1}{x-3}$; retranchant de la proposée, on a $\frac{x}{(x+1)^2}$ qu'il s'agit de décomposer. Mais on trouve $f=-1$, $f'=1$; donc il vient enfin, en réunissant ces parties,

$$\frac{N}{D}=\frac{1}{x-2}-\frac{1}{x-3}-\frac{1}{(x+1)^2}+\frac{1}{x+1}.$$

Sur la convergence des Séries.

619. On ne peut prendre la somme des n premiers termes d'une série pour valeur approchée de sa totalité, qu'autant que cette série est *convergente*, c'est-à-dire, que *cette somme approche de plus en plus d'une limite*, à mesure qu'on prend n plus grand : cette limite est la somme de toute la série.

Il est aisé de reconnaître si les termes vont en décroissant, quand on a le *terme général*, expression analytique du terme du rang n : mais les termes peuvent décroître, sans pour cela que la série soit convergente. C'est ainsi que $1+\frac{1}{2}+\frac{1}{3}+\frac{1}{4}\ldots$ est une série divergente, quoique le terme général $\frac{1}{n}$ montre que les termes diminuent sans cesse. En effet prenons n termes à partir du n^e,

$$\frac{1}{n+1}+\frac{1}{n+2}+\frac{1}{n+3}+\ldots\quad+\frac{1}{2n}.$$

Chacun est visiblement $>\frac{1}{2n}$, et la somme $> n\times\frac{1}{2n}$, ou $\frac{1}{2}$: de même, la somme des $2n$ termes qui suivent ceux-ci est aussi $>\frac{1}{2}$, etc.; en sorte que la somme totale surpasse $\frac{1}{2}\times\infty$: il n'y a pas de limite.

1° Quand $x < 1$, la progression géométrique $a + ax + ax^2 \ldots$ est convergente, car outre que ses termes décroissent, les sommes prises à partir du terme de rang n sont

$$x^n + x^{n+1} = x^n (1 + x) = x^n \left(\frac{1 - x^2}{1 - x}\right)$$

$$x^n + x^{n+1} + x^{n+2} = x^n \left(\frac{1 - x^3}{1 - x}\right), \text{ etc.}$$

On voit que, x étant < 1, à mesure que n augmente, ces sommes sont de plus en plus petites, et tendent vers zéro.

2° Si l'on connaît le terme général u_n d'une série $u_0 + u_1 + u_2 \ldots$ On changera n en $n + 1$, et on aura le terme de rang $n + 1$, et le quotient $F = \frac{u_{n+1}}{u_n}$ sera le facteur qui multipliant un terme produira le suivant. *Or si tous les termes sont positifs et si, pour de grandes valeurs de* x, F *tend vers une limite* L, *la série est convergente ou divergente, selon que cette limite* F *est* $<$ *ou* $>$ 1.

En effet, supposons d'abord $L < 1$, et prenons un nombre quelconque l intermédiaire à L et 1, en sorte que $L < l < 1$. Puisque F converge vers L à mesure que n s'accroît, il s'ensuit qu'à partir d'un rang n suffisamment grand, le facteur F approchera autant qu'on voudra de L, et deviendra par conséquent $< l$; d'où

$$\frac{u_{n+1}}{u_n} < l, \quad u_{n+1} < lu_n, \quad u_{n+2} < lu_{n+1}, \quad u_{n+3} < lu_{n+2} \ldots .$$

à fortiori $\quad u_{n+1} < lu_n, \quad u_{n+2} < l^2 u_n, \quad u_{n+3} < l^3 u_n \ldots .$

Ces termes consécutifs étant moindres que ceux de la progression géométrique $u_n(l + l^2 + l^3 \ldots)$, qui est convergente, il s'ensuit que la série proposée l'est aussi.

On prouve de même que si $L > 1$, les termes $u_{n+1}, u_{n+2}; \ldots$ sont plus grands que ceux d'une progression géométrique dont la raison l étant > 1, on arrive à des termes aussi grands qu'on veut, ce qui montre que la série est divergente.

Ainsi pour $(x + a)^m$, il suit de la valeur (7), p. 11, et de la relation (4), p. 5, que $F = \frac{m - n}{n + 1} \cdot \frac{x}{a}$; plus n croît, et plus F approche de la limite $\frac{x}{a}$, que ce facteur atteint pour $n = \infty$: donc la formule du binôme est convergente ou divergente selon que $x <$ ou $> a$.

Au reste, les deux transformations suivantes sont propres à augmenter la convergence de cette série

$$x + a = \frac{x}{1 - \frac{a}{x+a}} = \frac{2a}{1 - \frac{x-a}{x+a}}$$

$$(x+a)^m = x^m\left(1 - \frac{a}{x+a}\right)^{-m} = 2^m a^m\left(1 - \frac{x-a}{x+a}\right)^{-m},$$

$$(x+a)^m = x^m\left\{1 + m\left(\frac{a}{x+a}\right) + m\frac{m+1}{2}\left(\frac{a}{x+a}\right)^2 + \ldots\right\}$$

$$= 2^m a^m\left\{1 + m\left(\frac{x-a}{x+a}\right) + m\frac{m+1}{2}\left(\frac{x-a}{x+a}\right)^2 + \ldots\right\}$$

Voy. p. 14 pour la loi des coefficients.

Prenons la série $1 + \frac{x}{1} + \frac{x^2}{1.2} + \frac{x^3}{1.2.3} + \frac{x^4}{1 \ldots . 4} +$ etc.

le terme général $\frac{x^n}{1.2..n}$ donne $F = \frac{x}{n+1}$, qui a zéro pour limite quand $n = \infty$; cette série est donc convergente.

3° Observez que quand une série renferme des termes négatifs, si en changeant les — en +, on trouve qu'il y a convergence, cette propriété a lieu aussi pour la proposée : car les termes négatifs devant être retranchés des positifs, ne font que diminuer la somme totale, et tendent par conséquent à augmenter la convergence.

Pour $x - \frac{x^3}{2.3} + \frac{x^5}{2.3.4.5} - \frac{x^7}{2 \ldots . 7}$ etc., en rendant tous les termes positifs, on a pour terme général

$$u_n = \frac{x^{2n-1}}{2.3 \ldots (2n-1)},\ u_{n+1} = \frac{x^{2n+1}}{2.3 \ldots . 2n(2n+1)},\ F = \frac{x^2}{2n(2n+1)}$$

comme $n = \infty$ donne $F = 0$, la série est convergente : d'ailleurs posant $F < 1$, on trouve $x^2 < 4n^2 + 2n$; si l'on prend $4n^2 > x^2$, ou $n > \frac{1}{2}x$, on voit qu'à partir du rang $\frac{1}{2}x$ les termes vont en décroissant.

4° *Toute série dont les termes ont des signes alternatifs + et —, est convergente, quand ces termes décroissent sans bornes vers la limite zéro.* Car soit $a - b + c - d + \ldots .$; comme chaque terme négatif peut être retranché du positif qui le précède, on n'a que des binômes positifs, et la somme prend le signe + : d'un autre côté on peut écrire $a - (b - c) - (d - e) \ldots$; et a doit surpasser toutes les parties soustractives. Or on peut prendre pour a un terme assez éloigné dans la série pour qu'il soit aussi petit qu'on voudra ; donc *à fortiori* la somme totale depuis a jusqu'à l'infini est dans le même cas.

C'est ainsi que la série $1 - \frac{1}{2} + \frac{1}{3} - \frac{1}{4} \ldots$ est convergente, quoique elle ne le soit pas quand tous les signes sont +.

Voy. *le Cours d'analyse* de M. Cauchy, p. 123.

Séries récurrentes.

620. Toute fraction rationnelle, ordonnée selon les puissances croissantes de x, dont le numérateur N est d'un degré moins élevé que le dénominateur D, peut se développer en une série infinie $A + Bx + Cx^2 + Dx^3 \ldots$; cela résulte de la division actuelle de N par D, puisque le quotient ne peut jamais donner de puissance négative ni fractionnaire de x. Cette division pourrait faire connaître les coefficients $A, B, C \ldots$; mais on préfère le calcul suivant, qui met en évidence la loi de la série. On pose

$$\frac{N}{D} = \frac{a + bx + cx^2 \ldots + hx^{i-1}}{1 + \alpha x + \beta x^2 \ldots + \theta x^i} = A + Bx + Cx^2 + Dx^3 \ldots$$

On réduit au même dénominateur ; puis comparant les termes où x porte des exposants égaux, l'équ. se partage en d'autres, qui servent à déterminer $A, B, C \ldots$ (nº 616) ; le dénominateur a 1 pour terme constant, ce qui n'ôte rien à la généralité, parce qu'on peut diviser N et D par ce premier terme, quel qu'il soit.

$$\text{Soit } \frac{N}{D} = \frac{a}{1 + \alpha x} = A + Bx + Cx^2 + Dx^3 \ldots ;$$

on a

$$a = A + \left.\begin{matrix} B \\ +A\alpha \end{matrix}\right| x + \left.\begin{matrix} C \\ +B\alpha \end{matrix}\right| x^2 + \left.\begin{matrix} D \\ +C\alpha \end{matrix}\right| x^3 + \begin{matrix} \ldots \\ + \ldots \end{matrix}$$

D'où $a = A$, $B + A\alpha = 0$, $C + B\alpha = 0 \ldots$

La 1re de ces équ. donne A, la 2e B, la 3e $C \ldots$ Enfin M et N étant deux coefficients successifs de notre série, on a $N + M\alpha = 0$;

d'où $N = - M\alpha$: donc *un terme quelconque est le produit du précédent par* $-\alpha x$, c'est-à-dire que la série est une progression par quotient, dont la raison est $-\alpha x$. On forme tous les termes de proche en proche, à partir du 1er, $A = a$, qu'on obtient en faisant $x = 0$ dans la fraction proposée.

$$\frac{a}{1+\alpha x} = a[1 - \alpha x + \alpha^2 x^2 - \alpha^3 x^3 \ldots + (-\alpha x)^n \ldots].$$

Le *terme général* T, ou le terme qui en a n avant lui, et le *terme sommatoire* Σ, ou la somme des n 1ers termes (n° 144), sont

$$T = a(-\alpha x)^n, \quad \Sigma = a\,\frac{1-(-\alpha x)^n}{1+\alpha x}.$$

Réciproquement, si l'on donne la série et la loi qui la gouverne, on en tire bientôt la fraction génératrice; car le 1er terme a est le numérateur, et le dénominateur est 1 — la raison de la progression.

Par ex., $\dfrac{3}{6-4x} = \dfrac{\frac{1}{2}}{1-\frac{2}{3}x}$ (en divisant haut et bas par 6) donne cette série, dont le premier terme est $\frac{1}{2}$ et la raison $\frac{2}{3}x$, $\frac{1}{2}(1 + \frac{2}{3}x + \frac{4}{9}x^2 + \ldots)$: enfin, on trouve

$$T = \frac{2^{n-1}x^n}{3^n}, \quad \Sigma = \frac{1-(\frac{2}{3}x)^n}{2(1-\frac{2}{3}x)}.$$

Et si l'on donne cette série et sa loi, on retrouve la fraction génératrice en divisant le 1er terme $\frac{1}{2}$ par 1 — le facteur $\frac{2}{3}x$.

Pour $\dfrac{a+bx}{1+\alpha x+\beta x^2} = A + Bx + Cx^2 + Dx^3 \ldots,$

on a $\quad a + bx = A + \begin{array}{c|c|c|c} B & x + C & x^2 + D & x^3 \ldots \\ + A\alpha & + B\alpha & + C\alpha & \ldots \\ & + A\beta & + B\beta & \ldots \end{array}$

puis $A = a, \quad B + A\alpha = b, \quad C + B\alpha + A\beta = 0 \ldots\ldots$

Ces équ. donnent successivement $A, B, C \ldots$; la 1re $A = a$ peut encore se tirer de l'équ. supposée, en y faisant $x = 0$.

Soient M, N, P, trois coefficients indéterminés consécutifs du développement; il suit de notre calcul qu'on a $P + N\alpha + M\beta = 0$; d'où $P = -N\alpha - M\beta$: donc, *un terme quelconque de la série se tire des deux précédents multipliés, l'un par* $-\alpha x$, *l'autre par* $-\beta x^2$. On observe que ces facteurs, retranchés de 1, donnent le dénominateur de la fraction proposée. Pour la développer, il faut d'abord trouver les deux 1ers termes $A+Bx$, soit par la division, soit à l'aide des équ. $A=a$, $B=b-a\alpha$; puis à l'aide des facteurs $-\alpha x$ et $-\beta x^2$, on compose les termes suivants, de proche en proche.

Réciproquement, si la série et sa loi sont données, on remonte à *la fraction génératrice, qui est la somme totale de cette série jusqu'à l'infini*, par un calcul simple; 1 moins les deux facteurs, forme le trinôme dénominateur $1+\alpha x+\beta x^2$. Quant au numérateur $a+bx$, on a $a=A$, $b=B+A\alpha$.

Par ex., $\dfrac{2-4x}{x^2-x-2}=\dfrac{2x-1}{1+\frac{1}{2}x-\frac{1}{2}x^2}$, en divisant haut et bas par -2; les facteurs sont donc $-\frac{1}{2}x$, et $+\frac{1}{2}x^2$: d'ailleurs, on trouve $-1+\frac{5}{2}x$ pour les deux 1ers termes; de là cette série $-1+\frac{5}{2}x-\frac{7}{4}x^2+\frac{17}{8}x^3-\ldots$. Et réciproquement, si la série est connue, c'est-à-dire si l'on a les deux premiers termes et les facteurs $-\frac{1}{2}x$, $+\frac{1}{2}x^2$, ceux-ci, retranchés de 1, donnent de suite le dénominateur de la fraction génératrice; on a enfin $a=-1$, $b=2$; d'où résulte le numérateur.

En raisonnant de même pour $\dfrac{a+bx+cx^2}{1+\alpha x+\beta x^2+\gamma x^3}$, on trouve que les trois premiers termes de la série donnent

$$A=a,\quad B+A\alpha=b,\quad C+B\alpha+A\beta=c,$$

équ. d'où l'on tire les valeurs de A, B et C. Les termes suivants s'en déduisent, comme ci-dessus, et quatre coefficients successifs sont liés par cette équ. $Q=-P\alpha-N\beta-M\gamma$, en sorte qu'un terme quelconque se tire des trois précédents, en les multipliant par $-\alpha x$, $-\beta x^2$, $-\gamma x^3$. Et réciproquement, on peut remonter de la série à la fraction génératrice qui en exprime la somme totale. Cette loi s'étend à toutes les fractions rationnelles.

621. On nomme *Récurrente* toute série dont chaque terme est déduit de ceux qui le précèdent, en les multipliant par des quantités invariables : ces facteurs s'appellent l'*Échelle de relation*. C'est ainsi que les sinus et cosinus d'arcs équidifférents (nos 361, 572), les sommes des puissances des racines des équ. (no 583), forment des séries récurrentes. Nous dirons donc que toute fraction rationnelle dont le dénominateur est $1+\alpha x+\beta x^2\ldots+\theta x^i$, se développe en

une série récurrente, dont l'échelle de relation est formée des n facteurs $-\alpha x$, $-\beta x^2, \ldots -\theta x^i$; on cherche d'abord les i premiers termes, soit par la division, soit par les coefficients indéterminés; les termes suivants s'en déduisent ensuite de proche en proche. Par ex.,

$$\frac{x^3+5x^2-10x+2}{x^4-3x^3+x^2+3x-2}=-1+\frac{7}{2}x+\frac{9}{4}x^2+\frac{49}{8}x^3+\frac{73}{16}x^4+\ldots$$

On trouve aisément les quatre premiers termes; et comme en divisant la proposée, haut et bas, par -2, on obtient pour les quatre facteurs $\frac{3}{2}x$, $\frac{1}{2}x^2$, $-\frac{3}{2}x^3$ et $\frac{1}{2}x^4$, cette échelle de relation sert à prolonger la série tant qu'on veut.

Il est inutile d'ailleurs de rappeler que si les termes de la série vont en décroissant, on approche d'autant plus de la valeur totale, qu'on prend un plus grand nombre de termes; mais qu'il n'en est pas ainsi quand la série est divergente, et qu'il faut la prendre dans sa totalité pour qu'elle représente la fraction dont elle est le développement (*voy*. n°s 99 et 619).

622. Cherchons le *terme général* T des séries récurrentes. La fraction proposée F étant développée, on a

$$F=\frac{a+bx+cx^2\ldots+tx^{i-1}}{1+\alpha x+\beta x^2\ldots+\theta x^i}=A+Bx+Cx^2+Dx^3\ldots \quad (1)$$

on connaît les i premiers coefficients A, B, $C\ldots$ et la loi de la série. Pour décomposer F en fractions de 1er degré, on cherchera les facteurs du dénominateur; à cet effet changeons x en $\frac{1}{y}$, et égalons à zéro, nous aurons à résoudre une équ. dont nous supposons d'abord que les racines k, k', k'', ... sont inégales, savoir,

$$y^i+\alpha y^{i-1}+\beta y^{i-2}\ldots+\theta=(y-k)(y-k')(y-k'')\ldots$$

Ces racines sont d'ailleurs réelles ou imaginaires, rationnelles ou irrationnelles, positives, négatives ou zéro. Remettons ici $\frac{1}{x}$ pour y, et nous aurons

$$1+\alpha x+\beta x^2\ldots+\theta x^i=(1-kx)(1-k'x)(1-k''x)\ldots$$

d'où $$F=\frac{K}{1-kx}+\frac{K'}{1-k''x}+\frac{K''}{1-k''x}+\ldots \quad (2)$$

Nous avons donné p. 206 le moyen de déterminer les constantes K, K', K'', ... qui par conséquent sont connues, ainsi que k, k', k''....

Or chacune de ces fractions se développe en une progression géométrique; la série (1) est la somme terme par terme de ces i progressions : le terme général T est donc la somme de leurs termes généraux. Ainsi on a

$$T = (Kk^n + K'k'^n + K''k''^n + \text{etc.})\, x^n. \quad . \quad . \quad . \quad (3)$$

Donc *pour trouver le terme général* T *de la série récurrente proposée, et décomposer cette série en progressions géométriques dont elle soit la somme, il faut égaler à zéro le dénominateur de la fraction; y changer* x *en* $\frac{1}{y}$, *chercher les racines* k, k′, k″.... *de cette équation* $y^i + ay^{i-1} + \ldots = 0$; ces racines seront (en signes contraires) les facteurs de x dans les dénom. de fractions composantes (2), et les raisons des progressions seront kx, $k'x$, ... les coefficients K, K', K''...., numér. de ces fractions, étant déterminés, le terme général T sera connu (3).

Dans notre ex. du 2e degré p. 215, on égale à zéro le dénominateur, etc., et on a $y^2 + \frac{1}{2}y - \frac{1}{2} = 0$, d'où $y = \frac{1}{2}$, et $= -1$; donc

$$\frac{2x-1}{1+\frac{1}{2}x-\frac{1}{2}x^2} = \frac{K}{1-\frac{1}{2}x} + \frac{K'}{1+x} = \frac{1}{1-\frac{1}{2}x} - \frac{2}{1+x},$$

les deux progressions composantes sont donc

$$1 + \tfrac{1}{2}x + \tfrac{1}{4}x^2 \ldots (\tfrac{1}{2}x)^n, \quad \text{et} \; -2\,\{\, 1 - x + x^2 \ldots (-x)^n \,\};$$

En ajoutant les termes de même rang, on retrouve la série $-1 + \frac{5}{2}x - \frac{7}{4}x^2 \ldots$ dont le terme général est $T = ((\frac{1}{2})^n - 2(-1)^n)x^n$.

De même, la fraction $\dfrac{1}{1 - 4x + 3x^2}$ donne l'équ.

$y^2 - 4y + 3 = 0$, $y = 3$, et $= 1$; et on retrouve les fractions composantes $\dfrac{\frac{3}{2}}{1-3x} - \dfrac{\frac{1}{2}}{1-x}$, et les progressions

$$\tfrac{3}{2}\,(1 + 3x + 3^2x^2 \ldots 3^nx^n) \;\text{et}\; -\tfrac{1}{2}\,(1 + x + x^2 \ldots x^n);$$

le terme général est $T = \frac{1}{2}x^n\,(3^{n+1} - 1)$.

Enfin $\frac{2+x+x^2}{2-x-2x^2+x^3}$ devient

$$\frac{1+\frac{1}{2}x+\frac{1}{2}x^2}{1-\frac{1}{2}x-x^2+\frac{1}{2}x^3}=\frac{2}{1-x}+\frac{\frac{1}{3}}{1+x}-\frac{\frac{4}{3}}{1-\frac{1}{2}x}.$$

Les termes généraux des progressions sont $2x^n$, $\frac{1}{3}(-x)^n$ et $-\frac{4}{3}(\frac{1}{2}x)^n$: donc la série $1+x+2x^2+\frac{3}{2}x^3$. . . . dont l'échelle de relation est $\frac{1}{2}x$, x^2 et $-\frac{1}{2}x^3$, a pour terme général

$$T=\frac{1}{3}x^n\,(6\pm 1-(\tfrac{1}{2})^{n-2}).$$

Comme le terme sommatoire Σ de la série récurrente est la somme des termes sommatoires des progressions composantes, on trouvera aisément cette quantité Σ.

Quand l'équ. $y^i+ay^{i-1}+\ldots.=0$ a des racines égales, c'est-à-dire un facteur $(y-r)^l$, il faut introduire dans l'équ. (2), outre les fractions correspondantes aux facteurs inégaux, d'autres fractions de la forme (*voy.* p. 205)

$$\frac{L'}{1-rx}+\frac{L''}{(1-rx)^2}+\frac{L'''}{(1-rx)^3}+\ldots+\frac{L}{(1-rx)^l}\ldots\quad(4)$$

la formule du binôme donne (p. 14)

$$L(1-rx)^{-l}=L\left\{1+lrx+l\frac{l+1}{2}r^2x^2+l\frac{l+1}{2}\cdot\frac{l+2}{3}r^3x^3\ldots\right\}$$

$$\text{terme général}=L\,\frac{(n+1)(n+2)(n+3)\ldots(n+l-1)}{1.2.3\ldots(l-1)}r^nx^n\ldots(5)$$

pour avoir le terme général T de la somme de toutes les fractions (4), il faut faire successivement $l=1, 2, 3,\ldots$ et ajouter; ce qui donne

$$T=\left\{L'+L''(n+1)+L'''(n+1)\frac{n+2}{2}+L^{\text{iv}}(n+1)\frac{n+2}{2}\cdot\frac{n+3}{3}\ldots\right\}$$

Les fractions n'engendrent plus de progressions géométriques (la 1re exceptée).

Dans l'exemple du 4e degré p. 216, les fractions composantes sont

$$-\frac{\frac{5}{3}}{1-\frac{1}{2}x}-\frac{\frac{4}{3}}{1+x}+\frac{1}{(1-x)^2}+\frac{1}{1-x};$$

d'où $$T=(-\tfrac{5}{3}(\tfrac{1}{2})^n\mp\tfrac{4}{3}+n+2)x^n.$$

De même, $\dfrac{1+4x+x^2}{(1-x)^4} = \dfrac{6}{(1-x)^4} - \dfrac{6}{(1-x)^3} + \dfrac{1}{(1-x)^2}\ldots$

$$T = (n+1)(n+2)(n+3) - 3(n+1)(n+2) + (n+1) = (n+1)^3;$$

la série est $\quad 1^3 + 2^3x + 3^3x^2 + 4^3x^3 \ldots + (n+1)^3x^n$

Enfin prenons la fraction

$$\frac{24+20x+8x^2+3x^3}{8+4x-18x^2+11x^3-2x^4} = 3 + x + \tfrac{19}{4}x^2 - \tfrac{41}{8}x^3 + \tfrac{73}{4}x^4 \ldots$$

On divise haut et bas par 8, et on égale le dénom. à zéro, en y changeant x en $\dfrac{1}{y}$; l'équation $y^4 + \frac{1}{2}y^3 - \frac{9}{4}y^2 \ldots = 0$ revient à $(y+2)\left(y-\frac{1}{2}\right)^3 = 0$; ainsi on décompose la fraction proposée

en $$\frac{1}{1+2x} + \frac{3}{(1-\frac{1}{2}x)^3} - \frac{2}{(1-\frac{1}{2}x)^2} + \frac{1}{1-\frac{1}{2}x}.$$

Pour la 1re, le terme général est $(-2x)^n$: pour les trois autres, on fera $l = 3, 2$, et 1 dans l'équ. (5), avec $L = 3, -2$ et 1 respectivement. Ainsi on a

$$\frac{3(n+1)(n+2)}{2} \cdot \left(\tfrac{1}{2}x\right)^n, \quad -2(n+1) \cdot \left(\tfrac{1}{2}x\right)^n, \quad \text{et } 1 \cdot \left(\tfrac{1}{2}x\right)^n;$$

réunissant ces quatre résultats, on trouve pour le terme général de la série proposée $T = x^n \left((-2)^n + \dfrac{3n^2+5n+4}{2^{n+1}} \right)$.

623. On peut obtenir les facteurs constants $K, K', K'' \ldots$ sans recourir à la décomposition en fractions; et même les numérateurs de celles-ci peuvent être obtenus par le calcul direct de ces facteurs. Puisqu'on connaît les termes initiaux $A + Bx + Cx^2 \ldots$ de la série (1), ainsi que les racines $k, k', k'', \ldots$ on fera successivement $n = 0, 1, 2, 3 \ldots$ dans l'expression (3) de T, qui devra reproduire ces termes consécutifs, savoir,

$$A = K + K' + K'' \ldots, \quad B = Kk + K'k' \ldots, \quad C = Kk^2 + K'k'^2 \ldots$$

En posant un nombre i de ces équ., on en tirera les valeurs des i constantes $K, K', K'' \ldots$ qui ne sont qu'au 1er degré.

Reprenons l'équ. du 2e degré p. 215, où l'on a trouvé $k = \frac{1}{2}$,

$k' = -1$, et par suite $T = [(K(\frac{1}{2})^n + K'(-1)^n)]\, x^n$. Faisons $n = 0$ et $= 1$; comme les deux 1ers termes de la série sont $-1 + \frac{5}{2}x$, on aura les équ. $K + K' = -1$, $\frac{1}{2}K - K' = \frac{5}{2}$, d'où $K = 1$, $K' = -2$, comme ci-devant. On en tire même les fractions composantes $\dfrac{1}{1 - \frac{1}{2}x} - \dfrac{2}{1 + x}$.

L'ex. du 3e degré p. 218, où $k = 1$, $k' = -1$, $k'' = \frac{1}{2}$, donne $T = [K + K'(-1)^n + K''(\frac{1}{2})^n]x^n$. Faisant $n = 0$, 1 et 2, et comparant aux termes respectifs de la série $1 + x + 2x^2 \ldots$, on a les équ.

$$K + K' + K'' = 1, \quad K - K' + \tfrac{1}{2}K'' = 1, \quad K + K' + \tfrac{1}{4}K'' = 2,$$

d'où l'on tire $K = 2$, $K' = \frac{1}{3}$, $K'' = -\frac{4}{3}$, et la même valeur de T que précédemment.

Quand le dénominateur de F a des facteurs égaux $(1 - rx)^l$, outre les termes Kk^n, $K'k'^n \ldots$ correspondants aux facteurs inégaux, il en existe d'autres dont la forme est comprise dans l'équ. (5), où $l = 1, 2, 3 \ldots$ il est évident que ces derniers termes se trouvent réunis sous l'expression

$$(a' + b'n + c'n^2 + d'n^3 \ldots + f'n^{l-1})r^n x^n,$$

$a', b', \ldots f'$ étant des nombres inconnus, qu'on pourra obtenir en suivant le mode de calcul précédent, et formant autant d'équ. qu'on a d'indéterminées.

$$\text{Par ex.,}\quad \frac{6(2 - 2x - x^2)}{4 - 12x + 9x^2 - 2x^3} = 3 + 6x + \tfrac{39}{4}x^2 + \ldots$$

donne l'équ. $y^3 - 3y^2 + \frac{9}{4}y - \frac{1}{2} = 0 = (y - 2)(y - \frac{1}{2})^2$. La fraction provenue du facteur $y - 2$, est $\dfrac{K}{1 - 2x}$, donnant le terme $K \cdot 2^n x^n$. Celles qui répondent à $(y - \frac{1}{2})^2$ donnent $(a' + b'n)(\frac{1}{2}x)^n$; ainsi

$$T = \left\{ 2^n K + (\tfrac{1}{2})^n (a' + b'n) \right\} x^n. \text{ Or, } n = 0, 1, 2, \text{ donnent}$$

$$3 = K + a', \quad 6 = 2K + \tfrac{1}{2}a' + \tfrac{1}{2}b', \quad \tfrac{39}{4} = 4K + \tfrac{1}{4}a' + \tfrac{1}{2}b';$$

donc $K = 2$, $a' = 1$, $b' = 3$, et $T = x^n\left(2^{n+1} + \dfrac{1 + 3n}{2^n}\right)$.

De même, dans l'ex. du 4e degré p. 219, on a $k = -2$, $r = \frac{1}{2}$, $l = 3$, puis $T = x^n \{ (-2)^n K + (\frac{1}{2})^n (a' + b'n + c'n^2) \}$; faisant $n = 0, 1, 2, 3$, on a les équ.

$$3 = K + a', \quad 1 = -2K + \tfrac{1}{2} a' + \tfrac{1}{2} b' + \tfrac{1}{2} c', \quad \tfrac{29}{4} = \text{etc.},$$

d'où l'on tire $K = 1$, $a' = 2$, $b' = \frac{5}{2}$, $c' = \frac{3}{2}$ et la même valeur de T que précédemment.

Voyez, n° 619, ce qui a été dit sur la convergence des séries, théorie applicable à toutes les parties du sujet traité dans ce chapitre.

Séries exponentielles et logarithmiques.

624. La 1re fonction *transcendante* que nous allons développer en série, est l'*exponentielle* a^x. Faisons $a = 1 + y$, la formule du binôme donne

$$(1+y)^x = 1 + xy + x\frac{x-1}{2}y^2 \ldots + \frac{x(x-1)(x-2)\ldots(x-n+1)}{1.2.3\ldots n}y^n \ldots$$

Ordonnons par rapport à x. Le seul terme sans x est 1. Il n'y a pour x que des exposants entiers et positifs; ainsi,

$$a^x = 1 + kx + Ax^2 + Bx^3 \ldots + Px^{n-1} + Qx^n \ldots \quad (1)$$

Pour obtenir le terme kx, consultons notre terme général : il est visible que, pour y prendre le terme du produit où x n'est qu'au 1er degré, il ne faut conserver que les 2es termes des facteurs binômes, ou $\frac{x \,.\, -1 \,.\, -2 \ldots -(n-1)}{1.2.3\ldots n} y^n = \pm \frac{y^n x}{n}$, en prenant $+$ si n est impair. La réunion de tous ces produits est kx, savoir,

$$k = y - \tfrac{1}{2}y^2 + \tfrac{1}{3}y^3 - \tfrac{1}{4}y^4 \ldots \pm \frac{y^n}{n}; \ldots \quad (2)$$

y est $a - 1$; ainsi k est connu. Il s'agit de trouver $A, B, C\ldots$. Ces constantes restent toujours les mêmes quand on change x en z; d'où

$$a^z = 1 + kz + Az^2 + Bz^3 + Cz^4 \ldots + Qz^n \ldots$$

Retranchons (1), et faisons $z = x + i$,

$$a^z - a^x = a^x \cdot a^i - a^x = a^x (a^i - 1)$$

$$a^x (a^i - 1) = (z - x) [k + A (z + x) + B (z^2 + zx + x^2) \ldots + Q (z^{n-1} + xz^{n-2} \ldots + x^{n-1}) \ldots]$$

Comme $a^i - 1 = ki + Ai^2 \ldots$, d'après l'équ. (1), les deux membres sont divisibles par $i = z - x$; donc

$$a^x (k + Ai \ldots) = k + A (z + x) + B (z^2 + zx + x^2) \ldots$$

Cela posé, faisons l'arbitraire $i = 0$, ou $z = x$, et remplaçons a^x par sa valeur (1) ; nous trouvons

$$(1 + kx + Ax^2 + Bx^3 \ldots + Px^{n-1} \ldots) k = [k + 2Ax + 3Bx^2 \ldots + nQx^{n-1}];$$

d'où $2A = k^2$, $3B = kA$, $4C = kB, \ldots$ $kP = nQ \ldots$

L'équ. $kP = nQ$ prouve qu'*un coefficient quelconque* Q *est le produit de celui qui le précède multiplié par* k *et divisé par son rang* n. Enfin

$$a^x = 1 + kx + \frac{k^2x^2}{2} + \frac{k^3x^3}{2.3} \ldots \frac{k^nx^n}{2.3 \ldots n} \ldots \quad (A)$$

625. L'équ. (2) donne k en fonction de y ou a; pour trouver au contraire a, lorsque k est connu, on fait $x = 1$ dans (A); d'où $a = 1 + k + \frac{1}{2} k^2 + \frac{1}{6} k^3 + \ldots$ Cette série et (2) sont les développements de l'équ. qui exprime, en termes finis, la liaison de a et k : cherchons cette relation. Faisons ici $k = 1$ et nommons e la valeur que prend alors la base a; $e = 2 + \frac{1}{2} + \frac{1}{6} + \frac{1}{24} + \ldots$ Le calcul de ce nombre est facile à faire, tel qu'on le voit ci-contre ; chaque terme se tirant du précédent, divisé par 3, 4, 5...., ainsi qu'il suit de la nature de cette série. Mais d'un autre côté, à cause de l'arbitraire x, on peut poser $kx = 1$ dans (A), le 2ᵉ membre devient $= e$.

	2,5		
3ᵉ terme	0,16666	66666	66
4ᵉ	0,04166	66666	66
5ᵉ	0,00833	33333	33
6ᵉ	0,00138	88888	88
7ᵉ	0,00019	84126	98
1ᵉ	0,00002	48015	87
8ᵉ	0,00000	27557	32
etc.			
	$e =$ 2,71828	18284	59

D'où $a^{\frac{1}{k}} = e$, $e^k = a$. Telle est l'équation finie qui lie k et a; k *est le logarithme de* a, *pris dans le système dont la base est* e. On préfère cette base e dans les calculs algébriques, parce qu'ils en sont plus simples, ainsi qu'on sera à portée d'en juger. On appelle *logarithmes népériens,* ceux qui sont pris dans ce système; nous les désignerons à l'avenir par le signe l, en continuant, comme *Alg.*, 146, d'exprimer par *Log* que la base est un nombre arbitraire *b*, et par *log* que cette base est 10. Donc on a

$$k = \text{l } a = \textit{logar. népérien de } a, \textit{ la base étant } e \ldots \quad (3),$$

$$a^x = 1 + x\text{l}a + \frac{x^2}{2}\text{l}^2a + \frac{x^3}{2.3}\text{l}^3a + \frac{x^4}{2.3.4}\text{l}^4a \ldots (A')$$

$$e^x = 1 + x + \frac{x^2}{2} + \frac{x^3}{2.3} + \frac{x^4}{2.3.4} \ldots \quad (B)$$

Prenant les log. des deux membres de l'équ. $e^k = a$, dans un système dont la base est un nombre arbitraire *b*,

(4). . . . $k = \dfrac{\text{Log } a}{\text{Log } e}$ . . . . la base *b* étant quelconque. Puisque $\text{Log } a = k \text{ Log } e$, et $a = 1 + y$, l'équ. (2) devient

$$\text{Log}(1 + y) = \text{Log } e\left(y - \tfrac{1}{2}y^2 + \tfrac{1}{3}y^3 - \tfrac{1}{4}y^4 \ldots\right) \ldots \quad (C)$$

Ajoutons aux deux membres Log *h*; et posons $hy = z$, nous avons, *h* et *z* étant des nombres quelconques, aussi bien que la base *b* du système de log.,

$$\text{Log}(h + z) = \text{Log } h + \text{Log } e\left(\frac{z}{h} - \frac{z^2}{2h^2} + \frac{z^3}{3h^3} - \ldots\right) \ldots \quad (D)$$

Lorsqu'il s'agit de log. népériens, Log *e* se change en l *e* = 1, puisque ce facteur est le log. de la base même du système qu'on considère (n° 146, 1°) ; l'équ. (*C*) devient

$$\text{l}(1 + y) = y - \tfrac{1}{2}y^2 + \tfrac{1}{3}y^3 - \tfrac{1}{4}y^4 \ldots,$$

d'où $$\text{Log}(1 + y) = \text{Log } e \times \text{l}(1 + y).$$

Ainsi on change tous les log. népériens en log. pris dans un système quelconque *b*, en multipliant les premiers par Log *e* (n° 148) ; ce facteur constant Log $e = M$ est ce qu'on nomme le MODULE ; *c'est le log. de la base népérienne* e *pris dans le système* b, ou, si l'on veut, *c'est* UN *divisé par le log. népérien de la base* b. Pour chaque système, le module *M* a une valeur particulière, parce que le nombre *e* restant le même = 2,71828. . . . le log. de ce nombre change avec la base b. Si l'on prend a pour base,

$$\text{Log}\, a = 1, \text{ et l'équ. (4) devient } k\,\text{Log}\, e = 1, \text{ d'où}$$

$$Mk = 1, \quad M = \text{Log}\, e, \quad M = \frac{1}{k} = \frac{1}{\text{l}\,a}; \quad \ldots \quad (5)$$

les deux facteurs M et k sont variables avec la base du système, mais leur produit est constant et $= 1$. Nous saurons bientôt calculer le module M pour toute base donnée a.

626. Pour appliquer l'équ. (C) au calcul du log. d'un nombre donné, il faut rendre la série convergente. L'équ. (C) donne, en changeant y en $-y$;

$$\text{Log}\,(1 - y) = -M\left(y + \tfrac{1}{2}y^2 + \tfrac{1}{3}y^3 + \ldots\right);$$

retranchant de (C), il vient

$$\text{Log}\left(\frac{1+y}{1-y}\right) = 2M\left(y + \tfrac{1}{3}y^3 + \tfrac{1}{5}y^5 + \tfrac{1}{7}y^7 \ldots\right) \ldots \quad (E)$$

Posons $\dfrac{1+y}{1-y} = \dfrac{z}{z-1}$, d'où $y = \dfrac{1}{2z-1}$.

Le premier membre devient $\Delta = \text{Log}\, z - \text{Log}\,(z-1)$, c'est-à-dire la différence des log. consécutifs de z et $z - 1$. Ainsi,

$$\Delta = 2M\left[\frac{1}{2z-1} + \frac{1}{3(2z-1)^3} + \frac{1}{5(2z-1)^5} \cdots\right] \ldots \quad (F)$$

Lorsque le module M sera connu, on calculera aisément, et de proche en proche, les log. des nombres entiers 2, 3, 4, 5...., puisque cette valeur de la différence Δ entre ces log. est très-convergente, et le devient d'autant plus que le nombre z est plus élevé. Et même s'il s'agit de former des log. népériens, M ou Log e, devient $\text{l}\,e = 1$, il est très-aisé de calculer Δ; ainsi on peut composer une table de log. népériens.

Quant à la valeur de M exprimée par l'équ. (5), elle résulte du calcul de l a, ou du *logar. népérien de la base* a.

Si, par exemple, $a = 10$: on fera dans l'équation (F), $M = 1$, puis $z = 2$; on aura $\Delta = \text{l}\,2$ (à cause de $\text{l}\,1 = 0$); le double de l 2 est l 4 : ensuite $z = 5$ donnera l 5, et enfin on aura l 10. Ce calcul est exécuté ci-contre.

l 2	=	0,69314 718056
l 4	=	1,38629 436112
Δ pr z = 5	....	0,22314 355131
l 5	=	1,60943 791243
l 2	=	0,69314 718056
l 10	=	2,30258 509299

On divise ensuite 1 par l 10 : c'est ainsi qu'on trouve

$$M = 0,43429\ 44819\ 03251\ 82765,$$

on a $$\log M = \bar{1},63778\ 43113\ 00536\ 77817.$$

$$\text{Compl.} = 0,36221\ 56886\ 99463\ 22183$$

$$e = 2,71828\ 18284\ 59045\ 23536.$$

Si 3 eût été la base du système, après avoir obtenu l 2, on eût fait $z = 3$, et l'on aurait eu $l\,3 = 1,09861229$; enfin,

$$M = 1 : l\,3 = 0,9102392.$$

De même, pour la base 5,

$$M = 1 : l\,5 = 0,6213349.$$

Il est maintenant aisé de former la table des log. de Briggs et de Callet. La base $a = 10$; la valeur de M accroît la convergence de la série (F) ; quand z passe 100, le 2e terme est négligeable, et le 1er suffit pour donner Δ avec 8 décimales. Il faut d'ailleurs calculer 2 ou 3 chiffres au delà de ceux qu'on veut conserver, afin d'éviter l'accumulation des erreurs ; il convient en outre de ne partir que de $z = 10000$, parce que les log. inférieurs se déduisent aisément des autres ; dès que z passe 1200 on peut négliger 1 devant $2z$ et poser $\Delta = \dfrac{M}{z}$.

Par exemple, $z = 10001$, donne $\Delta = 0,000043425$; d'où $\log 10001 = 4,000043425$. Pour $z = 99857$, on a $\Delta = 0,000004349$, quantité qu'il faut ajouter à $\log 99856 = 4,9993742$, pour avoir

$$\log 99857 = 4,9993785.$$

On observe d'ailleurs que les log. consécutifs conservent une même différence dans une certaine étendue de la table (*Arithm.* p. 108) ; il n'est donc nécessaire de calculer les valeurs de Δ que de distance à autre. On remarque que $z = 99840$ donne le même nombre Δ (la valeur ci-dessus) que pour $z = 99860$; donc, dans l'intervalle de ces deux nombres z, Δ est constant, en se bornant à 9 décimales.

La série E est peu convergente pour les petits nombres 2, 3, 5.... Voici l'usage qu'en fait Borda (*Tableau de log. décimales*) :

il pose $\dfrac{1+y}{1-y} = \dfrac{m}{n}$, d'où $y = \dfrac{m-n}{m+n}$, et

$$\text{Log}\,\frac{m}{n} = 2M\left\{\frac{m-n}{m+n} + \tfrac{1}{3}\left(\frac{m-n}{m+n}\right)^3 + \tfrac{1}{5}\left(\frac{m-n}{m+n}\right)^5 + \ldots\right\}$$

Telle est la différence entre les log. de deux nombres m et n, exprimée par une série très-convergente, surtout quand m et n sont grands et peu différents. Ainsi, pour $m = 101$ et $n = 100$, le 1er chiffre significatif du 2e terme n'est que du 8e ordre décimal, et dès le nombre 100, on peut se contenter du 1er terme, lorsqu'on ne calcule les log. qu'avec 7 chiffres décimaux, et on obtient la différ. entre deux log. successifs.

Pour les petits nombres, Borda pose

$$m = (p-1)^2\,(p+2),\quad n = (p+1)^2\,(p-2);$$

il trouve $m - n = 4$, $m + n = 2p^3 - 6p$, et les log. népériens

$$2\,l\,(p-1) + l\,(p+2) - 2\,l\,(p+1) - l\,(p+2) =$$

$$\frac{2}{p^3-3p} + \tfrac{1}{3}\left(\frac{2}{p^3-3p}\right)^3 + \tfrac{1}{5}\left(\frac{2}{p^3-3p}\right)^5 + \ldots.$$

qu'on fasse successivement $p = 5$, 6, 7 et 8, on aura

$$2l2 - 3l3 + l7 = 2\left(\tfrac{1}{55} + \tfrac{1}{3}\left(\tfrac{1}{55}\right)^3 + \ldots\right)$$
$$2l5 + l2 - 2l7 = 2\left(\tfrac{1}{99} + \tfrac{1}{3}\left(\tfrac{1}{99}\right)^3 + \ldots\right)$$
$$4l3 - 4l2 - l5 = 2\left(\tfrac{1}{161} + \tfrac{1}{3}\left(\tfrac{1}{161}\right)^3 + \ldots\right)$$
$$2l7 + l5 - 5l3 = 2\left(\tfrac{1}{244} + \tfrac{1}{3}\left(\tfrac{1}{244}\right)^3 + \ldots\right)$$

Ces séries rapidement convergentes, sont faciles à calculer, et on tire ensuite les log. de 2, 3, 5 et 7 par l'élimination entre ces quatre équ. du 1er degré. Haros a imaginé de poser

$$m = p^2\,(p+5)\,(p-5),\quad n = (p+3)\,(p-3)\,(p+4)\,(p-4).$$

Il obtient ainsi une série procédant selon les puissances impaires de $\dfrac{72}{p^4 - 25p^2 + 72}$, qui est tellement convergente, que dès $p = 12$, le 2e terme a son 1er chiffre significatif au 9e ordre de décimales. Il obtient ainsi le log. de $p + 5$, lorsqu'il connaît les log. de $p + 4$, $p + 3$, p, $p - 3$ et $p - 5$.

Séries circulaires.

627. Proposons-nous de développer en séries sin x et cos x selon les puissances croissantes de l'arc x. D'abord ces séries ne peuvent avoir de termes où x ait un exposant négatif, ou fractionnaire : car 1° si l'on y admettait $Px^{\frac{h}{i}} = P \cdot \sqrt[i]{x^h}$, on aurait i valeurs pour chaque arc, et l'on sait que le sinus et le cosinus n'en ont chacun qu'une seule ; 2° si l'on suppose un terme tel que $Px^{-i} = \frac{P}{x^i}$, la série deviendrait infinie pour $x = 0$, tandis que le sin. devient 0 et le cos. un. Cela prouve en outre que sin x n'a que des termes dont x est facteur, et que le terme constant de cos x est $= 1$. Posons donc

$$\sin x = ax + bx^2 + cx^3 \ldots, \quad \cos x = 1 + a'x + b'x^2 + \ldots$$

On voit d'abord que $\frac{\sin x}{x} = a + bx \ldots$; or on sait (n° 362) que la limite du rapport du sinus à l'arc est $= 1$; ainsi en faisant $x = 0$, on trouve $a = 1$.

Lorsque x devient négatif, le sin. et le cos. conservent leurs grandeurs, mais le sinus prend le signe —. Or, quand on remplace x par $-x$ dans nos développements, les signes des puissances paires changent seuls ; il faut donc que *le développement de sin* x *n'ait que des termes à exposants impairs, et celui de cos* x *des exposants pairs.* Ainsi on a

$$\cos x = 1 + Ax^2 + Bx^4 + Cx^6 \ldots + Nx^{2i} \ldots$$
$$\sin x = x + A'x^3 + B'x^5 + \ldots + M'x^{2i-1} + N'x^{2i+1} \ldots$$

en désignant par i les rangs des termes. Il s'agit de déterminer les coefficients numériques $A, A', B, B', \ldots$

Changeons x en $x + h$ dans le binôme $P \cos x + Q \sin x$, et développons selon les puissances de h. On peut exécuter ce calcul de deux manières, qui doivent conduire au même résultat : soit en développant d'abord le binôme selon x, et changeant ensuite x en $x + h$; soit en remplaçant x par $x + h$, et mettant ensuite pour sin h et cos h leurs valeurs développées selon h. En représentant les résultats par $\alpha + \beta h + \gamma h^2 \ldots = \alpha' + \beta' h + \gamma' h^2 \ldots$ on en tire $\alpha = \alpha'$, $\beta = \beta'$,.... nous n'aurons besoin ici que des coefficients de la première puissance de h, c'est-à-dire de l'équ. $\beta = \beta'$.

1° $P \cos x + Q \sin x =$

$$P(1 + Ax^2 + Bx^4 \ldots + Nx^{2i}) + Q(x + A'x^3 + B'x^5 \ldots + N'x^{2i+1});$$

il s'agit de remplacer x par $x + h$, et de conserver le coefficient de h^1; c'est-à-dire qu'il faut prendre *la dérivée;* donc

$$\beta = P(2Ax + 4Bx^3 \ldots 2iNx^{2i-1}) + Q[1 + 3A'x^2 + 5B'x^4 \ldots (2i+1) Nx^{2i}];$$

2° $P \cos x + Q \sin x$ devient $P \cos(x+h) + Q \sin(x+h) =$

$$P(\cos x \cos h - \sin x \sin h) + Q(\sin x \cos h + \cos x \sin h),$$

remplaçons cos h par $1 + Ah^2 \ldots$, et sin h par $h + A'h^3 \ldots$; il est clair que les termes où entre cos h, n'en produisent aucun qui soit affecté de h^1, et que sin h ne donne que h; en sorte que

$$\beta' = -P \sin x + Q \cos x.$$

L'équ. identique $\beta = \beta'$ est formée de termes qui ont pour facteurs respectifs P et Q; et comme ces fonctions sont arbitraires, il faut que l'équ. se partage en deux autres, en égalant leurs coefficients. Donc, en remplaçant cos x et sin x par leurs développements, on a les équ. identiques

$$2Ax + 4Bx^3 + 6Cx^5 \ldots 2iNx^{2i-1} = -x - A'x^3 - B'x^5 \ldots - M'x^{2i-1},$$
$$1 + 3A'x^2 + 5B'x^4 \ldots (2i+1) N'x^{2i} = 1 + Ax^2 + Bx^4 \ldots + Nx^{2i}.$$

D'où, en égalant terme à terme,

$$2A = -1,\quad 4B = -A',\quad 6C = -B' \text{ etc.}\qquad 2iN = -M',$$
$$3A' = A,\quad 5B' = B,\quad 7C' = C \text{ etc.}\quad (2i+1) N' = N;$$

puis $A = -\frac{1}{2}$, $A' = -\frac{1}{2.3}$, $B = \frac{1}{2.3.4}$, $B' = \frac{1}{2.3.4.5}$, $C = \frac{-1}{2\ldots6}$, etc.

Substituant ces valeurs de A, A', B, B',.... on a enfin

$$\sin x = x - \frac{x^3}{2.3} + \frac{x^5}{2.3.4.5} - \frac{x^7}{2\ldots7} \ldots \pm \frac{x^{2i+1}}{2.3\ldots(2i+1)} \quad (G);$$

$$\cos x = 1 - \frac{x^2}{2} + \frac{x^4}{2.3.4} - \frac{x^6}{2\ldots6} \ldots \pm \frac{x^{2i}}{2.3\ldots2i} \quad (H)$$

Les termes généraux résultent de $N = \frac{-M'}{2i}$, $N' = \frac{N}{2i+1}$, équations qui indiquent comment chaque coefficient se déduit de celui qui a même rang dans l'autre série. On prend $+$ ou $-$ dans ces termes, selon que i est de la forme 2θ ou $2\theta + 1$.

628. On a ainsi les grandeurs du sin. et du cos. d'un arc dont la longueur est x, le rayon du cercle était un. Soit 2π la circonférence (n° 631), on a $\pi : x :: 180° :$ nombre t de degrés de l'arc x; substituant pour x sa valeur $\frac{\pi t}{180°} = \frac{t}{\mu}$ (*V. Géom. Anal.*, 348 la valeur de μ), nos séries deviennent, t *désignant le nombre de degrés d'un arc* x,

$$\sin x = At - Bt^3 + Ct^5 \ldots \quad \cos x = 1 - A't^2 + B't^4 \ldots$$

le calcul des coefficients donne

$\log A = \overline{2},24187\ 736759$	$\log C = \overline{11},15020559$	$\log E = \overline{22},61713$
$\log B = \overline{7},94748\ 0852-$	$\log D = \overline{17},990711-$	$\log F = \overline{27},05950-$
$\log A' = \overline{4},18272\ 47595-$	$\log C' = \overline{14},593932-$	$\log E' = \overline{25},85901-$
$\log B' = \overline{9},58729\ 823$	$\log D' = \overline{19},329498$	$\log F' = \overline{30},02219$

629. Mais il importe moins de calculer les sinus et cosinus que leurs log. Soit δ la différence constante des arcs de la table qu'on veut former ; un arc quelconque t est $= n\delta$; d'où

$$\sin x = n\delta\left(1 - \tfrac{1}{6} n^2\delta^2 \ldots\right), \quad \cos x = 1 - \tfrac{1}{2} n^2\delta^2 + \ldots$$

Faisons $y = \frac{n^2\delta^2}{2\,.\,3} - \frac{n^4\delta^4}{2\ldots5} \ldots$, $z = \frac{n^2\delta^2}{2} - \frac{n^4\delta^4}{2\,.\,3\,.\,4} \ldots$;

nous avons $\sin x = n\delta(1 - y)$, $\cos x = 1 - z$; prenant les log. dans un système quelconque, dont le module est M (n° 626), on trouve

$$\text{Log}\sin x = \text{Log}\, n\delta - M\left(y + \tfrac{1}{2}y^2 + \tfrac{1}{3}y^3 \ldots\right),$$
$$\text{Log}\cos x = -M\left(z + \tfrac{1}{2}z^2 + \tfrac{1}{3}z^3 \ldots\right);$$

enfin, remettant pour y et z leurs valeurs,

$$\text{Log}\sin x = \text{Log}(n\delta) - \frac{M\delta^2}{2.3}n^2 - \frac{M\delta^4}{4.5.9}n^4 - \frac{M\delta^6}{9^2.5.7}n^6 \ldots,$$

$$\text{Log}\cos x = \qquad - \frac{M\delta^2}{2}n^2 - \frac{M\delta^4}{3.4}n^4 - \frac{M\delta^6}{9.5}n^6.$$

Si la base des log. est 10, et que les arcs de la table procèdent de 10″ en 10″, comme cela a lieu dans les tables de Callet, δ est la longueur de l'arc de 10″, ou le 64800ᵉ de la demi-circonférence π. D'après les valeurs de π et de M (nᵒˢ 631, 626), on trouve, tout calcul fait, que

$$\log\sin x = \log\delta + \log n - An^2 - Bn^4 \ldots, \quad \log\cos x = A'n^2 - B'n^4 \ldots$$

$\log\delta = \overline{5},68557\ 48668\ 23541$	
$\log A = \overline{10},23078\ 27994\ 564$	$\log B = \overline{20},12481\ 12735$
$\log A' = \overline{10},70790\ 40492\ 84$	$\log B' = \overline{19},30090\ 25326$
$\log C = \overline{30},29868\ 045$	$\log D = \overline{40},54489\ 2$
$\log C' = \overline{28},09802\ 100$	$\log D' = \overline{38},95143\ 2$

Par ex., pour l'arc de $4^\circ\frac{1}{2}$ ou 16200″, on a $n = 1620$.

$\log\delta = 5,68557487$	$\log A = \overline{10},2307828$	$\log B = \overline{20},1248113$
$\log n = 3,20951501$	$\log n^2 = 6,4190300$	$\log n^4 = 12,8380600$
$-\ 0,00044649$	$\overline{4},6498128$	$\overline{8},9628713$
$-\ 0,00000009$	On retranche les nombres correspondants.	
$\overline{2},89464330 = \log\sin 4^\circ 30'$		

$\log A' = \overline{10},7079041$	$\log B' = \overline{19},3009025$	$-\ 0,00133947$
$\log n^2 = 6,4190300$	$\log n^4 = 12,8380600$	$-\ 0,00000138$
$\overline{3},1269341$	$\overline{6},1389625$	$-\ 0,00134085$
	complément $= \log\cos 4^\circ 30'$	$= \overline{1},99865915$

Si l'on veut avoir $\log R = 10$, on ajoutera 10 aux caractéristiques (*voy.* nº 362). Les log. des tang. et cot. s'obtiennent par de simples soustractions.

Comme n croît de plus en plus, nos séries ne peuvent guère servir au delà de 12°, parce qu'elles deviennent trop peu convergentes. On ne les emploie même que jusqu'à 5 ; au delà, on recourt au procédé suivant.

$$\text{On a } \frac{\sin(x+\delta)}{\sin x} = \frac{\sin x\cos\delta + \sin\delta\cos x}{\sin x} =$$

$$\cos\delta + \sin\delta\cot x = \cos\delta\,(1 + \operatorname{tang}\delta\,.\,\cot x)\,;$$

prenant les log., le 1ᵉʳ membre est la différence Δ entre les log. des sinus des arcs $x+\delta$ et x, savoir,

$$\Delta = \log\cos\delta + M\left(\operatorname{tang}\delta\,.\,\cot x - \tfrac{1}{2}\operatorname{tang}^2\delta\cot^2 x + \tfrac{1}{3}\ldots\right).$$

En raisonnant de même pour cos $(x + \delta)$, on trouve que la différence entre les log. consécutifs des cosinus est

$$\Delta' = \log\cos\delta - M\,(\text{tang }\delta\text{ tang }x + \tfrac{1}{2}\text{tang}^2\delta\,.\,\text{tang}^2 x + \tfrac{1}{3}\ldots).$$

Lorsqu'on se borne à 9 décimales, et qu'on prend δ de 10″, le 1er terme de ces séries donne seul des chiffres significatifs,

$$\Delta = M\text{ tang }\delta\cot x, \qquad \Delta' = -M\text{ tang }\delta\,.\,\text{tang }x,$$

et l'on a $\log(M\text{ tang }\delta) = \bar{5},32335\ 91788.$

Quand δ est 1′, on a $\log(M\text{ tang }\delta) = \bar{4},10151\ 043.$

Ainsi, en partant de l'arc $x = 5°$, dont on connaît le sin., le cos., la tang. et la cot., on peut, de proche en proche, calculer tous les sinus et cosinus par leurs différences successives Δ, Δ', soit de 10″ en 10″, soit de 1′ en 1′; par suite on conclura la tang. et la cot. Soit, par exemple,

$x = 10°\,10'\,30''$; log cot x =	0.7459888	log tang x =	1.2540112
constante =	$\bar{5}.3233592$		$\bar{5}.3233592$
	$\bar{4}.0693480$		$\bar{6}.5773704$
Diff. logarithm. Δ =	0,00011731	Δ' =	$-$ 0,000003779

On remarquera ici, comme p. 225, que les quantité Δ et Δ' sont constantes dans une certaine étendue de la table. Pour éviter l'accumulation des erreurs, on calculera d'avance des termes de distance en distance, lesquels serviront de point de départ.

L'équ. $\sin 2x = 2\sin x\cos x$, qui donne

$$\log\sin 2x = \log 2 + \log\sin x + \log\cos x,$$

servira à cet usage. Comme $\sin 45° = \frac{1}{2}\sqrt{2}$, $\text{tang }45° = \cot 45° = 1$, on pourra partir de cet arc et calculer sin $45° \pm 10''$; ces deux arcs complémentaires ont réciproquement le sin. de l'un pour cos. de l'autre; d'où l'on tire leurs tang. et cot., de là on passera à

$$45° \pm 20'', \quad 45° \pm 30'', \text{ etc.}$$

630. En comparant les séries (G) et (H) à l'équ. (B), on voit que leur somme est e^x, au signe près des termes de 2 en 2 rangs; or, si l'on change x en $\pm x\sqrt{-1}$, dans le développement (B) de e^x,

comme $\sqrt{-1}$ a pour puissances $\sqrt{-1}, -1, -\sqrt{-1}, +1$, lesquelles se reproduisent périodiquement à l'infini, les signes des termes se trouvent être les mêmes que dans les séries G et H; d'où

$$e^{\pm x\sqrt{-1}} = \cos x \pm \sqrt{-1} \,.\, \sin x. \quad . \quad . \quad . \quad (I)$$

En ajoutant et retranchant ces deux équations

$$\cos x = \frac{e^{x\sqrt{-1}} + e^{-x\sqrt{-1}}}{2}, \quad \sin x = \frac{e^{x\sqrt{-1}} - e^{-x\sqrt{-1}}}{2\sqrt{-1}}; \ldots. (K)$$

d'où

$$\operatorname{tang} x = \frac{e^{x\sqrt{-1}} - e^{-x\sqrt{-1}}}{(e^{x\sqrt{-1}} + e^{-x\sqrt{-1}})\sqrt{-1}} = \frac{e^{2x\sqrt{-1}} - 1}{(e^{2x\sqrt{-1}} + 1)\sqrt{-1}},$$

en multipliant haut et bas par $e^{x\sqrt{-1}}$. On ne doit regarder ces expressions que comme des résultats analytiques, où les imaginaires ne sont qu'apparentes, attendu qu'elles doivent disparaître par le calcul même.

Enfin, changeant x en nx dans (I), on a

$$e^{\pm nx\sqrt{-1}} = \cos nx \pm \sqrt{-1} \,.\, \sin nx; \ldots \ldots (L)$$

mais le 1er membre est la puissance n^e de l'équ. (I); donc on a, quel que soit n,

$$\cos nx \pm \sqrt{-1} \,.\, \sin nx = (\cos x \pm \sqrt{-1} \,.\, \sin x)^n \ldots. (M)$$

Ces formules sont très-usitées. Nous nous bornerons ici à les appliquer à la résolution des triangles. Faisons

$$z = e^{C\sqrt{-1}}, \quad z' = e^{-C\sqrt{-1}};$$

d'où $\quad \cos C = \frac{1}{2}(z + z'), \quad \sin C \,.\, \sqrt{-1} = \frac{1}{2}(z - z')$.

Soient A, B, C, les trois angles d'un triangle, a, b, c, les côtés respectivement opposés ; on a

$$a \sin B = b \sin A = b \sin (B + C);$$

d'où $$\frac{\sin B}{\cos B} = \operatorname{tang} B = \frac{b \sin C}{a - b \cos C};$$

$$\frac{e^{2B\sqrt{-1}} - 1}{e^{2B\sqrt{-1}} + 1} = \frac{b(z - z')}{2a - b(z + z')}, \quad e^{2B\sqrt{-1}} = \frac{a - bz'}{a - bz};$$

enfin, $2B\sqrt{-1} = \mathrm{l}\,(a - bz') - \mathrm{l}\,(a - bz)$

(équ. D) $= \frac{b}{a}(z - z') + \frac{b^2}{2a^2}(z^2 - z'^2) + \frac{b^3}{3a^3}(z^3 - z'^3) \ldots$

Mais la formule (L) donne

$z^m = \cos mC + \sqrt{-1} \cdot \sin mC, \quad z'^m = \cos mC - \sqrt{-1} \cdot \sin mC;$

d'où $z^m - z'^m = 2\sqrt{-1} \cdot \sin mC.$

En substituant et supprimant le facteur commun $2\sqrt{-1}$, il vient

$$B = \frac{b}{a}\sin C + \frac{b^2}{2a^2}\sin 2C + \frac{b^3}{3a^3}\sin 3C + \ldots$$

L'équ. $c^2 = a^2 - 2ab\cos C + b^2 = a^2 - ab(z + z') + b^2$, se réduit à $c^2 = (a - bz)(a - bz')$, à cause de $zz' = 1$. Prenant les log., on obtient

$$2\log c = 2\log a - M\left[\frac{b}{a}(z + z') + \frac{b^2}{2a^2}(z^2 + z'^2) \ldots\right];$$

et comme $z^m + z'^m = 2\cos mC$, on a

$$\log c = \log a - M\left(\frac{b}{a}\cos C + \frac{b^2}{2a^2}\cos 2C + \frac{b^3}{3a^3}\cos 3C \ldots\right).$$

Ces deux séries servent à résoudre un triangle, où b est très-petit par rapport à a, connaissant *les deux côtés* a *et* b *et l'angle compris* C.

631. L'équ. (I) donne, en prenant les log. népériens,

$$\pm x\sqrt{-1} = \mathrm{l}\,(\cos x \pm \sqrt{-1} \cdot \sin x):$$

retranchant ces deux équ. l'une de l'autre,

$$2x\sqrt{-1} = \mathrm{l}\,\frac{\cos x + \sqrt{-1} \cdot \sin x}{\cos x - \sqrt{-1} \cdot \sin x} = \mathrm{l}\left(\frac{1 + \sqrt{-1} \cdot \mathrm{tang}\, x}{1 - \sqrt{-1} \cdot \mathrm{tang}\, x}\right),$$

à cause de $\sin x = \cos x \,\mathrm{tang}\, x$. Or, la formule ($E$) p. 224 donne le développement de ce log. ; et supprimant le facteur commun $2\sqrt{-1}$, on a cette expression de l'arc x, lorsqu'on connaît sa tangente,

$$x = \mathrm{tang}\, x - \tfrac{1}{3}\mathrm{tang}^3 x + \tfrac{1}{5}\mathrm{tang}^5 x - \tfrac{1}{7}\mathrm{tang}^7 x \ldots \quad (N)$$

L'arc x dont la tang. est t, le rayon étant r, est (n° 322)

$$x = t - \frac{t^3}{3r^2} + \frac{t^5}{5r^4} - \frac{t^7}{7r^6} + \ldots$$

Cette formule sert à trouver *le rapport π de la circonférence au diamètre*. Deux arcs x et x', dont les tang. sont $\frac{1}{2}$ et $\frac{1}{3}$, ont pour tang. de leur somme, $\tang(x+x') = \dfrac{\frac{1}{2}+\frac{1}{3}}{1-\frac{1}{2}\cdot\frac{1}{3}} = 1$; cette somme est donc $x + x' = 45°$. Faisons dans (N) $\tang x = \frac{1}{2}$, $\tang x' = \frac{1}{3}$, et ajoutons ; nous aurons la longueur de l'arc de 45°, qui est le quart de la demi-circonférence π du cercle dont le rayon est 1 :

$$\tfrac{1}{4}\pi = \tfrac{1}{2} - \tfrac{1}{3}(\tfrac{1}{2})^3 + \tfrac{1}{5}(\tfrac{1}{2})^5 \ldots + \tfrac{1}{3}(\tfrac{1}{3})^3 + \tfrac{1}{5}(\tfrac{1}{3})^5 \ldots$$

On obtient des séries plus convergentes par le procédé de Machin. Prenons l'arc x dont la tang. est $\frac{1}{5}$, d'où (L, n° 359)

$$\tang 2x = \frac{2 \tang x}{1 - \tang^2 x} = \tfrac{5}{12}, \quad \tang 4x = \frac{2 \cdot \frac{5}{12}}{1 - (\frac{5}{12})^2} = \tfrac{120}{119};$$

cet arc $4x$ diffère donc très-peu de 45° ; v étant l'excès de $4x$ sur 45°, ou $v = 4x - 45°$, on a $\tang v = \dfrac{\tang 4x - 1}{1 + \tang 4x} = \frac{1}{239}$. Par conséquent, si l'on fait $\tang x = \frac{1}{5}$, et qu'on répète 4 fois la série N, on aura l'arc $4x$; de même, $\tang v = \frac{1}{239}$ donne l'arc v ; et retranchant, on obtient l'arc de 45°, ou

$$\tfrac{1}{4}\pi = 4\left[\tfrac{1}{5} - \tfrac{1}{3}(\tfrac{1}{5})^3 + \tfrac{1}{5}(\tfrac{1}{5})^5 \ldots\right] - \tfrac{1}{239} + \tfrac{1}{3}(\tfrac{1}{239})^3 - \ldots$$

Nous avons donné (n° 248) le résultat de ces calculs avec 20 décimales.

$$\pi = 3{,}14159\ 26535\ 89793,$$

$$\log \pi = 0{,}49714\ 98726\ 94, \quad 1\pi = 1{,}14472\ 98858\ 494.$$

632. Faisons $x = k\pi$ dans l'équ. (I), k désignant un entier quelconque ; on a $\sin x = 0$, $\cos x = \pm 1$, selon que k est pair ou impair,

$$e^{\pm k\pi\sqrt{-1}} = \pm 1, \quad 1(\pm 1) = \pm k\pi\sqrt{-1};$$

multipliant par le module M, et ajoutant la valeur numérique A de Log. a,

$$\text{Log}(\pm a) = A \pm kM\pi\sqrt{-1},$$

k étant un nombre quelconque pair, s'il s'agit de $\log(+a)$, et impair pour $\log(-a)$. Donc *tout nombre a une infinité de log. dans le même système ; ces log. sont tous imaginaires si ce nombre est négatif ; s'il est positif, un seul est réel* *.

633. Développons maintenant $\sin z$ et $\cos z$ selon les sinus et cosinus des arcs z, $2z$, $3z$.... Posons

$$\cos z + \sqrt{-1}\,.\,\sin z = y, \qquad \cos z - \sqrt{-1}\,.\,\sin z = v;$$

d'où $yv = 1$, $2\cos z = y + v$; $1, u, A', A''$.... étant les coefficients de la puissance u, on a, quel que soit u,

$$2^u \cos^u z = y^u + u\,y^{u-2} + A'y^{u-4} + A''y^{u-6} \ldots$$

L'équ. (M) donne $y^k = \cos kz + \sqrt{-1}\,.\,\sin kz$.

Donc

$$2^u \cos^u z = \cos uz + u\cos(u-2)z + A'\cos(u-4)z, \ldots \quad (P)$$
$$\pm\sqrt{-1}\,[\sin uz + u\sin(u-2)z + A'\sin(u-4)z \ \ldots]$$

Le $\pm$ provient ici de $\sqrt{-1}$, qui admet toujours ce double signe. Quand u est entier, $\cos^u z$ ne peut avoir qu'une seule valeur; ces deux expressions doivent donc être égales, et la série se réduit à la 1re ligne (P) : en effet, on peut démontrer que les termes imaginaires se détruisent deux à deux. Mais si u est fractionnaire, il n'en est plus ainsi, parce que cet exposant indique une racine qui a plusieurs valeurs. Nous ne prendrons ici que le cas où u est entier, le seul qui offre de l'intérêt.

L'arc qui, dans l'équ. (P), en a x avant lui est $= (u - 2x)z$; celui qui en a x après lui, en ayant $u - x$ avant, est $= -(u-2x)z$: les cosinus de ces deux arcs sont les mêmes ; leurs coefficients sont aussi égaux, par la propriété de la formule du binôme ; ces termes

* De $a^2 = (-a)^2$, on tire $2\log a = 2\log(-a)$; il ne faut pas en conclure avec d'Alembert, que $+a$ et $-a$ ont les mêmes log. ; car, k et l étant pairs, on a

$$\log a = A \pm kM\pi\sqrt{-1}, \quad \text{et} = A \pm lM\pi\sqrt{-1},$$

et ajoutant, $2\log a = 2A \pm (k+l)\,M\pi\sqrt{-1}$. De même, k' et l' étant impairs, on trouve $2\log(-a) = 2A \pm (k'+l')\,M\pi\sqrt{-1}$. Or, il est visible que cette dernière expression est comprise dans la première, parce que $k' + l'$ est un nombre pair, sans que $2\log(-a)$ soit en général $= 2\log a$: pour que $\log a$ soit réel, il faut que $k = l = 0$, et k', l', étant impairs ne peuvent être $= 0$; ainsi l'on ne peut avoir en nombres réels $\log a = \log - a$. D'Alembert devait donc conclure seulement que, parmi les log. imaginaires de $+a$ et $-a$, il en est qui, ajoutés deux à deux, donnent des sommes égales.

sont donc remplacés par le double de l'un, de sorte qu'en divisant l'équ. par 2, et en désignant par u, A', A''...., les coefficients p. 7 du développement de la puissance u du binôme ; on a

$$2^{u-1}\cos^u z = \cos uz + u\cos(u-2)z + A'\cos(u-4)z \ldots. \quad (Q)$$

en n'étendant la série qu'aux arcs positifs ; seulement *il faut, quand* u *est pair, prendre la moitié du dernier terme constant,* qui ne s'est réuni avec aucun autre. *V.* p. 6 la valeur de ce nombre.

Changeons dans cette équation z en $\frac{1}{2}\pi - z$; le 1er membre deviendra $2^{u-1}\sin^u z$: quant au 2e membre, un arc de rang x étant $(u-2x)z = hz$, devient $\frac{1}{2}\pi h - hz$, ou $\frac{1}{2}\pi u - \pi x - hz$: on peut ajouter πx à cet arc sans changer son cos., qui devient

$$\cos(\tfrac{1}{2}\pi - hz) = \cos\tfrac{1}{2}\pi u\cos hz + \sin\tfrac{1}{2}\pi u\sin hz;$$

1° *Si* u *est un nombre pair,* $\cos\frac{1}{2}\pi u = \pm 1$, selon que u a la forme $4n$ ou $4n+2$; $\sin\frac{1}{2}\pi u = 0$; ainsi le cosinus se réduit à $\pm\cos hz = \pm\cos(u-2x)z$. Donc

$$\pm 2^{u-1}\sin^u z = \cos uz - u\cos(u-2)z + A'\cos(u-4)z \ldots. \quad (R);$$

il ne faut pousser le développement que jusqu'au terme moyen (qui est constant), *dont on prendra la moitié.* On prend le signe + quand u est de la forme $4n$, et le — si $u = 4n+2$.

2° *Si* u *est impair,* $\cos\frac{1}{2}\pi u = 0$, $\sin\frac{1}{2}\pi u = \pm 1$ selon que u a la forme $4n+1$ ou $4n+3$, et on trouve

$$\pm 2^{u-1}\sin^u z = \sin uz - u\sin(u-2)z + A'\sin(u-4)z \ldots. \quad (S).$$

On ne poussera le développement que jusqu'au terme moyen (qui contient $\sin z$, et dont on ne prend plus la moitié) ; le signe + a lieu quand $u = 4n+1$, le — quand $u = 4n+3$.

On en tire aisément les équations suivantes :

$$\begin{aligned}
2\cos^2 z &= \cos 2z + 1,\\
4\cos^3 z &= \cos 3z + 3\cos z,\\
8\cos^4 z &= \cos 4z + 4\cos 2z + 3,\\
16\cos^5 z &= \cos 5z + 5\cos 3z + 10\cos z,\\
32\cos^6 z &= \cos 6z + 6\cos 4z + 15\cos 2z + 10, \text{ etc.}\\
-2\sin^2 z &= \cos 2z - 1;\\
-4\sin^3 z &= \sin 3z - 3\sin z,\\
8\sin^4 z &= \cos 4z - 4\cos 2z + 3,\\
16\sin^5 z &= \sin 5z - 5\sin 3z + 10\sin z,\\
-32\sin^6 z &= \cos 6z - 6\cos 4z + 15\cos 2z - 10, \text{ etc.}
\end{aligned}$$

634. Réciproquement, développons les sinus et cosinus d'arcs multiples, selon les puissances de $\sin z = s$, $\cos z = c$. Le 2e membre de l'équation (*M*, p. 232) est $(c + \sqrt{-1}\,.\,s)^n$: en le développant par la formule du binôme, on arrive à une équation de la forme

$$\cos nz + \sqrt{-1}\,.\,\sin nz = P + Q\sqrt{-1};$$

et puisque les imaginaires doivent se détruire entre elles, l'équation se partage en deux autres, $\cos nz = P$, $\sin nz = Q$, la 1re contenant tous les termes où $s\sqrt{-1}$ porte des exposants pairs ; ainsi, n étant entier ou fractionnaire, positif ou négatif, on a

$$\cos nz = c^n - n\frac{n-1}{2}c^{n-2}s^2 + \frac{n(n-1)(n-2)(n-3)}{2\,.\,3\,.\,4}c^{n-4}s^4 - \ldots$$

$$\sin nz = nc^{n-1}s - \frac{n(n-1)(n-2)}{2\,.\,3}c^{n-3}s^3 + \frac{n(n-1)\ldots(n-4)}{2\,.\,3\,.\,4\,.\,5}c^{n-5}s^5 - \ldots$$

Ainsi, s étant $= \sin z$, et $c = \cos z$, on a

$\cos 2z = c^2 - s^2,$	$\sin 2z = 2cs,$
$\cos 3z = c^3 - 3cs^2,$	$\sin 3z = 3c^2s - s^3,$
$\cos 4z = c^4 - 6c^2s^2 + s^4,$	$\sin 4z = 4c^3s - 4cs^3,$
$\cos 5z = c^5 - 10c^3s^2 + 5cs^4,$	$\sin 5z = 5c^4s - 10c^2s^3 + s^5,$
$\cos 6z = c^6 - 15c^4s^2 + 15c^2s^4 - s^6,$	$\sin 6z = 6c^5s - 20c^3s^3 + 6cs^5,$
etc.	etc.

635. Dans ces formules, les sinus sont mêlés avec les cosinus ; on peut en trouver d'autres en fonction du seul sinus, ou du cosinus. Puisque les arcs z, $2z$, $3z$.... font une équidifférence, les sinus et cosinus forment une série récurrente (n° 361), dont les facteurs sont $2\cos z$ et -1. De même, si les arcs procèdent de 2 en 2, savoir, z, $3z$, $5z$...., ou bien $0z$, $2z$, $4z$....; les facteurs sont $2\cos 2z$ et -1; or,

$$2\cos 2z = 2(c^2 - s^2) = 2 - 4s^2.$$

Ainsi, partant de $\cos z = 1$, $\sin 0z = 0$, $\cos z = c$, $\sin z = s$, il est bien aisé de former les séries récurrentes qui suivent, dont on a les deux 1ers termes et la loi (nº 621).

$$\begin{array}{ll}
\sin 2z = s(2c), & \cos 2z = 2c^2 - 1, \\
\sin 3z = s(4c^2 - 1), & \cos 3z = 4c^3 - 3c, \\
\sin 4z = s(8c^3 - 4c), & \cos 4z = 8c^4 - 8c^2 + 1, \\
\sin 5z = s(16c^4 - 12c^2 + 1), & \cos 5z = 16c^5 - 20c^3 + 5c, \\
\sin 6z = s(32c^5 - 32c^3 + 6c), & \cos 6z = 32c^6 - 48c^4 + 18c^2 - 1, \\
\sin 7z = s(64c^6 - 80c^4 + 24c^2 - 1), & \text{etc.}
\end{array}$$

Voici les formules générales (XIe leçon, *Cal. des fonctions*, Lagrange) * :

$$\sin nz = s \left\{ (2c)^{n-1} - (n-2)(2c)^{n-3} + \tfrac{1}{2}(n-3)(n-4)(2c)^{n-5} \right.$$

$$\left. - (n-4)\frac{n-5}{2}\,\frac{n-6}{3}(2c)^{n-7} + (n-5)\frac{n-6 \ldots n-8}{2\,.\,3\,.\,4}(2c)^{n-9} \ldots \right\},$$

$$2\cos nz = (2c)^n - n(2c)^{n-2} + \tfrac{1}{2}n(n-3)(2c)^{n-4} - \tfrac{1}{6}n(n-4)(n-5)(2c)^{n-6} \ldots$$

Venons-en maintenant aux séries ascendantes selon s.

$$\begin{array}{ll}
\sin 2z = c(2s), & \sin 3z = 3s - 4s^3, \\
\sin 4z = c(4s - 8s^3), & \sin 5z = 5s - 20s^3 + 16s^5, \\
\sin 6z = c(6s - 32s^3 + 32s^5), & \sin 7z = 7s - 56s^3 + 112s^5 - 64s^7, \\
\sin 8z = c(8s - 80s^3 + 192s^5 - 128s^7), & \text{etc.} \\
\cos 2z = 1 - 2s^2, & \cos 3z = c(1 - 4s^2), \\
\cos 4z = 1 - 8s^2 + 8s^4, & \cos 5z = c(1 - 12s^2 + 16s^4), \\
\cos 6z = 1 - 18s^2 + 48s^4 - 32s^6, & \cos 7z = c(1 - 24s^2 + 80s^4 - 64s^6), \\
\text{etc.} & \text{etc.}
\end{array}$$

* Voici les valeurs du *terme général* T, i^e terme de ces équ., et du facteur F qui multipliant le i^e terme produit le terme suivant (*V*. p. 2) :

sin nz. . . . $T = (-1)^{i-1}(2c)^{n-2i+1}\, s \times [(n-i)\, C\,(i-1)]$,

$$F = -\frac{1}{4c^2} \times \frac{(n-2i+1)(n-2i)}{i(n-i)};$$

il y a $\frac{1}{2}n$, ou $\frac{1}{2}(n+1)$ termes, selon que n est pair ou impair ; le dernier terme est $\pm ncs$ dans le 1er cas, et $\pm s$ dans le 2e.

cos nz. . . . $T = (-1)^{i-1}(2c)^{n-2i+2} \times \dfrac{n}{n-2i+2}[(n-i)\, C\,(i-1)]$,

$$F = -\frac{1}{4c^2} \times \frac{(n-2i+2)(n-2i+1)}{i\,(n-i)};$$

la série a $\frac{1}{2}n+1$, ou $\frac{1}{2}(n+1)$ termes, selon que n est pair ou impair ; le dernier terme est ± 2 dans le 1er cas, et $\pm 2nc$ dans le 2e.

1° Quand n est pair, on peut poser *

$$\sin nz = c\left[ns - n \cdot \frac{n^2-2^2}{2 \cdot 3}s^3 + n\frac{n^2-2^2}{2 \cdot 3} \cdot \frac{n^2-4^2}{4 \cdot 5}s^5 \ldots (2s)^{n-1}\right]$$

$$\cos nz = 1 - \frac{n^2}{2}s^2 + \frac{n^2}{2} \cdot \frac{n^2-2^2}{3 \cdot 4}s^4 - \frac{n^2}{2} \cdot \frac{n^2-2^2}{3 \cdot 4} \cdot \frac{n^2-4^2}{5 \cdot 6}s^6 \ldots \tfrac{1}{2}(2s)^n;$$

2° Et quand n est impair,

$$\sin nz = ns - n\frac{n^2-1^2}{2 \cdot 3}s^3 + n \cdot \frac{n^2-1^2}{2 \cdot 3} \cdot \frac{n^2-3^2}{4 \cdot 5}s^5 \ldots \tfrac{1}{2}(2s)^n,$$

$$\cos nz = c\left[1 - \frac{n^2-1^2}{1 \cdot 2}s^2 + \frac{n^2-1^2}{1 \cdot 2} \cdot \frac{n^2-3^2}{3 \cdot 4}s^4 \ldots (2s)^{n-1}\right].$$

Méthode inverse, ou retour des Séries.

636. Étant donnée l'équation $y = \varphi x$, où φx est une série, il

* Le i^e terme T est le facteur F qui multipliant le i^e terme produit le terme suivant, dans ces équ., ont pour valeurs

n pair, $\sin nz$, $T = (-1)^{i-1} c\,(2s)^{2i-1}\,[(\tfrac{1}{2}n + i - 1)\,C\,(2i-1)]$,

$$F = -s^2 \times \frac{n^2-4i^2}{2i(2i+1)};$$

il y a $\tfrac{1}{2}n$ termes; le dernier $= \pm c\,(2s)^{n-1}$.

$\cos nz$, $T = (-1)^{i-1}(2s)^{2i-2} \times \dfrac{n}{n-2i+2}\,[(\tfrac{1}{2}n + i - 2)\,C2\,(i-1)]$,

$$F = -s^2 \times \frac{n^2-4(i-1)^2}{2i(2i-1)};$$

il y a $\tfrac{1}{2}n + 1$ termes; le dernier $= \pm 2^{n-1}s^n$.

n impair, $\sin nz$, $T = (-1)^{i-1}(2s)^{2i-1} \cdot \dfrac{n}{n-2i+}\left[(\dfrac{n-3}{2} + i)\,C\,(2i-1)\right]$,

$$F = -s^2 \times \frac{n^2-(2i-1)^2}{2i\,(2i+1)};$$

il y a $\tfrac{1}{2}(n+1)$ termes; le dernier $= \pm 2^{n-1}s^n$.

$\cos nz$, $T = (-1)^{i-1} c\,(2s)^{2i-2}\left[(\dfrac{n-3}{2} + i)\;C\,2\;(i-1)\right]$

$$F = -s^2 \times \frac{n^2-(2i-2)^2}{2i(2i-1)};$$

il y a $\tfrac{1}{2}(n+1)$ termes; le dernier $= \pm c\,(2s)^{n-1}$.

s'agit de trouver $x = Fy$ en série ordonnée selon y. Si cette dernière a une forme connue, telle que, par exemple,

$$x = Ay + By^2 + Cy^3 + Dy^4 \ldots,$$

il ne s'agit que de déterminer les coefficients $A, B, C\ldots$. On substituera dans la proposée $y = \varphi x$, cette série et ses puissances, pour x, x^2, x^3, et l'on aura une équ. identique, qu'on partagera en d'autres, par la comparaison des termes où y a la même puissance : ces équations feront connaître les constantes $A, B, C, D\ldots$

Soit $$y = M(x - \tfrac{1}{2}x^2 + \tfrac{1}{3}x^3 - \tfrac{1}{4}x^4\ldots);$$

qu'on se soit assuré que la série ci-dessus convient pour x (cela suit de ce que y est le log. de $1 + x$, ou $a^y = 1 + x$: *voyez* n° 625); substituant donc pour x la série $Ay + By^2\ldots$, il vient

$$\begin{array}{llll}
\frac{y}{M} = Ay + By^2 + Cy^3 + & Dy^4\ldots & \text{pour } x, \\
\quad - \frac{1}{2}A^2y^2 - ABy^3 - & (\frac{1}{2}B^2 + AC)\,y^4\ldots & -\frac{1}{2}x^2, \\
\qquad\qquad + \frac{1}{3}A^3y^3 + & A^2By^4\ldots & +\frac{1}{3}x^3, \\
 & -A^4y^4\ldots & -\frac{1}{4}x^4,
\end{array}$$

d'où $AM = 1,\ B = \frac{1}{2}A^2,\ C = AB - \frac{1}{3}A^3,\ D = \ldots;$

puis $$A = \frac{1}{M},\ B = \frac{A^2}{2},\ C = \frac{A^3}{2.3},\ D = \frac{A^4}{2.3.4}, \text{ etc.}$$

Enfin, $$x = Ay + \frac{A^2y^2}{2} + \frac{A^3y^3}{2.3} + \frac{A^4y^4}{2.3.4}\ldots$$

De même, $$x = x - x^2 + x^3 - x^4\ldots$$

se renverse ainsi $$x = y + y^2 + y^3 + y^4\ldots$$

Mais il est rare qu'on connaisse d'avance la forme de la série cherchée $x = Fy$; on indique alors les puissances de y par des lettres, $x = Ay^\alpha + By^\beta + Cy^\gamma,\ldots$ et il s'agit de déterminer les coefficients et les exposants, en considérant qu'après la substitution dans $y = \varphi x$, il faut que chaque terme soit détruit par d'autres où y a la même puissance.

Soit $$y = \tfrac{1}{2}x^2 + \tfrac{1}{3}x^3 + \tfrac{1}{4}x^4 + \ldots;$$

supposons $$x = Ay^\alpha + By^\beta + Cy^\gamma + \ldots,$$

$\alpha, \beta, \gamma \ldots$ étant des nombres croissants. Nous ne mettons pas de terme sans y, parce que $x = 0$ répond à $y = 0$. En substituant pour x sa valeur, nous voyons que,

1° Les exposants $2, 3, 4 \ldots$ qu'avait x, formant une équi-différence, $\alpha, \beta, \gamma \ldots$ doivent en former également une, puisqu'en développant, les puissances $x^2, x^3 \ldots$ jouiront visiblement de la même propriété.

2° Si l'on trouve α et β, $\gamma, \delta \ldots$ s'ensuivront.

3° Le terme où y aura le plus petit exposant est $\frac{1}{2}A^2y^{2\alpha}$; il doit s'ordonner avec le 1er membre y, d'où $2\alpha = 1$, $\frac{1}{2}A^2 = 1$; ainsi,

$$\alpha = \tfrac{1}{2}, \quad A = \sqrt{2}.$$

4° Les termes qui ensuite ont le moindre exposant étant $ABy^{\alpha+\beta}$ et $\frac{1}{2}A^3y^{3\alpha}$, pour s'ordonner ensemble, ils doivent avoir $\alpha + \beta = 3\alpha$, ou $\beta = \frac{2}{2}$; ainsi $\gamma = \frac{3}{2}$, $\delta = \frac{4}{2} \ldots$ savoir,

$$x = Ay^{\frac{1}{2}} + By^{\frac{2}{2}} + Cy^{\frac{3}{2}} + \text{etc.};$$

en refaisant le calcul, on trouve bientôt $A, B, C \ldots$; d'où

$$x = y^{\frac{1}{2}} \cdot \sqrt{2} - \tfrac{2}{3}y + \tfrac{1}{18}\sqrt{2} \cdot y^{\frac{3}{2}} - \tfrac{58}{135}y^2 + \ldots$$

C'est ainsi que

$$y = x - \frac{x^3}{1.2.3} + \frac{x^5}{1.2\ldots5} - \frac{x^7}{1.2\ldots7} \ldots,$$

se renverse sous la forme $x = Ay + By^3 + Cy^5 \ldots$

On trouve, tout calcul fait (*voy.* n° 840),

$$x = y + \frac{1 . y^3}{2 . 3} + \frac{1 . 3y^5}{2.4.5} + \frac{1 . 3 . 5y^7}{2.4.6.7} + \frac{1.3.5.7.y^9}{2.4.6.8.9} \ldots$$

Pour $x = ay + by^2 + cy^3 + \ldots$, on obtient

$$y = \frac{x}{a} - \frac{bx^2}{a^3} + \frac{2b^2 - ac}{a^5}x^3 + \frac{5abc - a^2d - 5b^3}{a^7}x^4 \ldots$$

La série $x = ay + by^3 + cy^5 + dy^7 \ldots$ donne

$$y = \frac{x}{a} - \frac{bx^3}{a^4} + \frac{3b^2 - ac}{a^7}x^5 + \frac{8abc - a^2d - 12b^3}{a^{10}}x^7 \ldots$$

Enfin, $y = x^{-\frac{1}{2}} - \frac{1}{2}x^{\frac{1}{2}} - \frac{1}{8}x^{\frac{3}{2}} - \frac{1}{16}x^{\frac{5}{2}} - \frac{5}{128}x^{\frac{7}{2}} \ldots$

donne $x = Ay^{-2} + By^{-4} + Cy^{-6} \ldots$

et par suite,

$$x = y^{-2} - y^{-4} + y^{-6} - y^{-8} + \ldots$$

Si la proposée était $y = a + bx + cx^2 \ldots$, pour la commodité du calcul, il serait bon de transposer a, et de faire

$$\frac{y-a}{b} = z, \quad \text{d'où} \quad z = x + \frac{c}{b}x^2 + \frac{d}{b}x^3 + \ldots;$$

on développerait ensuite x en z. Au reste, voyez n° 636, où nous avons traité la question du retour des suites de la manière la plus générale.

Des Équations de condition.

637. Lorsque la loi qui régit un phénomène physique est connue et traduite en équ. $\varphi(x, y \ldots a, b \ldots) = 0$, il arrive souvent que les constantes $a, b, c \ldots$ sont inconnues, $x, y \ldots$ étant des grandeurs variables avec les circonstances du phénomène. On consulte alors l'expérience pour déterminer $a, b, c \ldots$; en mesurant des valeurs simultanées de $x, y, z, \ldots$ et les substituant dans l'équ. $\varphi = 0$: puis répétant l'expérience, on observe d'autres valeurs pour $x, y, z \ldots$, ce qui donne d'autres *équations de condition* entre les constantes inconnues $a, b, c \ldots$ que l'élimination fait ensuite connaître.

Mais les valeurs tirées de l'observation n'étant jamais exactes, les nombres $a', b', c' \ldots$, qu'on obtient ainsi pour $a, b, c \ldots$, ne peuvent être regardés que comme approchés : on doit donc poser, dans $\varphi = 0$, $a = a' + A$, $b = b' + B \ldots$ et déterminer les erreurs $A, B \ldots$, dont $a, b \ldots$ sont affectés; et comme $A, B \ldots$ sont de très-petites quantités, on est autorisé à en négliger les puissances supérieures : ainsi l'équ. $\varphi = 0$ ne contient plus les inconnues $A, B \ldots$ qu'au 1er degré, par ex., sous la forme

$$0 = x + Ay + Bz + Ct \quad \ldots \ldots \quad (1)$$

On supplée alors à l'imperfection des mesures de $x, y, z \dots$ par le nombre des observations. En réitérant souvent les expériences, on obtient autant d'équ. (1), où $x, y, z \dots$ sont connus ; on compare ces équ., on en combine plusieurs entre elles, de manière à obtenir une équ. moyenne, où l'une des constantes ait le plus grand facteur possible, tandis qu'au contraire les autres facteurs deviennent très-petits : par là l'erreur de la détermination des coefficients se trouve beaucoup affaiblie. En réduisant ces équations de condition au nombre des inconnues, l'élimination donne bientôt les valeurs de $A, B \dots$

Cette méthode est usitée en Astronomie ; mais elle est bien moins exacte que celle des *moindres carrés,* proposée par M. Legendre, qui rachète la longueur des calculs par la précision des résultats. Concevons que l'observation ait donné des valeurs peu exactes de $x, y, z \dots$; substituées dans l'équ. (1), le 1er membre n'y sera pas zéro, mais un nombre e très-petit et inconnu. D'autres expériences donneront de même les erreurs $e', e'' \dots$ correspondantes aux valeurs $x', x'', y', y'' \dots$, savoir,

$$e' = x' + Ay' + Bz' \dots, \quad e'' = x'' + Ay'' + Bz'' \dots, \text{ etc.}$$

Formons la somme des carrés de ces équ., et n'écrivons que les termes en A, parce que les autres termes ont même forme : on trouve que $e^2 + e'^2 + e''^2 \dots$ est

$$= A^2(y^2 + y'^2 \dots) + 2A(xy + x'y' \dots) + 2AB(yz \dots) + 2AC \text{ etc.}$$

Ce 2e membre a la forme $A^2m + 2An + k$; il est le plus petit possible quand on prend A tel, que la dérivée soit nulle, $Am + n = 0$ (*voy.* nos 140, II, et 757) : en ne considérant que le facteur constant et inconnu A, on a donc

$$xy + x'y' \dots + A(y^2 + y'^2 \dots) + B(yz + y'z' \dots) + C(yt \dots) \text{ etc.} = 0.$$

Il faut multiplier chacune des équ. de condition (1) *par le facteur* y *de* A, *et égaler la somme à zéro.* On conserve au facteur y son signe. En opérant de même pour $B, C \dots$, on obtient autant d'équations semblables qu'il y a de constantes inconnues ; ces équ. sont du 1er degré, et l'élimination est facile à faire.

Par exemple, la Mécanique enseigne que sous la latitude y, la longueur x du pendule simple à secondes sexagésimales est

$x = A + B \sin^2 y$, A et B étant des nombres invariables, qu'il s'agit de déterminer. Il suffirait de mesurer avec soin les longueurs x sous deux latitudes différentes y, pour obtenir deux équ. de condition propres à donner A et B. Mais la précision sera bien plus grande si, comme l'ont fait MM. Mathieu et Biot, on mesure x sous six latitudes différentes, et qu'on traite, par la méthode précédente, les six équ. de condition. Les quantités $A + B \sin^2 y - x$, évaluées en mètres, donnent ces six erreurs,

$$A + B \,.\, 0{,}3903417 - 0{,}9929750, \quad A + B \,.\, 0{,}4932370 - 0{,}9934740,$$
$$A + B \,.\, 0{,}4972122 - 0{,}9934620, \quad A + B \,.\, 0{,}5136117 - 0{,}9935967,$$
$$A + B \,.\, 0{,}5667721 - 0{,}9938784, \quad B + B \,,\, 0{,}6045628 - 0{,}9940932.$$

Comme le coefficient de A est 1, l'équ. qui s'y rapporte est formée de la somme des six erreurs. Pour B, on multipliera chaque trinôme par le facteur qui affecte B, et l'on ajoutera les six produits : donc

$$6A + B \,.\, 3{,}0657375 - 5{,}9614793 = 0,$$
$$A \,.\, 3{,}0657375 + B \,.\, 1{,}5933894 - 3{,}0461977 = 0.$$

L'élimination donne A et B ; enfin, on a

$$x = 0{,}9908755 + B \sin^2 y, \quad \log B = \bar{5}{,}7238509, \quad B = 0{,}0052941816.$$

Voy. la *Conn. des Tems. de* 1816, où M. Mathieu discute par cette méthode les observations du pendule faites par les Espagnols en divers lieux.

Consultez mon *Astronomie pratique* et ma *Géodesie*, où ce sujet est traité avec le plus grand détail.

FIN DE L'ALGÈBRE SUPÉRIEURE.

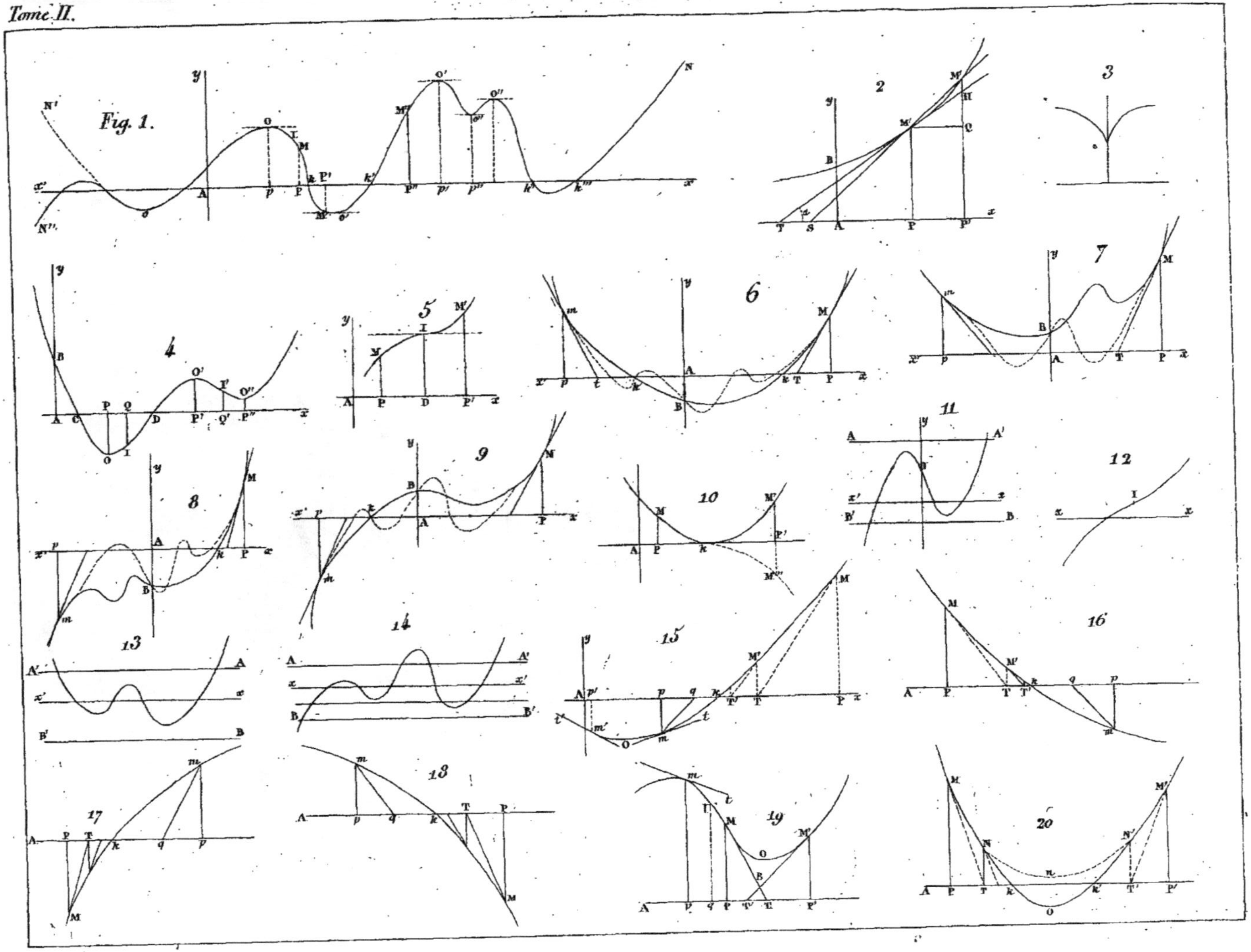

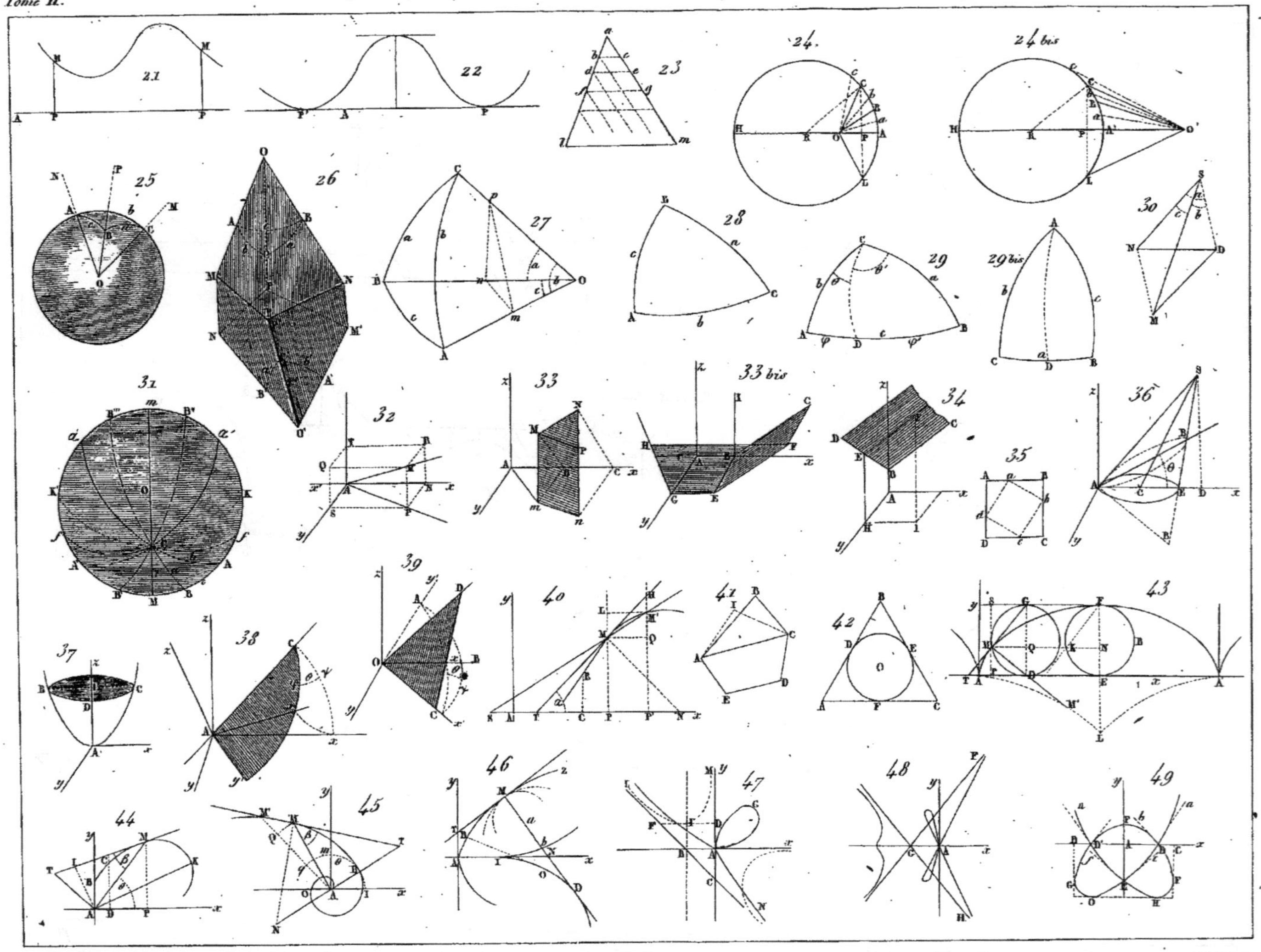
21
22
23
24.
24 bis
25
26
27
28
29
29 bis
30
31
32
33
33 bis
34
35
36
37
38
39
40
41
42
43
44
45
46
47
48
49

www.ingramcontent.com/pod-product-compliance
Lightning Source LLC
Chambersburg PA
CBHW071634200326
41519CB00012BA/2298
9782012635319